제2판

한 권으로 준비하는

한식조리기능사

(사)한국식음료외식조리교육협회

필기

- 최신 예상문제 및 단원별 기출문제와
  모의고사 및 정답 · 해설 수록
- 조리실무의 이론 겸비

ⓑ (주)백산출판사

책을 내면서

한국음식의 세계화라는 시대적 흐름 속에서 외식산업의 발전을 위한 유능한 조리인력 양성의 필요성이 그 어느 때보다 절실해지고 있습니다. 훌륭한 조리기능인의 양성은 시대적인 과제이며 그러한 책임을 지고 있는 최일선의 교육현장에서 조리기능사 자격증을 지도하는 교수법의 중요성 또한 강조되고 있습니다.

본 수험교재는 (사)한국식음료외식조리교육협회의 편집위원들이 각고의 노력과 정성을 기울여 집필하였으며, 조리기능사 학과시험의 출제기준인 위생관리, 안전관리, 재료관리, 구매관리, 한식 기초조리실무, 한식 조리이론의 단원별 이론정리 및 예상문제와 실전모의고사를 수록하였습니다.

대한민국의 외식조리교육을 대표하는 협회라는 자부심과 책임감을 가지고 본 교재를 출판하게 되었으며, 본 협회는 전국의 요리교육 기관장으로 구성된 단체로서, 요리교재 개발연구, 민간전문자격시험 개발연구, 요리교육 기관장의 권익대변, 국가기술 자격검증 자문, 요리교육 정책 자문 등의 다양한 활동을 하고 있습니다. 조리전문기술 보유자들로 구성된 본 협회의 회원들은 전국 각 지역을 대표하는 훈련기관의 기관장 및 교육자입니다. 본서는 요리교육 최일선에서 수강생들의 애로사항을 그 누구보다도 잘 아는 교육·훈련기관장님들의 다양한 강의경험이 집결된 완성본입니다.

본 (사)한국식음료외식조리교육협회는 앞으로 지속적인 수험교재 및 전문서적 개발에 더욱 힘쓸 계획입니다. 한식, 양식, 중식, 일식·복어조리기능사 등의 조리기능사 실기 수험서적뿐만 아니라 한식조리산업기사도 현재 출판되어 대형서점이나 온라인서점에서 구입할 수 있으며, 조리기능장의 후속 교재도 곧 출판할 예정입니다.

많은 시간을 준비하고 최선을 다하여 집필하였으나 본 수험서적에 내용상의 일부 부족한 점이 있으리라 생각합니다. 앞으로 독자 여러분의 충고와 조언에 귀 기울일 것이니 언제든 (사)한국식음료외식조리교육협회로 문의해 주시기 바랍니다.

4

전국의 (사)한국식음료외식조리교육협회 회원 및 협회 산하 교재편찬위원회의 노고에 깊은 감사를 표합니다. 또한 책이 나오기까지 아낌없는 정성과 물심양면으로 도움을 주신 백산출판사 진욱상 사장님을 비롯하여 관계자 여러분께 깊은 감사를 드립니다.

마지막으로 이 수험서적으로 조리사자격증을 취득하시려는 모든 분들께 합격의 영광이 함께하길 기원합니다.

(사)한국식음료외식조리교육협회 회원 일동

차례

6

출제기준(필기)

직무분야	음식서비스	중직무분야	조리	자격종목	한식조리기능사	적용기간	2023.1.1.~2025.12.31.

• 직무내용 : 한식메뉴 계획에 따라 식재료를 선정, 구매, 검수, 보관 및 저장하며 맛과 영양을 고려하여 안전하고 위생적으로 음식을 조리하고 조리기구와 시설관리를 수행하는 직무이다.

필기검정방법	객관식	문제수	60	시험시간	1시간

필기검정방법	출제문제수	주요항목	세부항목	세세항목
한식 재료관리, 음식조리 및 위생관리	60	1. 음식 위생관리	1. 개인 위생관리	1. 위생관리기준 2. 식품위생에 관련된 질병
			2. 식품 위생관리	1. 미생물의 종류와 특성 2. 식품과 기생충병 3. 살균 및 소독의 종류와 방법 4. 식품의 위생적 취급기준 5. 식품첨가물과 유해물질
			3. 작업장 위생관리	1. 작업장 위생 위해요소 2. 식품안전관리인증기준(HACCP) 3. 작업장 교차오염 발생요소
			4. 식중독 관리	1. 세균성 및 바이러스성 식중독 2. 자연독 식중독 3. 화학적 식중독 4. 곰팡이 독소
			5. 식품위생 관계 법규	1. 식품위생법령 및 관계법규 2. 농수산물 원산지 표시에 관한 법령 3. 식품 등의 표시 · 광고에 관한 법령
			6. 공중보건	1. 공중보건의 개념 2. 환경위생 및 환경오염 관리 3. 역학 및 질병 관리 4. 산업보건관리
		2. 음식 안전관리	1. 개인안전 관리	1. 개인 안전사고 예방 및 사후 조치 2. 작업 안전관리
			2. 장비 · 도구 안전작업	1. 조리장비 · 도구 안전관리 지침
			3. 작업환경 안전관리	1. 작업장 환경관리 2. 작업장 안전관리 3. 화재예방 및 조치방법 4. 산업안전보건법 및 관련지침

필기검정방법	출제문제수	주요항목	세부항목	세세항목
		3. 음식 재료관리	1. 식품재료의 성분	1. 수분 2. 탄수화물 3. 지질 4. 단백질 5. 무기질 6. 비타민 7. 식품의 색 8. 식품의 갈변 9. 식품의 맛과 냄새 10. 식품의 물성 11. 식품의 유독성분
			2. 효소	1. 식품과 효소
			3. 식품과 영양	1. 영양소의 기능 및 영양소 섭취기준
		4. 음식 구매관리	1. 시장조사 및 구매관리	1. 시장조사 2. 식품구매관리 3. 식품재고관리
			2. 검수 관리	1. 식재료의 품질 확인 및 선별 2. 조리기구 및 설비 특성과 품질 확인 3. 검수를 위한 설비 및 장비 활용 방법
			3. 원가	1. 원가의 의의 및 종류 2. 원가분석 및 계산
		5. 한식 기초 조리실무	1. 조리 준비	1. 조리의 정의 및 기본 조리조작 2. 기본조리법 및 대량 조리기술 3. 기본 칼 기술 습득 4. 조리기구의 종류와 용도 5. 식재료 계량방법 6. 조리장의 시설 및 설비 관리
			2. 식품의 조리원리	1. 농산물의 조리 및 가공·저장 2. 축산물의 조리 및 가공·저장 3. 수산물의 조리 및 가공·저장 4. 유지 및 유지 가공품 5. 냉동식품의 조리 6. 조미료와 향신료
			3. 식생활 문화	1. 한국 음식의 문화와 배경 2. 한국 음식의 분류 3. 한국 음식의 특징 및 용어
		6. 한식 밥 조리	1. 밥 조리	1. 밥 재료 준비 2. 밥 조리 3. 밥 담기
		7. 한식 죽 조리	1. 죽 조리	1. 죽 재료 준비 2. 죽 조리 3. 죽 담기

필기검정방법	출제문제수	주요항목	세부항목	세세항목
		8. 한식 국·탕 조리	1. 국·탕 조리	1. 국·탕 재료 준비 2. 국·탕 조리 3. 국·탕 담기
		9. 한식 찌개 조리	1. 찌개 조리	1. 찌개 재료 준비 2. 찌개 조리 3. 찌개 담기
		10. 한식 전·적 조리	1. 전·적 조리	1. 전·적 재료 준비 2. 전·적 조리 3. 전·적 담기
		11. 한식 생채·회 조리	1. 생채·회 조리	1. 생채·회 재료 준비 2. 생채·회 조리 3. 생채·담기
		12. 한식 조림·초 조리	1. 조림·초 조리	1. 조림·초 재료 준비 2. 조림·초 조리 3. 조림·초 담기
		13. 한식 구이 조리	1. 구이 조리	1. 구이 재료 준비 2. 구이 조리 3. 구이 담기
		14. 한식 숙채 조리	1. 숙채 조리	1. 숙채 재료 준비 2. 숙채 조리 3. 숙채 담기
		15. 한식 볶음 조리	1. 볶음 조리	1. 볶음 재료 준비 2. 볶음 조리 3. 볶음 담기
		16. 김치 조리	1. 김치 조리	1. 김치 재료 준비 2. 김치 조리 3. 김치 담기

제 **1** 편

위생관리

한식조리기능사 필기

제 1 장 개인위생관리

1 위생관리기준

1) 위생관리란?

위생은 영어로 hygiene이며, 프랑스어로 위생 또는 건강이라는 의미가 있다. 위생관리란 식품이 만들어지고 생산되는 과정에서 이루어지는 각종 처리와 관리, 관련 업무를 말한다.

2) 개인위생관리

① 식품을 다루는 자는 자신의 건강상태를 확인하고, 개인위생에 주의를 기울이며, 개인위생점검일지를 기록하여 관리

② 개인위생관리 기준 및 수칙

개인위생관리기준	개인위생관리수칙
• 식품을 취급하는 자는 자신의 건강상태를 확인하고, 개인위생점검일지를 기록하여 관리한다. • 손의 상처로 인한 화농성질환이 있는 경우	• 작업장에서는 위생모자, 앞치마, 작업복, 안전화, 장갑, 마스크 등을 청결한 상태로 관리하고 착용한다. • 두발은 정갈하고, 손톱은 짧고 청결한 상태로 유지하며, 손톱에 매니큐어를 칠하지 않고, 인조손톱을 부착하지 않는다. • 시계, 반지, 귀걸이 등의 장신구를 하지 않는다. • 위생장갑은 교차오염을 방지하기 위하여 용도별로 구분 관리한다. • 조리과정에서 손으로 개인의 신체부위를 만지지 않고, 마스크를 착용하며, 기침이나 재채기 등으로 인한 오염을 방지한다. • 작업 중 음주나 흡연, 취식 등은 하지 않는다.

2 식품위생에 관련된 질병

1) 영업에 종사하지 못하는 질병

① 식품을 취급하는 개인의 위생관리가 중요하여 식품위생법 시행규칙 제50조 영업에 종사하지 못하는 사람의 질병의 종류를 지정

② 식품영업에 종사하고자 하는 자는 영업에 종사하기 전에 미리 건강진단을 받아야 하며, 영업에 종사하고 있어도 1년에 1회 이상 건강검진을 받아야 한다.

식품영업에 종사하지 못하는 질병의 종류	횟수
• 콜레라, 장티푸스, 파라티푸스, 세균성이질, 장출혈성대장균감염증, A형 간염 등 • 결핵(비감염성인 경우는 제외) • 피부병 또는 그 밖의 화농성질환 • 후천성면역결핍증(성병에 관한 건강진단을 받아야 하는 영업에 종사하는 사람만 해당)	1회/연

제 2 장 식품위생관리

1 식품위생의 정의

1) 식품위생 관련 용어의 정의

① **식품위생** : 식품, 식품첨가물, 기구 또는 용기 · 포장을 대상으로 하는 음식에 관한 위생을 말한다.

② **식품위생의 대상** : 식품, 식품첨가물, 기구, 용기, 포장

③ **식품위생의 범위** : 식품의 생육, 생산, 제조에서 최종적으로 사람에게 섭취될 때까지의 모든 범위

④ **식품위생의 목적** : 식품으로 인한 위생상의 위해를 방지, 식품영양의 질적 향상 도모, 식품에 관한 올바른 정보를 제공하여 국민보건의 증진에 이바지함

2 미생물의 종류와 특성

1) 미생물의 정의

① **미생물** : 육안으로 확인되지 않는 생물체로서, 사람에게 병을 일으키는 병원미생물과 병을 일으키지 않는 비병원성 미생물로 구분할 수 있다.

2) 미생물의 종류

① **곰팡이** : 페니실륨속(penicillium) 푸른곰팡이, 아스퍼질러스 플라버스(Aspergillus flavus),

뮤코르(Mucor), 리조푸스(Rhizopus)

② **효모(yest)** : 천연 팽창제로도 사용하며, 빵과 술 발효 시에 사용

③ **스피로헤타** : 주로 질병에 관여하며, 매독, 회귀열, 서교증, 와일씨병 등의 질병을 일으킨다.

④ **세균** : 박테리아라고도 하며, 2분법으로 증식한다. 수분함량이 높은 곳과 중성 또는 약알칼리성인 조건에서 잘 번식한다.

⑤ **리케차** : 주로 질병에 관여하며, 세균과 바이러스의 중간크기, 살아 있는 세포 속에서만 증식하며, 발진티푸스, 양충병, Q열 등의 질병을 일으킨다.

⑥ **바이러스** : 미생물 가운데 크기가 가장 작아 세균여과기를 통과하는 여과성 미생물. 폴리오(소아마비), 인플루엔자, 광견병, 일본뇌염, 유행성간염, 인플루엔자 등의 질병을 일으킨다.

> **Tip** 미생물의 크기 : 곰팡이 〉 효모 〉 스피로헤타 〉 세균 〉 리케차 〉 바이러스

3) 미생물의 생육조건(5대조건: 영양소, 수분, 온도, pH, 산소)

미생물은 그 주위환경이 적합해야 생육할 수 있으며 생육에 필요한 환경요인으로는 영양소, 수분, 온도, 산소, pH(수소이온농도) 등을 들 수 있다. 따라서 미생물에 가장 적합한 환경요인을 파악하면 그 미생물의 생육을 인위적으로 제어할 수도 있다. 그러나 미생물 중에는 이러한 환경조건이 그 생육에 적합하지 않으면 아포를 형성하였다가 환경조건이 좋아지면 다시 생육하는 것이 있는데, 아포는 열이나 약품에 대해 저항성이 매우 강하며 100℃로 끓여도 파괴되지 않는다.

① **영양소** : 미생물의 발육, 증식에는 탄소원, 질소원, 무기염류, 발육소 등의 영양소가 충분히 공급되어야 한다.

② **수분** : 건조상태에서는 휴면상태에 들어가 장기간 생명을 유지하는 경우는 있으나 발육, 증식은 할 수 없다. 각 미생물이 발육, 증식하는 데 필요한 수분의 양은 종류에 따라 다르나 보통 40% 이상 있어야 하고, 그 이하가 되면 발육에 저해를 받는다.

> **Tip** 건조식품의 수분함량 15% 이하. 곰팡이 억제 수분함량은 13% 이하로 건조식품에서 주의해야 될 미생물

③ 온도 : 0℃ 이하 또는 80℃ 이상에서는 발육하지 못하며, 영양세포는 60℃에서 10분간 끓이면 사멸한다.

- 저온균(수중세균) : 최적온도는 15~25℃(식품의 부패세균)
- 중온균(일반세균) : 최적온도는 25~40℃(대부분의 세균)
- 고온균 : 최적온도는 45~70℃(온천수 세균)

④ pH(수소이온농도) : 수소이온농도는 물질의 산성과 알칼리성을 나타내는 수치

- 결핵균, 곰팡이, 효모 : pH 4~6의 약산성에서 생육가능
- 세균 : pH 6.5~7.5의 중성 또는 약알칼리성에서 생육가능

> **Tip** pH 7 : 중성, pH 7 이상 : 알칼리성, pH 7 이하 : 산성

⑤ 산소 : 미생물 생육 시 산소의 필요유무에 따라 분류할 수 있다.

- 호기성균 : 미생물의 발육을 위해 산소를 필요로 하는 것
- 혐기성균 : 미생물의 발육을 위해 산소를 필요로 하지 않는 것
- 통성 혐기성균 : 산소가 있거나 없거나 관계없이 어디에서나 발육하는 것
- 편성 혐기성균 : 산소를 절대로 기피하는 것 등이 있다.

4) 식품변질의 종류

① 부패 : 단백질 식품이 혐기성 세균에 의해 증식한 생물학적 요인에 의하여 분해되어 악취와 유해물질(NH_3, amine, 페놀, 황화수소, 트리메틸아민 등)이 생성되는 현상을 의미한다.

- 푸란(퓨란, furan) : 단백질 식품이 호기성 세균에 의해 분해되는 것

② 변패 : 탄수화물 식품이 미생물에 의해 맛과 냄새가 변화되는 현상

③ 산패(유지의 산화) : 지방이 산화되어 악취나 변색현상이 발생

- 유지를 장기간 방치하면 공기의 산소, 일광, 금속 등에 의하여 과산화물을 생성하여 향기, 색깔, 맛에 변화가 생겨 식용으로 적합하지 못한 상태가 되는 현상

④ 발효 : 식품 중에 탄수화물이 미생물의 작용으로 분해되어 부패산물로 여러 가지 유기산 또는 알코올 등 사람에게 유익한 물질로 변화되는 현상

> **Tip** 식품의 부패 시 생성되는 물질: 암모니아, 황화수소, 인돌, 메르캅탄, 아민류 등

① 대장균 검사(E. coli) : 음식물, 물의 병원성 미생물 오염여부 판정, 분변 오염의 지표
② 생균수 검사의 목적 : 식품의 신선도 판정
 - 정상 : 식품 1g당 일반세균의 수가 10^5
 - 식품의 초기부패 : 식품 1g당 일반세균의 수가 $10^7{\sim}10^8$

③ 식품과 기생충병

기생충이 사람에게 감염되는 경로에서 경유하게 되는 여러 동물을 중간숙주라 하고, 최종의 종말숙주는 사람이 된다. 그러나 사람이 중간숙주적인 역할을 하는 경우도 있으며, 중간숙주가 없는 경우도 있다.

1) 중간숙주에 의한 기생충의 분류

① 중간숙주가 없는 것 : 회충, 요충, 구충(십이지장충), 편충, 동양모양선충 등
② 중간숙주가 하나인 것 : 무구조충, 유구조충, 선모충, 만소니열두조충 등
③ 중간숙주가 둘인 것 : 간흡충, 폐흡충, 광절열두조충, 요꼬가와흡충 등
④ 사람이 중간숙주적인 구실을 하는 것 : 말라리아 등

2) 매개체에 의한 기생충의 분류

① 채소류로 감염되는 기생충

종류	감염경로	특징
회충	경구감염	우리나라에서 감염률이 높음 분변에 오염된 채소를 통해 감염 예방은 분뇨의 위생적 처리와 청정채소(화학비료 사용)
구충(십이지장충)	주로 경피감염	논, 밭을 맨발로 다녔을 때 감염
편충	경구감염	예방법은 회충과 비슷하나 자각증상이 없어 구충하기가 어렵다.
동양모양선충	경구감염	절인 채소에서도 발생(내염성 강함)
요충	경구감염	항문 주위에 산란, 항문소양감(간지럼증), 집단감염

※경피감염 기생충 : 구충(십이지장충, 말라리아원충)

※사람이 중간숙주인 기생충 : 말라리아(모기는 중간숙주가 아닌 전파체)

② 중간숙주가 1개인 기생충
- 돼지고기 : 유구조충(갈고리촌충), 선모충(개), 톡소플라스마(개, 고양이)
- 소고기 : 무구조충(민촌충)
- 닭고기 : 만소니열두조충(개구리, 뱀)

③ 중간숙주가 2개인 기생충

종류	1중간숙주	2중간숙주
간흡충(간디스토마)	왜우렁이	붕어, 잉어
폐흡충(폐디스토마)	다슬기	가재, 게
아니사키스(고래회충)	갑각류(크릴새우)	해수어류, 오징어, 문어 ※ 종말숙주 : 고래
요꼬가와흡충(횡천흡충)	다슬기	민물고기(특히 은어)
광절열두조충(긴촌충)	물벼룩	연어, 송어

3) 기생충의 예방대책

① 조리기구에 의해 감염되지 않도록 위생관리(교차오염)

② 중간숙주의 식품을 생식하지 않도록 한다.

③ 육류나 어패류는 충분히 가열·조리한 것을 섭취

④ 채소류는 흐르는 물에 충분히 씻도록 한다.

⑤ 개인위생에 철저히 힘쓴다.

⑥ 정기적인 구충 실시

4 살균 및 소독의 종류와 방법

1) 소독의 정의

① **멸균**: 모든 미생물을 완전 사멸시키는 것

② **소독**: 병원미생물의 사멸 또는 증식력의 억제

③ **방부**: 병원미생물의 증식을 억제해서 식품의 부패 및 발효를 억제하는 것

> **Tip** 소독력의 크기 순서 : 멸균 > 소독 > 방부

2) 물리적 소독방법

① 무가열에 의한 방법

자외선조사법	자외선을 이용하는 방법. 투과력이 약하여 물체의 닿는 부분만 살균 2,500~2,800Å의 파장이 살균력이 큼
방사선조사법	식품에 방사선을 방출하는 코발트60(Co60) 물질을 조사시켜 살균하는 방법
세균여과법	액상의 식품을 세균여과기로 걸러서 균을 제거시키는 방법 바이러스는 작아서 걸러지지 않는 게 단점

② 가열에 의한 방법

화염멸균법	불에 타지 않는 물건에 이용되며 20초 이상 알코올램프, 분젠버너 등의 불꽃에 넣어 가열
건열멸균법	건열멸균기에 넣고 150℃ 이상에서 30분 이상 가열하는 방법으로 초자기구, 유리기구 등을 소독
유통증기소독법	100℃의 유통증기 중에서 30~60분간 가열하는 방법으로 식기, 조리기구, 행주 등을 소독
간헐멸균법	1일 1회씩 3일 동안 100℃에서 30분간 가열하는 방법으로 세균의 아포를 형성하는 내열성균 사멸
고압증기멸균법	고압증기 멸균솥(오토클레이브)을 이용하여 약 120℃에서 20분간 살균하는 방법으로, 멸균효과가 좋아서 미생물뿐만 아니라 아포까지 사멸. 통조림 등에 사용된다. 완전멸균법에 속함

자비소독 (열탕소독)	끓는 물 100℃에서 30분간 가열하는 방법으로 식기류, 도자기류, 주사기, 의류 소독에 사용. 간편한 방법이나 아포를 줄일 수 없기 때문에 완전 멸균은 기대하기 어려우나 일반 가정에서도 가장 보편적으로 사용되는 방법
저온소독법 (LTLT법)	우유와 같은 액상식품에 61~65℃에서 30분간 가열하는 방법으로 맛을 보존하고, 영양소의 손실이 적음
고온단시간소독법 (HTST법)	우유와 같은 액상식품에 70~75℃에서 15~20초간 가열하는 방법
초고온순간살균법 (UHT법)	우유와 같은 액상식품의 살균법으로 요즘 가장 많이 쓰이는 방법. 130~140℃에서 1~2초간 살균 처리하는 방법으로 멸균처리 기간의 단축과 영양 손실을 줄이고 거의 완전멸균을 할 수 있음

* 통조림살균법
– 간헐멸균법, 고압증기멸균법, 고온장시간 살균법

* 우유살균법(영양소 파괴가 적은 살균법)
– 저온소독법, 고온단시간소독법, 초고온순간살균법

3) 화학적 소독방법

① 화학적 소독약의 구비조건
- 살균력이 강할 것
- 침투력이 강할 것
- 표백성과 금속부식성이 없을 것
- 용해성이 높을 것
- 안전성이 있을 것
- 사용법이 용이(간단)하고 경제적일 것

② 종류 및 용도

석탄산 (Phenol 3%)	• 소독약의 소독력을 나타내는 기준 • 단점 : 금속부식성, 냄새와 독성으로 피부점막에 강한 자극 • 장점 : 유기물에도 살균력이 약화되지 않는 안정성(소독력 측정 시 표준). 온도 상승에 따라 살균력도 비례하여 증가 $$석탄산계수 = \frac{(다른) 소독약의 희석배수}{석탄산의 희석배수}$$ ※ 석탄산계수란? 소독약의 살균력을 비교하는 기준이다.
크레졸 (Cresol 3%)	• 석탄산의 소독 효력보다 약 2배 정도 강하며 냄새도 강함 • 석탄산에 비해 피부자극이 약해서 손 소독에 사용되나 조리사의 손 소독에는 사용하지 못함
승홍수 (0.1%)	• 금속의 부식성이 강하므로 식기류나 피부소독에는 부적합하고, 비금속기구의 소독에 이용
생석회 (3%)	• 분변, 하수, 오수, 오물, 토사물 등의 소독에 가장 우선적으로 사용할 수 있음
과산화수소 (3%)	• 자극성이 적어서 피부와 상처 소독에 적합하며, 구내염, 인두염, 입안 세척, 상처 등에 사용 ※ 산화표백제의 용도로도 사용됨
에틸알코올 (70%)	• 금속기구, 손과 피부의 소독 등에 사용
역성비누 (양성비누)	• 손, 식기, 야채(채소), 과일의 소독에 사용. 손 소독 시 10%로 사용 • 보통비누와 동시에 사용하거나 유기물이 존재하면 살균효과가 떨어지므로 세제로 씻은 후에 사용
표백분 (클로로칼키 혹은 클로로석회)	• 우물, 수영장, 채소, 식기 소독에 사용된다.
염소 (차아염소산 나트륨)	• 수돗물, 과일, 채소, 식기 소독에 사용된다. • 수돗물 소독 시 잔류 염소는 0.2ppm이며, 과일 및 채소와 식기의 소독 시 염소 농도는 50~100ppm이 적당하다.
포르말린 (액체)	• 포름알데히드를 물에 녹여서 약 35%의 수용액으로 만든 것으로, 화장실의 분뇨, 하수도 진개 등의 오물 소독에 사용된다(플라스틱 용기에서 검출).
포름알데히드 (기체)	• 병원, 도서관, 거실 등의 소독에 사용된다.

⑤ 식품의 위생적 취급기준

1) 식품표시

유통기한 표시	• 유통기한의 표시는 소비자가 알아보기 쉽도록 연월일로 표시하여야 하며, 도시락 류는 시간까지 표시하여야 한다. 예) ○○월○○일○○시까지
제조일 표시	• 제조일로부터 연, 월, 일까지로 표시할 수 있다. 예) 제조일로부터 ○○년까지, 제조일로부터 ○○월까지
표시사항	• 표시사항이 있는 모든 원료 및 제품은 사용완료 시까지 표시사항을 보관해야 한다. • 소분하여 보관할 경우 오려 붙이거나 포장지를 별도로 모아 관리하거나 유통기한 스티커를 부착하여 관리한다. • 표시사항이 훼손되거나 유실된 제품은 반품을 하며, 포장지의 표시사항 절단 및 폐기에 주의한다.

2) 식품의 위생적인 취급

과일 · 채소류	• 쉽게 상하고, 무를 수 있으므로 먼저 들어온 물건을 먼저 사용하는 선입선출법으로 사용 관리 • 보관은 수분이 마르지 않도록 종이(신문지)나 랩(위생팩)으로 신선도를 유지하여 취급 • 과일류는 껍질을 벗겨 보관하는 경우 갈변이 일어나지 않도록 설탕물(레몬) 등을 이용하여 관리
냉동식품류	• 제품별로 냉동에 적당한 온도에서 보관하며, 특히 해동한 제품은 재냉동하지 않도록 한다. • 냉동 보관 중 장시간 냉기에 노출되면 수분이 빠지는 냉동화상을 입게 되므로 랩(위생팩) 등을 이용하여 취급
냉장식품류	• 제품이 얼지 않도록 보관하는 것이 중요하며, 특히 냉동식품에 비해 유통기한이 짧으므로 사용계획에 따른 구매에 각별히 신경 써야 한다.
통조림류	• 통조림은 가급적 개봉 후 바로 사용하여야 하며, 보관 시 밀폐용기에 유통기한을 표시하여 보관한다.

3) 조리기구의 위생적인 취급

칼	• 용도별로 구분하여 사용하여 교차오염을 방지한다. • 업무종료 후 매일 갈고 살균 소독 후 전용행주로 물기를 닦아 건조 보관 ※ 조리과정 중에는 칼을 갈지 않음
도마	• 용도별로 구분하여 사용해서 교차오염을 방지한다. • 중성세제를 사용하여 세척하고, 살균소독하여 보관한다. • 사용 중에는 도마에 과도하게 물기가 없도록 하며, 사용 후 지정된 장소에 세워서 보관 및 건조한다.
덕트와 환기팬	• 정기적인 청소로 덕트에서 기름 등이 음식물로 떨어지지 않게 관리한다.
가스레인지와 주변	• 가스레인지 버너의 출구가 막혀 있으면 그을음 등이 발생할 수 있으므로 막혀 있는 버너의 출구를 정기적으로 관리하여 막히지 않도록 한다. • 가스레인지 주변은 여러 음식물의 오염이 되는 부분으로 매일 세척과 살균 등으로 관리한다.
행주	• 행주는 작업별로 구분하여 사용해서 교차오염을 방지하며, 100℃ 이상에서 30초 이상 삶아 자외선소독기 또는 일광에 건조하여 사용한다.
쓰레기통	• 쓰레기통은 흡습성이 없으며, 단단하고 내구성이 있는 것을 사용하고, 일반용, 주방용, 음식물용 등으로 분리하여 사용한다. • 반드시 뚜껑을 사용하며, 악취가 발생하거나 액체류가 새지 않도록 관리한다.

*조리기구의 관리
- 장비, 용기 및 도구는 청소가 쉽게 디자인되어야 함
- 재질은 표면이 비독성이고, 청소세제와 소독약품에 잘 견뎌야 하고, 녹슬지 않아야 함
- 조리설비, 용기 및 도구를 구매할 때 구매 전 물품과 사양이 일치하는지 확인
- 작업종료 후 지정인원은 작업장의 모든 장비, 용기, 바닥을 물로 청소하고, 식품 접촉표면은 염소계 소독제(200ppm)로 살균한 후 습기를 제거한다.

6 식품첨가물과 유해물질

식품첨가물이란 식품의 제조, 가공 및 보존에 있어서 식품에 첨가, 혼합, 침윤 및 기타의 방법에 의하여 사용되는 물질로, 식품의 색, 향, 맛, 질감을 향상시키고 저장기간을 개선하기 위한 목적(기호성 향상, 품질개량, 향미 및 보존성 향상, 품질적 가치 증진)으로 사용되며, 크게 천연첨가물과 화학적 합성품(화학적 수단에 의하여 원소 또는 화합물에 분해반응 이외의 화학반응을 일으켜 얻는 물질)으로 구분한다. 식품첨가물의 지정은 식품의약품안전처장이 지정한다.

Tip 화학적 합성품 : 화학적 수단에 의해 원소 또는 화합물에 분해반응 외의 화학반응을 일으켜 얻은 물질

Tip 식품첨가물공전 : 식품첨가물의 종류와 규격, 기준 등을 정리한 기준서로 식품의약품안전처장이 지정

1) 보존성을 높이는 식품첨가물

(1) 보존료(방부제)

① 식품 속에 존재하는 미생물의 증식을 억제하기 위하여 사용되는 첨가물

② 보존료의 구비조건

㉮ 미생물에 대한 증식 억제효과가 클 것(미생물 증식 억제)

㉯ 독성이 없거나 적고, 미량으로도 효과가 클 것

㉰ 무미, 무취이고 자극이 없을 것

㉱ 공기, 빛, 열에 안정하고 pH에 영향을 받지 않을 것

㉲ 경제적이고 사용이 간편할 것

③ 보존료의 종류 및 사용

㉮ 데히드로초산(DHA) : 치즈, 버터, 마가린

㉯ 소르빈산(sorbic acid) : 식육제품, 어육연제품, 케첩, 된장

㉰ 안식향산(benzoic acid) : 청량음료, 간장, 식초

㉱ 프로피온산 : 빵 및 과자류

(2) 살균제(소독제)

① 식품의 부패세균이나 기타 미생물을 사멸하기 위해 사용하는 첨가물

② 살균제의 종류

㉮ 차아염소산나트륨(NaCO) : 음료수의 소독, 식기류, 식품 소독

㉯ 참깨 등에는 사용금지

㉰ 표백분($CaOCl_2$) : 음료수의 소독, 식기류, 식품 소독

㉱ 기타 : 에틸렌옥사이드, 이염화이소시아눌산나트륨

(3) 산화방지제(항산화제)

① 식품의 산화에 의한 이미, 이취, 변색, 퇴색 등의 변질현상을 방지하기 위해 사용되는 첨가물

② 종류

㉮ 디부틸하이드록시 아니졸(BHA) : 지용성 항산화제, 식용유, 마요네즈 등에 사용

㉯ 디부틸하이드록시 톨루엔(BHT) : 지용성 항산화제, 식용유, 버터 등에 사용

㉰ 몰식자산프로필(Propyl Gallate) : 유지, 어패류, 버터 등에 사용

㉱ 에리소르빈산염(수용성, 산화방지제) : 맥주, 주스 등에 사용

㉲ 천연항산화제 : 아스코르브산(비타민 C), 토코페롤(비타민 E)

2) 관능을 만족시키는 첨가물

(1) 조미료(Seasonings)

① 식품의 기호성을 높이는 데 이용되는 가공품으로 식품에 맛난맛(旨味)을 부여하기 위해 사용되는 첨가물

② 종류

㉮ 핵산계

- 이노신산나트륨 : 가쓰오부시 및 멸치
- 구아닐산나트륨 : 버섯류

　ⓝ 아미노산계
- 글루타민산나트륨 : 다시마, 된장, 간장

　ⓓ 유기산계
- 호박산나트륨 : 조개류

(2) 감미료

① 식품과 음료에 단맛(甘味)을 부여하기 위해 사용되는 첨가물
② 종류

　㉮ 사카린나트륨 : 식빵, 이유식, 백설탕, 포도당, 물엿, 벌꿀, 사탕류에 사용금지

　Tip 과자류에는 사용가능

　㉯ D-소르비톨액 : 설탕의 원료, 그 밖에 안정제, 습윤제로도 사용

　㉰ 글리시리진산 2나트륨 : 된장, 간장 이외에는 사용금지

　㉱ 아스파탐

　㉲ 스테비오사이드

(3) 산미료

① 식품에 산미(酸味)를 부여하기 위해 사용되는 첨가물
② 종류

　㉮ 초산 및 빙초산(피클, 케첩에 사용)

　㉯ 구연산(결정, 무수) : 청량음료, 치즈, 잼에 사용

　㉰ 주석산 : 포도에 함유

　㉱ 젖산

(4) 착색제

① 식품의 가공공정에서 상실되는 색을 복원하거나 외관적 가치를 향상시키기 위해 사용되는 첨가물

② 종류

㉮ 타르(tar)계 색소(수용성, 산성 = 합성착색료) : 식용색소 녹색 3호, 적색 2, 3호, 식용색소 청색 1호, 식용색소 황색 4호(단무지, 식빵 허용)

㉯ 비타르계 색소 : 베타카로틴(치즈, 버터, 마가린), 황산동(과채류, 저장식품), 삼이산화철(Fe_2O_3. 바나나, 곤약)

> Tip **타르색소를 사용하지 못하는 식품** : 면류, 김치류, 다류, 묵류, 젓갈류, 단무지, 생과일주스, 천연식품 등

(5) 발색제

① 자체는 무색이지만 식품 중의 색소성분과 반응하여 색을 고정시키거나 발현시키는 식품첨가물

② 종류

㉮ 육류 발색제 : 아질산나트륨, 질산나트륨, 질산칼륨(식육, 경육, 어육소시지 및 햄 이외에는 사용금지)

㉯ 과채류 발색제 : 황산 제1철과 제2철, 소명반(백반)

> Tip **니트로사민** : 아질산과 2급아민염이 반응하여 생기는 발암물질

(6) 착향료

① 식품 자체의 냄새 제거 및 변화, 강화를 위한 식품첨가물

② 종류

㉮ 계피 알데히드

㉯ 멘톨

㉰ 바닐린

㉱ 시트랄

㉲ 낙산부틸

㉳ 천연향료(레몬오일, 오렌지오일, 천연과즙)

(7) 표백제

① 식품 자체의 색을 없애거나 퇴색되는 것을 방지하고 흰 것을 더 희게 하기 위하여 사용되는 첨가물

② 종류

㉮ 산화 표백제 : 색소 파괴로 복원되지 않지만 조직을 손상시킬 수 있고 살균제 기능 가능

- 과산화수소

㉯ 환원 표백제 : 공기 중의 산소에 의해 서서히 산화되며, 색이 재발 가능

- 메타중아황산칼륨
- 무수아황산
- 아황산나트륨
- 차아황산나트륨
- 산성아황산나트륨

3) 품질유지 및 개량에 사용되는 첨가물

(1) 품질 개량제(texturizers)

① 식품의 결착성 증대, 변색 및 변질 방지, 풍미 및 조직감을 향상시키기 위한 첨가물

② 종류

㉮ 제1, 2, 3 인산나트륨

㉯ 제3인산칼륨

㉰ 피로인산 나트륨 및 칼륨

㉱ 폴리인산염

㉲ 메타인산염

(2) 유화제(emulsifiers, 계면활성제)

① 서로 잘 혼합되지 않는 두 종류의 액체를 혼합이 잘 되도록 유화시키는 첨가물

② 종류

　㉮ 레시틴(난황, 인지질) : 마요네즈 제조 시 유화제 역할

　㉯ 대두인지질

　㉰ 지방산 에스테르류

　㉱ 폴리소르베이트류

(3) 소맥분 개량제

① 제분된 밀가루의 표백 및 숙성기간을 단축, 제빵효과 저해물질을 파괴, 살균 등을 하기
위하여 사용되는 첨가물

② 종류

　㉮ 과산화벤조일 : 소맥분, 압맥 외 사용금지

　㉯ 브롬산칼륨

　㉰ 과황산암모늄

　㉱ 이산화염소

(4) 피막제

① 과채류를 수확한 후 그 신선도를 장기간 유지하기 위하여 식품 표면에 피막을 만들어
호흡작용과 증산작용(식품 표면에 수증기가 되어 증발되는 현상)을 억제하기 위하여
사용되는 첨가물

② 종류

　㉮ 초산비닐수지(껌기초제로도 사용)

　㉯ 몰포린지방산염

(5) 호료(thickening agents, 증점제) 및 안정제

① 식품의 점착성 증가, 유화안정성 증가, 교질상의 미각 촉진증진, 선도 유지, 형태 보존
첨가물

② 종류

- 카세인
- 젤라틴

4) 식품제조 가공과정에서 필요한 식품첨가물

(1) 소포제

① 식품의 제조에서 생기는 거품을 제거 또는 저하시키기 위한 첨가물
② 종류

㉮ 규소수지(silicon resin) : 1kg당 50mg 이하로 소포제 이외 용도 사용금지

(2) 팽창제

① 가스를 발생시켜 반죽을 부풀게 하여 조직을 향상시키고 적당한 형체를 형성하기 위한 첨가물
② 종류

㉮ 명반(발색제, 청정제, 갈변방지제로도 사용) 및 암모늄명반
㉯ 염화암모늄
㉰ 탄산수소암모늄과 탄산수소나트륨
㉱ 효모

5) 기타 식품첨가물

(1) 방충제

① 곡류 저장 시 곤충의 서식 방지를 위한 첨가물
② 종류 : 피페로닐부톡사이드

(2) 훈증제

① 훈증 가능한 식품을 살균하기 위한 첨가물

② **종류** : 에틸렌옥사이드(천연조미료에 사용)

(3) 이형제

① 빵을 구울 때 기계에 달라붙지 않고 분할이 쉽도록 하기 위한 첨가물
② **종류** : 유동파라핀

(4) 천연첨가물

① **착향료**(상온에서 휘발성이 있고, 식품에 향을 부여하기 위하여 첨가하는 화합물로 냄새를 없애거나 강화 또는 변화시키기 위해 사용됨) : 바닐라, 페퍼민트
② **착색료** : 캐러멜, 아나토, 치자, 홍화, 커피, 코코아
③ **호료** : 아라비아검, 카라기난
④ **향신료** : 후추, 고추, 겨자

(5) 강화제

① 식품의 비타민류, 아미노산류, 무기염류(칼슘, 철) 등의 영양을 강화시키기 위한 첨가물
② **종류**
    ㉮ 무기염류 강화 : 구연산염, 구연산칼륨
    ㉯ 비타민 강화 : 음료, 과자, 빵

(6) 용제

① 식품 첨가물을 식품에 균일하게 혼합시키기 위한 첨가물로 사용된다.
② **종류**
    ㉮ 글리세린
    ㉯ 프로필렌글리콜

(7) 껌기초제

① 껌에 적당한 점성과 탄력을 유지하기 위한 첨가물로 사용된다.

② 종류

 ㉮ 초산비닐수지

 ㉯ 에스테르

 ㉰ 폴리부텐

 ㉱ 폴리이소부틸텐

6) 유해물질

(1) 중금속유해물질

금속명	주된 중독경로	중독증상
수은(Hg) (미나마타병)	오용, 수질오염으로 인한 공해질병 콩나물 재배 시 소독제 오용	지각이상, 언어장애, 보행곤란
카드뮴(Cd) (이타이이타이병)	식기, 기구, 오용, 수질오염으로 인한 공해질병, 도자기류의 유약	폐기종, 신장징애, 단백뇨
비소(As)	농약, 첨가물	구토, 설사, 위통, 출혈
납(Pb)	기구, 오용, 도자기류의 유약	구토, 설사, 복통, 마비, 소변에 코프로 포로피린 검출
구리(Cu)	첨가물, 식기, 용기	구토, 위통, 메스꺼움
주석(Sn)	통조림	구토, 설사, 복통 등

(2) 유해 첨가물

① 유해 방부제 : 붕산(H_3BO_3), 포름알데히드(formaldehyde), 승홍($HgCl_2$)

② 유해 착색제 : 아우라민(auramine, 황색색소), 로다민B(rhodamineB, 핑크색소), 파라니트 로아닐린(P-nitroaniline, 황색색소), 실크스칼렛(Silk Scarlet, 등적색 색소)

③ 유해 감미료 : 둘신(dulcin, 단맛이 설탕의 400배), 사이클라메이트(cyclamate), 에틸렌글 리콜(ethylene glycol), 페릴라르틴(peryllartine), 글루신(glucin)

④ **유해 표백제** : 롱가릿(rongalite), 형광표백제, 니트로겐트리클로라이드(nitrogen trichloride)

(3) 조리 · 가공 시 발생하는 유해물질

① **다방향족탄화수소(PAH)** : 식품을 고온으로 가열할 때 생성되는 단백질과 지방의 분해생성물인 벤조피렌은 발암물질로 훈제고기나 숯에 구운 고기에서 검출된다.

② **N-니트로사민** : 발색제인 아질산과 2급아민의 결합으로 생성된 물질로 N-니트로소화합물이라고도 한다.

③ **아크릴아미드** : 전분함량이 많은 식품을 가열할 때 생성되는 물질

제3장 주방위생관리

1 주방위생 위해요소

주방위생의 위해요소를 각 단계별로 관리하여 과정 중 위해요소가 발생(또는 혼입)되지 않도록 한다.

1) 구매 및 검수 단계의 관리

① 식품 구매 시 올바른 유통경로에 따른 식품을 구매할 수 있는 업자를 선정
② 식품의 원산지 및 각종 법에 따른 증명서 등을 확인할 수 있으며 신선한 식품을 구매하며 위생적으로 식품이 도착하였는지를 확인
③ 검수에 필요한 기구와 설비를 갖추고, 검수기준에 따라 식품을 검수하여야 하며, 검수후 즉시 특성에 맞게 저장고로 이동

2) 저장단계의 관리

① 식품의 저장에 알맞은 시설과 설비를 갖추고, 식품을 저장하는 동안 관리규정에 따라 관리 및 기록
② 식품별 저장온도에 맞는 저장을 하며 저장고에는 자동온도기록장치를 설치하고, 정기적으로 온도를 측정
③ FIFO(선입선출)에 의한 식품 저장 시 식품의 사용이 편리하도록 입고 순서대로 보관하며, 유통기한이 보이도록 보관
④ 식품과 비식품(소모품)은 구분하고, 외포장을 제거하여 보관하며 대용량 제품을 나누

어 보관하는 경우 제품명과 유통기한을 반드시 표기

⑤ 세척제, 화학약품 등은 조리장과 떨어진 곳에 보관하며, 다른 용기에 옮겨 담았을 경우 내용물과 독성을 기재한 라벨을 부착

⑥ 식품의 보관선반은 벽과 바닥으로부터 15cm 이상 간격을 두어 보관

> **Tip** **냉장고 냉장온도**: 5℃, **냉동온도**: −18℃ 이하

3) 조리단계의 관리

① 냉동식품의 해동 시 다른 식재료와의 교차오염에 주의하고, 5℃ 이하에서 냉장 해동하거나 흐르는 물에 4시간 이내로 해동

② 뜨거운 물에의 해동을 금지하며, 해동된 식품은 5℃ 이하의 온도를 유지하고, 해동한 식품은 재냉동 금지

③ 식품을 특성에 맞게 세척 및 전처리를 실시하고, 채소류는 흐르는 물에 충분히 세척하여야 한다.

④ 조리작업은 바닥으로부터 60cm 이상의 높이에서 하여야 하며, 음식의 간을 본 후 음식이 남은 접시와 숟가락은 세척 및 소독

4) 세척, 청소 및 소독 단계의 관리

① 세척제는 용도별로 구분하여 사용하고, 사용방법과 유해성에 대해 충분히 숙지한 후 사용하고, 화학물질안전정보(MSDS)가 보이는 곳에 비치한다.

② 칼은 사용 후 깨끗이 세척한 후에 소독하며 안전한 장소에 위생적으로 보관

③ 도마는 사용 후 중성세제로 씻고, 살균 및 보관

④ 식기류는 사용 후 중성세제로 세척하고, 건조 후 위생적으로 보관

⑤ 조리설비의 청소 시 전원스위치를 내려 전기를 차단한 후 전기감전 등의 위험이 없게 실시

⑥ 조리장은 벽, 천장, 바닥, 선반 등으로 나누어 작업하며 식품 등으로의 혼입이 없게 사전 정리

2 식품안전관리인증기준(HACCP)

HACCP은 위해요소분석(Hazard Analysis)과 중요관리점(Critical Control Point)의 약자로 해썹이라고도 한다.

식품 및 식품재료의 원료관리와 생산, 유통, 소비의 전 과정에 걸쳐 오염물이 섞이거나 오염되는 것을 방지하기 위하여 각 과정의 위해요소를 확인 및 평가하여 중점적으로 관리해서 식품의 안전성을 확보하는 기준

1) HACCP의 원칙 및 절차

절차		내용	원칙
준비단계	1	HACCP 팀 구성(위원회 구성)	
	2	제품의 설명서 작성	
	3	제품의 용도 확인	
	4	공정의 흐름도 작성	
	5	공정흐름도 현장 확인	
본 단계 (7원칙)	6	위해요소 분석	1
	7	중요관리점 결정	2
	8	중요관리점 한계기준 설정	3
	9	중요관리점 모니터링체계 확립	4
	10	개선조치 방법 수립	5
	11	검정절차 및 방법 수립	6
	12	문서화, 기록유지방법 설정	7

2) HACCP 대상식품 13종

① 수산가공식품류의 어육가공품류 중 어묵·어육소시지
② 기타 수산물가공품 중 냉동 어류·연체류·조미가공품
③ 냉동식품 중 피자류·만두류·면류
④ 과자류, 빵류 또는 떡류 중 과자·캔디류·빵류·떡류

⑤ 빙과류 중 빙과

⑥ 음료류[다류(茶類) 및 커피류는 제외한다]

⑦ 레토르트식품

⑧ 절임류 또는 조림류의 김치류 중 김치(배추를 주원료로 하여 절임, 양념혼합과정 등을 거쳐 이를 발효시킨 것이거나 발효시키지 아니한 것 또는 이를 가공한 것에 한한다)

⑨ 코코아가공품 또는 초콜릿류 중 초콜릿

⑩ 면류 중 유탕면 또는 곡분, 전분, 전분질원료 등을 주원료로 반죽하여 손이나 기계 따위로 면을 뽑아내거나 자른 국수로서 생면·숙면·건면

⑪ 특수용도식품

⑫ 즉석섭취·편의식품류 중 즉석섭취식품(⑫의2. 즉석섭취·편의식품류의 즉석조리식품 중 순대)

⑬ 식품제조·가공업의 영업소 중 전년도 총매출액이 100억 원 이상인 영업소에서 제조·가공하는 식품

3 작업장 교차오염 발생요소

1) 교차오염의 정의

주방의 조리작업 시 오염된 식재료, 기구, 조리사 등과의 접촉으로 인하여 식재료나 음식이 미생물에 오염되는 과정

2) 교차오염 예방 방안

교차오염의 가능성을 차단함으로써 예방이 가능하며, 식재료의 취급 및 개인위생과 작업장 위생에 대한 관리방안의 준수로 예방

① 조리작업구역을 구분하여, 전처리-조리-세척 등을 별도의 구역에서 작업

② 칼이나 도마 등의 기구나 용기는 조리 전과 조리 후(용도별)로 구분하여 사용

③ 세척용기는 어류, 육류, 채소류로 구분하여 사용하고, 사용 후 충분히 세척 및 소독

④ 식품의 취급 작업은 바닥으로부터 60cm 이상에서 실시하고, 바닥의 오염물이 튀지 않도록 함

⑤ 식품취급자는 반드시 손 세척과 소독을 한 후에 고무장갑을 착용하며, 용도별(조리 - 세척 - 청소)로 구분하여 사용

⑥ 전처리하지 않은 식품과 전처리된 식품은 분리 · 보관

⑦ 전처리에 사용하는 용수는 반드시 먹는 물(수돗물 또는 검수한 지하수)을 사용한다.

⑧ 냉장고에 식품을 보관 시 오염도가 높은 식품이 상단에 있을 경우, 오염물질이 조리된 식품에 떨어져 교차오염의 우려가 있으므로 하단에 보관

⑨ 또한 조리된 식품은 다른 식품에 의한 교차오염을 막기 위해 덮어서 보관하고, 유통기한, 포장 개봉일을 함께 기재

⑩ 행주를 구분하여 사용

✱세척제의 용도별 구분

용도에 맞는 세척제를 선택해야 하며 사용설명서에 따라야 한다. 세척제를 임의로 섞을 경우 화학반응을 일으켜 세척력을 상실하거나 유해가스 등의 발생으로 위험해질 수 있다. 용도 표시라벨이 없거나 정확하지 않고 의심이 가는 세척제는 사용하지 않는다. 세척제는 사용하는 용도에 따라 1종, 2종, 3종으로 구분되어 있다.

- 1종 : 채소용 또는 과실용 세척제
- 2종 : 식기류용 세척제
- 3종 : 식품의 가공기구용, 조리기구용 세척제

제 **4** 장　식중독관리

1 식중독의 정의 및 분류

1) 식중독의 정의

식중독이란 식품의 섭취로 인하여 인체에 유해한 미생물 또는 유독물질에 의해 발생하였거나 발생한 것으로 판단되는 감염성 또는 독소형 질환으로 발생 원인에 따라 세균성 식중독, 화학적 식중독, 자연독 식중독, 곰팡이 식중독, 부패성 식중독 등으로 구분

2) 식중독 발생 시 대책

식중독 의심 환자를 진단하였거나 그 사체를 검안(檢案)한 의사 또는 한의사와 의심환자가 발생한 집단급식소의 운영자는 반드시 관할 시장, 군수, 구청장에게 신고해야 할 의무가 있다. 보고받은 시장, 군수, 구청장은 지체 없이 그 사실을 식품의약품안전처장 및 시·도지사에게 보고하고, 대통령령으로 정하는 바에 따라 원인을 조사하여 그 결과를 보고하여야 한다.

> **Tip** 식중독 발생 시 보고순서
> 의사(한의사) → 보건소장 → 시장, 군수 → 시·도지사 → 식품의약품안전처장

3) 식중독의 분류

구 분	분 류	주요 질병 및 원인
세균성 식중독 (병원성)	감염형(많은 양의 균)	살모넬라, 장염비브리오, 병원성 대장균
	독소형(균이 생성한 많은 양의 독소)	포도상구균(독소 : 엔테로톡신) 보툴리누스균(독소 : 뉴로톡신)
화학적 식중독(유독, 유해화합물)		메탄올, 농약, 유해첨가물, 유해금속류, 불량첨가물, 기타
자연독 식중독	동물성 식중독	복어독, 조개류 등
	식물성 식중독	독버섯, 감자, 독미나리, 청매 등
곰팡이 식중독(마이코톡신에 의한 중독)		아플라톡신 중독, 황변미중독, 맥각중독
부패성 식중독(알레르기성 식중독)		부패세균(비병원성 세균), 히스타민

2 세균성 식중독

세균이 인체 내로 침입하여 증식하여 발병하거나 이미 증식하여 존재하고 있던 원인균이 장관 점막에 작용해 일어나는 식중독

1) 감염형 식중독

① 살모넬라(Salmonella) 식중독
- 감염원 : 주로 쥐, 파리, 바퀴벌레에 의해 오염
- 잠복기 : 평균 18~20시간
- 원인식 : 육류, 가금류(닭), 난류(달걀) 등
- 예방법 : 구충, 구서, 열에 약하므로 60℃에서 30분간 먹기 직전에 가열처리한 후 섭취한다.
- 증상 : 심한 위장증상, 급격한 고열의 발열(가장 심한 발열 38℃), 구토, 두통, 하복통, 설사(심할 경우 혈변) 등

② 장염비브리오(Vibrio) 식중독
- 원인균 : 비브리오균, 호염성세균, 통성혐기성균, 해수세균으로 3~4%의 소금 농도에 서 잘 자라는 세균. 그람음성간균
- 오염원 : 어패류
- 예방법 : 65℃에서 5분간 가열처리하고 조리기구와 행주 등의 소독. 저온(4℃)에서는 번식하지 못한다.
- 증상 : 설사, 두통, 복통 등

③ **병원성 대장균(E. coli) 식중독** : 식품이나 물의 오염지표로 이용된다.
- 잠복기 : 평균 10~13시간
- 오염원 : 동물의 배설물, 물과 우유 등
- 예방법 : 화장실 사용 후 손 세척, 분뇨의 위생적 처리
- 증상 : 설사, 복통, 두통, 발열 등
- 원인식 : 우유, 채소, 샐러드, 가정에서 만든 마요네즈 등

④ **웰치균(클로스트리디움) 식중독** : 편성 혐기성균(아포형성균)
- 잠복기 : 8~22시간(평균 12시간)
- 오염원 : 식육류 및 그 가공품, 어패류 및 그 가공품 등
- 예방법 : 분변의 오염을 막고 저장 시 온도에 유의. 10℃ 이하와 60℃ 이상이 적당
- 증상 : 심한 설사, 복통, 복부팽만감 등
- 원인균 : A, B, C, D, E, F의 형태 중 원인균은 A형이다.
- 원인식 : 육류 조리식품을 저온보관 후 재가열한 식품에서 발생

2) 독소형 식중독

① 포도상구균(Stapylococcus aureus) 식중독
- 잠복기 : 식후 3시간 정도에서 발생(식중독 중 가장 짧다.)
- 원인균 : 그람양성구균(혐기성)으로 화농성질환의 대표적 원인균인 황색포도상구균 (장독소)

- 독소 : 황색포도상구균이 만드는 엔테로톡신(enterotoxin; 장독소) → 독소는 열에 강하며(120℃ 이상 가열 시에도 파괴되지 않음), 균은 열에 약함
- 증상 : 급성위장염, 구토, 설사, 복통, 화농성질환자 조리 금물
- 예방법 : 화농성질환자의 식품조리 및 취급을 금지하고 식품은 저온 저장
- 원인식 : 떡, 콩가루, 빵, 도시락, 쌀밥, 크림빵 등

② 클로스트리디움 보툴리누스균(Clostridium botulinum) 식중독 : 내열성이 가장 크고, 편성혐기성세균, 치명률이 높음

- 잠복기 : 12~36시간 이내(식중독 중 가장 길다.)
- 원인균 : A, B, C, D, E, F, G의 7가지 형태 중 원인균은 A, B, E의 3형
- 오염원 : 살균이 불충분한 통조림, 햄, 소시지 등
- 독소 : 뉴로톡신(neurotoxin; 신경독) → 80℃에서 15분 정도 가열하면 독성파괴
- 증상 : 신경마비 증상 및 시력 저하, 호흡곤란, 동공의 확대
- 예방법 : 음식물의 가열처리, 통조림 및 소시지 등의 위생적 저장과 가공
- 원인식 : 햄, 소시지, 통조림 등

3) 세균성 식중독과 소화기계 감염병의 차이점

세균성 식중독	소화기계 감염병(경구감염병)
• 식중독균에 오염된 식품을 섭취하여 발생 • 식품 내에 많은 양의 균 또는 독소 • 살모넬라, 장염비브리오 외에는 2차 감염이 없음 • 잠복기가 짧은 것이 많음 • 면역이 없음	• 오염된 식품과 물의 섭취 또는 수질오염에 의해 경구 감염 • 소량의 균으로 발생함 • 2차 감염이 있음 • 잠복기가 비교적 긺 • 면역이 있음

3 화학물질에 의한 식중독

1) 유해성 금속에 의한 식중독

주된 중독경로가 식기 및 용기의 오용, 첨가물에 의한 것, 식품의 수확, 제조, 포장 과정에서 우발적으로 오염되어 이들 중금속염들이 체내에 잔류 축적되면서 중독이 일어난다. 중독 증상은 주로 구토, 설사, 복통, 복부경련과 같은 소화기계 질환 등이다.

금속명	주된 중독경로	중독증상	발병시간
수은(Hg)	오용	지각이상, 언어장애, 보행곤란	2~30분
카드뮴(Cd)	식기, 기구, 오용	폐기종, 신장장애, 단백뇨	15~30분
비소(As)	농약, 첨가물	구토, 설사, 위통, 출혈	10분
납(P)	기구, 오용	구토, 설사, 복통, 마비	30분
구리(Cu)	첨가물, 식기, 용기	구토, 위통, 메스꺼움	수분~2시간
아연(Zn)	식기, 용기, 오용	구토, 설사, 복통	1~2시간
비스무스(Bi)	식기, 오용	입안착색, 구내염, 장염	1~2시간
안티몬(Sb)	식기, 오용	구토, 설사, 출혈	수분~2시간

- 미강유 중독, 그 밖에 불량 플라스틱(포르말린), 식기초절임, 요소수지, 뜨거운 식품 등을 담아둘 때 용출되어 식중독을 유발(포름알데히드)하는 경우도 있다.
- 통조림 제조 시 납의 허용치는 10ppm 이하이고, 주석의 허용치는 150ppm 이하이다.

2) 농약에 의한 식중독

① 유기인제	• 증상 : 신경독을 일으키며 혈압상승, 근력감퇴, 전신경련 등의 중독증상 • 종류 : 파라티온, 말라티온, 다이아지논, 프로인산 테트라에틸(TEPP) 등
② 비소화합물	• 증상 : 구강과 식도의 수축, 위통, 설사, 구토, 혈변 등의 중독증상 • 종류 : 비산칼슘, 산성비산납 등
③ 유기염소제	• 증상 : 복통, 설사, 구토, 두통, 시력감퇴, 전신권태 등 • 종류 : DDT(토양 잔류성이 크다), BHC 등

Tip **예방법** : 살포 시 흡입에 주의하며, 과채류는 산성액으로 세척, 수확 1주일(또는 15일 전) 이내의 살포금지

4 자연독에 의한 식중독

1) 동물성 식중독

① 복어 중독

테트로도톡신(tetrodotoxin)은 맹독성으로 치사량은 2mg이며, (산란기 직전 5~6월에 독성이 가장 강함) 독성물질에 의한 식중독이다. 테트로도톡신은 100℃의 가열에서는 독성을 잃지 않지만, 강산이나 강알칼리에는 쉽게 분해된다.

복어의 난소, 간, 내장, 피부 순으로 다량 함유되어 있다. 섭취 후 30분에서 5시간 내에 발병하며 구토, 근육마비, 촉각과 미각의 둔화, 호흡곤란, 의식불명 등의 증세가 발생하고, 치사율이 50~60%이다.

> **＊복어 중독의 예방대책**
> – 전문조리사만이 조리하도록 한다.
> – 독소가 함유된 부분의 제거와 폐기를 철저히 한다.
> – 산란 직전에 특히 주의한다.

② 조개류 중독

- 바지락, 모시조개, 굴 : 베네루핀(venerupin)
- 섭조개, 홍합, 대합 : 삭시톡신(saxitoxin)

  Tip 삭시톡신과 베네루핀은 유독플랑크톤을 섭취한 조개류에서 검출

2) 식물성 식중독

① **독버섯중독** : 무스카린(muscarine), 무스카리딘(muscaridine), 콜린(choline), 아마니타톡신(amanitatoxin), 팔린(phallin), 뉴린(neurine) 등이며, 중독증상에 따라 다음과 같이 4군으로 나눈다.

- 위장형 중독 : 구토, 복통, 설사 – 무당버섯, 화경버섯 등에 포함된 무스카린, 무스카리딘이 원인
- 콜레라형 중독 : 허탈, 경련, 황달, 혼수상태, 혈색소뇨 – 알광대버섯, 독우산버섯 등에

포함된 팔린, 아마니타톡신이 원인

- 신경장애형 중독 : 심한 위장장애, 헛소리, 환각, 경련, 혼수 등 중추신경계의 증상 – 미치광이버섯, 파리버섯, 광대버섯 등에 의함

- 혈액형 중독 : 콜레라형 위장장애가 계속되다가 용혈작용을 나타내어 황달, 혈색소뇨 등을 일으킨다.

＊독버섯 감별법
- 세로로 쪼개지지 않는 것   – 표면에 점액이 있는 것
- 색이 선명하고 아름다운 것   – 줄기부분이 거친 것
- 악취가 나거나, 쓴맛, 신맛, 매운맛이 나는 것   – 은수저 등으로 문질렀을 때 검게 보이는 것

---

② **감자 식중독** : 감자의 솔라닌(solanine – 발아, 녹색 부위) 부분을 식용하면 2~12시간 후에 구토, 복통, 설사, 두통, 발열(38~39℃), 팔다리 저림, 혀가 굳어져 언어장애를 일으킨다. 예방으로는 싹튼 부위와 녹색부분을 제거하고 저장 시 싹이 트지 않게 서늘한 곳에 보관해야 한다.

> **Tip** **부패감자** : 셉신(sepsin)

3) 기타 유독물질

- 목화씨 : 고시폴(gossypol) ＊천연항산화제
- 피마자 : 리신(ricin)
- 청매, 은행, 살구씨 : 아미그달린(amygdalin)
- 대두 : 사포닌(saponin)
- 독미나리 : 시큐톡신(cicutoxin)
- 독보리 : 테물린(temuline)
- 미치광이풀 : 아트로핀(atropine)

5 곰팡이 식중독(Microtoxin에 의한 식중독)

① **아플라톡신(aflatoxin) 중독** : 아스퍼질러스 플라버스(Aspergillus flavus)라는 곰팡이
가 재래식 된장, 곶감, 땅콩 등에 침입하여 아폴라톡신(aflatoxin) 독소를 생성하여 인체
에 간장독을 일으킨다.

② **맥각중독** : 보리, 밀, 호밀 등에 기생하여 에르고톡신(ergotoxin), 에르고타민(ergotamine)
등의 독소를 생성하여 인체에 간장독을 일으킨다.

③ **황변미 중독** : 페니실륨속 푸른곰팡이(penicillium)가 저장미에 번식하여 시트리닌(신장
독), 시트리오비리딘(신경독), 아이슬랜디톡신(간장독) 등을 일으킨다.

6 알레르기성 식중독

꽁치, 고등어 등의 생선 가공품을 섭취했을 때, 단백질 식품에서의 미생물(proteus morganella;
프로테우스 모르가니균)에 의해 히스타민이라는 물질 생성과 이의 축적에 의한 식중독으로
항히스타민제를 투여하면 치료 가능하다.

제5장 식품위생 관계 법규

1 식품위생법 및 관계 법규

식품위생법은 식품으로 인한 위생상의 위해를 방지하고 식품영양의 질적 향상을 도모함으로써 국민보건의 증진에 이바지하기 위하여 1962년 1월 13장 전문 80조와 부칙으로 제정된 후 현재 13장 전문 102조로 개정되었다.

1) 총칙

(1) 식품위생의 목적

① 식품으로 인하여 생기는 위생상의 위해방지

② 식품영양의 질적 향상 도모

③ 식품에 관한 올바른 정보를 제공하여 국민보건의 증진에 이바지함

(2) 용어의 정의

식품	식품이란 모든 음식물(의약으로 섭취하는 것은 제외한다)을 말한다.
식품첨가물	식품을 제조·가공 또는 보존하는 과정에서 식품에 넣거나 섞는 물질 또는 식품을 적시는 등에 사용되는 물질을 말한다. 이 경우 기구(器具)·용기·포장을 살균·소독하는 데 사용되어 간접적으로 식품으로 옮아갈 수 있는 물질을 포함한다.
화학적 합성품	화학적 수단으로 원소(元素) 또는 화합물에 분해반응 외의 화학반응을 일으켜서 얻은 물질을 말한다.

기구	식품 또는 식품첨가물에 직접 닿는 기계·기구나 그 밖의 물건(농업과 수산업에서 식품을 채취하는 데 쓰는 기계·기구나 그 밖의 물건은 제외한다)을 말한다.
용기·포장	식품 또는 식품첨가물을 넣거나 싸는 것으로서 식품 또는 식품첨가물을 주고받을 때 함께 건네는 물품을 말한다.
영업	식품 또는 식품첨가물을 채취·제조·수입·가공·조리·저장·소분·운반 또는 판매하거나 기구 또는 용기·포장을 제조·수입·운반·판매하는 업(농업과 수산업에 속하는 식품 채취업은 제외한다)을 말한다.
식품위생	식품, 식품첨가물, 기구 또는 용기·포장을 대상으로 하는 음식에 관한 위생을 말한다.
집단급식소	영리를 목적으로 하지 아니하면서 특정 다수인에게 계속하여 음식물을 공급하는 다음 각 목의 어느 하나에 해당하는 곳의 급식시설로서 대통령령으로 정하는 시설 (상시1회 50명 이상에게 식사를 제공)을 말한다. 가. 기숙사 나. 학교 다. 병원 라. 그 밖의 후생기관 등
식품이력추적관리	식품을 제조·가공단계부터 판매단계까지 각 단계별로 정보를 기록·관리하여 그 식품의 안전성 등에 문제가 발생할 경우 그 식품을 추적하여 원인을 규명하고 필요한 조치를 할 수 있도록 관리하는 것을 말한다.
집단급식소에서의 식단	급식대상 집단의 영양섭취기준에 따라 음식명, 식재료, 영양성분, 조리방법, 조리인력 등을 고려하여 작성한 급식계획서를 말한다.

(3) 식품 등의 취급(제3조)

① 누구든지 판매(판매 외의 불특정 다수인에 대한 제공을 포함한다. 이하 같다)를 목적으로 식품 또는 식품첨가물을 채취·제조·가공·사용·조리·저장·소분·운반 또는 진열을 할 때에는 깨끗하고 위생적으로 하여야 한다.

② 영업에 사용하는 기구 및 용기·포장은 깨끗하고 위생적으로 다루어야 한다.

③ 제1항 및 제2항에 따른 식품, 식품첨가물, 기구 또는 용기·포장(이하 "식품등"이라 한다)의 위생적인 취급에 관한 기준은 총리령으로 정한다.

(4) 위해식품 등의 판매 등 금지

누구든지 다음 각 호의 어느 하나에 해당하는 식품 등을 판매하거나 판매할 목적으로 채취·제조·수입·가공·사용·조리·저장·소분·운반 또는 진열하여서는 아니 된다.

① 썩거나 상하거나 설익어서 인체의 건강을 해칠 우려가 있는 것

② 유독·유해물질이 들어 있거나 묻어 있는 것 또는 그러할 염려가 있는 것. 다만, 식품의약품안전처장이 인체의 건강을 해칠 우려가 없다고 인정하는 것은 제외한다.

③ 병(病)을 일으키는 미생물에 오염되었거나 그러할 염려가 있어 인체의 건강을 해칠 우려가 있는 것

④ 불결하거나 다른 물질이 섞이거나 첨가(添加)된 것 또는 그 밖의 사유로 인체의 건강을 해칠 우려가 있는 것

⑤ 제18조에 따른 안전성 평가 대상인 농·축·수산물 등 가운데 안전성 평가를 받지 아니하였거나 안전성 평가에서 식용(食用)으로 부적합하다고 인정된 것

⑥ 수입이 금지된 것 또는 제19조제1항에 따른 수입신고를 하지 아니하고 수입한 것

⑦ 영업자가 아닌 자가 제조·가공·소분한 것

> **Tip** **병든 동물 고기 등의 판매 등 금지**: 총리령으로 정하는 질병에 걸렸거나 걸렸을 염려가 있는 동물이나 그 질병에 걸려 죽은 동물의 고기·뼈·젖·장기 또는 혈액을 식품으로 판매하거나 판매할 목적으로 채취·수입·가공·사용·조리·저장·소분 또는 운반하거나 진열하여서는 안 된다.
> **총리령으로 정하는 질병**: 축산물가공처리법 규정에 도축이 금지되는 가축감염병, 리스테리아병, 살모넬라병, 파스튜렐라병, 선모충증

(5) 식품위생감시원의 직무

① 식품 등의 위생적인 취급에 관한 기준의 이행 지도

② 수입·판매 또는 사용 등이 금지된 식품 등의 취급 여부에 관한 단속

③ 「식품 등의 표시·광고에 관한 법률」 제4조부터 제8조까지의 규정에 따른 표시 또는 광고기준의 위반 여부에 관한 단속

④ 출입·검사 및 검사에 필요한 식품 등의 수거

⑤ 시설기준의 적합 여부의 확인·검사

⑥ 영업자 및 종업원의 건강진단 및 위생교육 이행 여부의 확인·지도

⑦ 조리사 및 영양사의 법령 준수사항 이행 여부의 확인·지도

⑧ 행정처분의 이행 여부 확인

⑨ 식품 등의 압류·폐기 등

⑩ 영업소의 폐쇄를 위한 간판 제거 등의 조치

⑪ 그 밖에 영업자의 법령 이행 여부에 관한 확인 · 지도

(6) 허가를 받아야 하는 영업 및 허가관청

① **식품조사처리업**: 식품의약품안전처장
② **단란주점, 유흥주점**: 특별자치시장 · 특별자치도지사 또는 시장 · 군수 · 구청장

(7) 영업신고를 하여야 하는 업종

① 즉석판매제조 · 가공업
② 식품운반업
③ 식품소분 · 판매업
④ 식품냉동 · 냉장업
⑤ 용기 · 포장류 제조업
⑥ 휴게음식점영업, 일반음식점영업, 위탁급식영업, 제과점영업

> **Tip** **영업신고를 하지 않아도 되는 업종**: 양곡가공업 중 도정업을 하는 경우

(8) 영업에 종사하지 못하는 질병의 종류

① 콜레라, 장티푸스, 파라티푸스, 세균성이질, 장출혈성대장균감염증, A형간염
② 결핵(비감염성인 경우는 제외)
③ 피부병 또는 그 밖의 화농성질환
④ 후천성면역결핍증(성병에 관한 건강진단을 받아야 하는 영업에 종사하는 자에 한함)

(9) 영업의 종류(식품접객업)

① **휴게음식점영업**: 음식류를 조리 · 판매하는 영업으로서 음주행위가 허용되지 아니하는 영업(주로 다류를 조리 · 판매하는 다방 및 빵 · 떡 · 과자 · 아이스크림을 제조 · 판매하는 과자점 형태의 영업을 포함한다). 다만 편의점 · 슈퍼마켓 · 휴게소 기타 음식류를 판매하는 장소에서 컵라면, 1회용 다류 기타 음식류에 뜨거운 물을 부어주는 경우는 제외

② **일반음식점영업** : 음식류를 조리·판매하는 영업으로서 식사와 함께 부수적으로 음주행위가 허용되는 영업

③ **단란주점영업** : 주로 주류를 조리·판매하는 영업으로서 손님이 노래를 부르는 행위가 허용되는 영업

④ **유흥주점영업** : 주로 주류를 조리·판매하는 영업으로서 유흥 종사자를 두거나 유흥시설을 설치할 수 있고 손님이 노래를 부르거나 춤을 추는 행위가 허용되는 디스코·카바레·룸살롱 형태의 주점업소

⑤ **위탁급식영업** : 집단급식소를 설치·운영하는 자와의 계약에 의하여 그 집단급식소 내에서 음식류를 조리하여 제공하는 영업

⑥ **제과점영업** : 빵, 떡, 과자 등을 제조·판매하는 영업으로서 음주행위가 허용되지 않는 영업

(10) 위생교육시간

식품제조·가공업, 즉석판매제조·가공업, 식품첨가물제조업	8시간
식품운반업, 식품소분·판매업, 식품보존업, 용기·포장류제조업	4시간
식품접객업	6시간
집단급식소를 설치·운영하려는 자	6시간

(11) 조리사의 행정처분

위반사항	1차 위반	2차 위반	3차 위반
조리사와 영양사가 위생교육을 받지 않은 경우	시정명령	업무정지 15일	업무정지 1개월
식중독이나 그 밖의 위생과 관련한 중대한 사고발생에 책임이 있는 경우	업무정지 1개월	업무정지 2개월	면허취소
면허를 타인에게 대여한 경우	업무정지 2개월	업무정지 3개월	면허취소
업무 정지기간 중에 조리사의 업무를 하는 경우	면허취소		

2 제조물책임법

1) 제조물책임법의 정의

제조물책임법은 제조물의 결함으로 발생한 손해에 대한 제조업자 등의 손해배상책임을 규정함으로써 피해자보호를 도모하고 국민생활의 안전 향상과 국민경제의 건전한 발전에 이바지함을 목적으로 한다.

2) 제조물책임법의 용어 정의

① **제조물** : 제조되거나 가공된 동산(다른 동산이나 부동산의 일부를 구성하는 경우를 포함한다)을 말한다.

② **결함** : 해당 제조물에 다음 각 목의 어느 하나에 해당하는 제조상·설계상 또는 표시상의 결함이 있거나 그 밖에 통상적으로 기대할 수 있는 안전성이 결여되어 있는 것을 말한다.

㉮ 제조상의 결함 : 제조업자가 제조물에 대하여 제조상·가공상의 주의의무를 이행하였는지에 관계없이 제조물이 원래 의도한 설계와 다르게 제조·가공됨으로써 안전하지 못하게 된 경우를 말한다.

㉯ 설계상의 결함 : 제조업자가 합리적인 대체설계(代替設計)를 채용하였더라면 피해나 위험을 줄이거나 피할 수 있었음에도 대체설계를 채용하지 아니하여 해당 제조물이 안전하지 못하게 된 경우를 말한다.

㉰ 표시상의 결함 : 제조업자가 합리적인 설명·지시·경고 또는 그 밖의 표시를 하였더라면 해당 제조물에 의하여 발생할 수 있는 피해나 위험을 줄이거나 피할 수 있었음에도 이를 하지 아니한 경우를 말한다.

③ **제조업자**

㉮ 제조물의 제조·가공 또는 수입을 업(業)으로 하는 자

㉯ 제조물에 성명·상호·상표 또는 그 밖에 식별(識別) 가능한 기호 등을 사용하여 자신을 가목의 자로 표시한 자 또는 가목의 자로 오인(誤認)하게 할 수 있는 표시를 한 자

③ 농수산물 원산지 표시에 관한 법률

농수산물 원산지 표시에 관한 법률은 농산물·수산물과 그 가공품 등에 대하여 적정하고 합리적인 원산지 표시와 유통이력 관리를 하도록 함으로써 공정한 거래를 유도하고 소비자의 알 권리를 보장하여 생산자와 소비자를 보호하는 것을 목적으로 한다.

1) 용어의 정의

농산물	농산물이란 농작물재배업의 활동으로 생산되는 산물을 말한다.
수산물	수산업 활동으로 생산되는 산물을 말한다.
농수산물	농산물과 수산물을 말한다.
원산지	농산물이나 수산물이 생산·채취·포획된 국가·지역이나 해역을 말한다.

※ 농작물재배업 : 식량작물 재배업, 채소작물 재배업, 과실작물 재배업, 화훼작물 재배업, 특용작물 재배업, 약용작물 재배업, 사료작물 재배업, 풋거름작물 재배업, 버섯 재배업, 양잠업 및 종자·묘목 재배업(임업용 종자·묘목 재배업은 제외한다)

2) 원산지 표시대상

(1) 원료 배합비율에 따른 표시대상

① 사용된 원료의 배합비율에서 한 가지 원료의 배합비율이 98% 이상인 경우에는 그 원료

② 사용된 원료의 배합비율에서 두 가지 원료의 배합비율의 합이 98% 이상인 원료가 있는 경우에는 배합비율이 높은 순서의 2순위까지의 원료

③ ①~② 이외의 경우에는 배합비율이 높은 순서의 3순위까지의 원료

④ ①~③까지의 규정에도 불구하고 김치류 및 절임류(소금으로 절이는 절임류에 한정한다)의 경우에는 다음의 구분에 따른 원료

- 김치류 중 고춧가루(고춧가루가 포함된 가공품을 사용하는 경우에는 그 가공품에 사용된 고춧가루를 포함한다. 이하 같다)를 사용하는 품목은 고춧가루 및 소금을 제외한 원료 중 배합비율이 가장 높은 순서의 2순위까지의 원료와 고춧가루 및 소금

- 김치류 중 고춧가루를 사용하지 아니하는 품목은 소금을 제외한 원료 중 배합비율이 가장 높은 순서의 2순위까지의 원료와 소금

- 절임류는 소금을 제외한 원료 중 배합비율이 가장 높은 순서의 2순위까지의 원료와

소금. 다만, 소금을 제외한 원료 중 한 가지 원료의 배합비율이 98% 이상인 경우에는 그 원료와 소금으로 한다.

- 제1호에 따른 표시대상 원료로서 「식품 등의 표시·광고에 관한 법률」 제4조에 따른 식품 등의 표시기준에서 정한 복합원재료를 사용한 경우에는 농림축산식품부장관과 해양수산부장관이 공동으로 정하여 고시하는 기준에 따른 원료

⑤ 쇠고기, 돼지고기, 닭고기, 오리고기, 양고기, 염소고기, 밥·죽·누룽지에 사용되는 쌀, 배추김치의 원료인 배추(얼갈이배추, 봄동배추 포함), 두부류, 콩비지·콩국수에 사용되는 콩

⑥ 넙치, 조피볼락, 참돔, 미꾸라지, 뱀장어, 낙지, 명태(황태, 북어 등 건조한 것은 제외), 고등어, 갈치, 오징어, 꽃게, 참조기, 다랑어, 아귀, 주꾸미

⑦ 조리하여 판매·제공하기 위하여 수족관 등에 보관·진열하는 살아 있는 수산물

3) 원산지 표시방법

① 소비자가 쉽게 알아볼 수 있는 곳

② 한글로 하되, 필요한 경우에는 한글 옆에 한문 또는 영문 등으로 추가하여 표시할 수 있다.

③ 포장재의 바탕색 또는 내용물의 색깔과 다른 색깔로 선명하게 표시한다.

④ 포장재에 직접 인쇄하는 것을 원칙으로 하되, 지워지지 아니하는 잉크·각인·소인 등을 사용하여 표시하거나 스티커, 전자저울에 의한 라벨지 등으로도 표시할 수 있다.

⑤ 푯말, 안내표시판, 일괄 안내표시판 등을 이용하여 소비자가 쉽게 알아볼 수 있도록 표시한다.

⑥ 보관시설(수족관, 활어차량 등)에 원산지별로 구획하여 섞이지 않게 하고, 푯말 또는 안내표시판 등으로 소비자가 쉽게 알아볼 수 있도록 표시한다.

4 식품 등의 표시 · 광고에 관한 법률

식품 등의 표시 · 광고에 관한 법률은 식품 등에 대하여 올바른 표시 · 광고를 하도록 하여 소비자의 알 권리를 보장하고 건전한 거래질서를 확립함으로써 소비자 보호에 이바지함을 목적으로 한다.

1) 용어의 정의

건강기능식품	건강기능식품이란 인체에 유용한 기능성을 가진 원료나 성분을 사용하여 제조한 식품을 말한다.
축산물	축산물이란 식육 · 포장육 · 원유 · 식용란 · 식육가공품 · 유가공품 · 알가공품을 말한다.
영양표시	영양표시란 식품, 식품첨가물, 건강기능식품, 축산물에 들어 있는 영양성분의 양 등 영양에 관한 정보를 표시하는 것을 말한다.
나트륨 함량 비교 표시	나트륨 함량 비교 표시란 식품의 나트륨 함량을 동일하거나 유사한 유형의 식품의 나트륨 함량과 비교하여 소비자가 알아보기 쉽게 색상과 모양을 이용하여 표시하는 것을 말한다.
광고	광고란 라디오, 텔레비전, 신문, 잡지, 인터넷, 인쇄물, 간판 또는 그 밖의 매체를 통하여 음성, 음향, 영상 등의 방법으로 식품 등에 관한 정보를 나타내거나 알리는 행위를 말한다.
소비기한	소비기한이란 식품 등에 표시된 보관방법을 준수할 경우 섭취하여도 안전에 이상이 없는 기한을 말한다.

2) 표시의 기준

(1) 식품, 식품첨가물 또는 축산물

제품명, 내용량 및 원재료명, 영업소 명칭 및 소재지, 소비자안전을 위한 주의 사항, 제조연월일, 소비기한 또는 품질유지기한, 그 밖에 소비자에게 정보를 제공하는 데 필요한 사항으로 총리령으로 정하는 사항

(2) 기구 또는 용기 · 포장

재질, 영업소 명칭 및 소재지, 소비자의 안전을 위한 주의사항, 그 밖에 소비자에게 해당 기구 또는 용기 · 포장에 관한 정보를 제공하는 데 필요한 사항으로서 총리령으로 정하는 사항

(3) 건강기능식품

제품명, 내용량 및 원료명, 영업소 명칭 및 소재지, 소비기한 및 보관방법, 섭취량, 섭취방법 및 섭취 시 주의사항, 건강기능식품이라는 문자 또는 건강기능식품임을 나타내는 도안, 질병의 예방 및 치료를 위한 의약품이 아니라는 내용의 표현, 해당 기능성을 나타내는 성분 등의 함유량

3) 표시의무자

식품제조 · 가공업 즉석판매제조가공업, 식품첨가물제조업, 식품소분업, 용기포장류제조업, 축산물도축업, 축산물가공업, 식용란선별포장업, 식육포장처리업, 식육판매업, 식용란수집판매업, 식육즉석판매가공업, 건강기능식품제조업, 수입식품 등 수입 · 판매업, 농산물 · 임산물 · 수산물 또는 축산물을 용기 · 포장에 넣거나 싸서 출하 · 판매하는 자

4) 소비자 안전을 위한 표시사항

① 알레르기 유발물질 표시 : 식품 등에 알레르기를 유발할 수 있는 원재료를 사용하거나 추출 등의 방법으로 얻은 성분을 원재료로 사용한 식품은 그 원재료명을 표시해야 한다.

＊알레르기 유발물질
알류(가금류만 해당된다), 우유, 메밀, 땅콩, 대두, 밀, 고등어, 게, 새우, 돼지고기, 복숭아, 토마토, 아황산류(이를 첨가하여 최종 제품에 이산화황이 1kg당 10mg 이상 함유된 경우만 해당한다.), 호두, 닭고기, 쇠고기, 오징어, 조개류(굴, 전복, 홍합을 포함한다), 잣

② 알레르기 유발물질의 표시방법 : 원재료명 표시란 근처에 바탕색과 구분되도록 알레르기 표시란을 마련하고, 제품에 함유된 알레르기 유발물질의 양과 관계없이 원재료로

사용된 모든 알레르기 유발물질을 표시해야 한다.

③ **혼입될 우려가 있는 알레르기 유발물질 표시** : 같은 제조과정을 통하여 알레르기 유
발물질을 사용한 제품과 사용하지 않은 제품의 생산 시 "이 제품은 알레르기 발생 가능
성이 있는 ○○을 사용한 제품과 같은 제조시설에서 제조하고 있습니다." 라는 표시를
하여야 한다.

④ **무글루텐의 표시** : 밀, 호밀, 보리, 귀리 또는 이들의 교배종을 원재료로 사용하지 않고
(또는 이들의 교배종에서 글루텐을 제거한 원재료를 사용하여), 총 글루텐 함량이 1kg
당 20mg 이하인 식품

⑤ **고카페인의 함유표시** : 1ml당 0.15mg 이상의 카페인을 함유한 액체식품 등은 "고카페
인 함유" 및 "총 카페인 함량 000mg", "어린이, 임산부 및 카페인에 민감한 사람은 섭취
에 주의해 주시기 바랍니다" 등의 문구를 표시한다.

5) 영양표시

① **표시대상 영양성분** : 열량, 나트륨, 탄수화물, 당류, 지방, 트랜스지방, 포화지방, 콜레
스테롤, 단백질

② **표시사항** : 영양성분의 명칭, 영양성분의 함량, 1일 영양성분 기준치에 대한 비율

③ **표시대상 식품** : 레토르트 식품, 과자류, 빵류, 떡류, 캔디류, 빙과류, 코코아가공품류
(초콜릿류), 당류가공품, 잼류, 두부류 또는 묵류, 식용유지류, 면류, 음료류

제**6**장 공중보건

1 공중보건의 개념

1) 공중보건의 정의

공중보건이란 조직적인 지역사회의 노력을 통해 질병을 예방하고 건강을 유지 · 증진시킴으로써 생명을 연장시키며 육체적 · 정신적 효율을 증진시키는 기술과 과학이라 정의할 수 있다.

※ **윈슬로(C. E. A. Winslow)의 정의** : 조직적인 지역사회의 노력을 통해서 질병을 예방하고 생명을 연장시키며, 신체적 · 정신적 효율을 증가시키는 기술이요 과학이다.

2) 건강에 대한 세계보건기구(WHO)의 정의

건강(Health)이란 단순한 질병이나 허약의 부재 상태만을 의미하는 것이 아니고 육체적 · 정신적 · 사회적으로 모두 완전한 상태를 말한다.

✱세계보건기구(WHO : World Health Organization)
① 창설 : 1948년 4월 7일(세계보건일)
　본부 : 스위스 제네바
② 우리나라 가입 : 1949년 6월 가입(65번째)
　소속 : 필리핀의 마닐라에 본부를 둔 서태평양 지역
③ 주요 기능
　– 국제적인 보건사업의 지휘 및 조정
　– 회원국에 대한 기술지원 및 자료 공급
　– 전문가 파견에 의한 기술 자문활동

3) 공중보건의 대상

공중보건사업을 적용하는 최초의 대상은 개인이 아닌 지역사회의 인간집단이며, 더 나아가 국민 전체를 대상으로 한다.

Tip **공중보건의 대상**: 개인이 아닌 인간집단(지역사회)

4) 공중보건의 범위

공중보건학의 범위는 감염병예방학, 환경위생학, 산업보건학, 식품위생학, 모자보건학, 정신보건학, 보건통계학, 학교보건학 등으로 확대되어 있다.

5) 공중보건의 평가지표

한 지역이나 국가의 보건수준을 나타내는 지표로는 ① 영아사망률(가장 대표적), ② 조사망률(보통 사망률 = 연간 사망자 수 / 인구 × 100), ③ 질병이환율 등을 통하여 평가할 수 있다.

건강지표로는 ① 평균수명, ② 조사망률(보통 사망률 = 연간 사망자 수 / 인구 × 100), ③ 비례사망지수(50세 이상의 사망자 수 / 총사망자 수 × 100)를 들 수 있다.

Tip 보건수준의 평가지표: 영아사망률

✽신생아(생후 28일 미만의 아기)

✽영아(생후 12개월 미만의 아기) 사망원인
겨울(폐렴 및 기관지염), 여름(장염 및 설사), 신생아 고유질환 및 사고

---

2 환경위생 및 환경오염 관리

1) 환경위생의 정의

환경위생이란 인간의 신체 발육, 건강 및 생존에 유해한 영향을 미칠 수 있는 모든 환경요소가 포함되어야 하는 것은 물론이며, 일상생활에 직접적·간접적으로 영향을 미칠 수 있는 모든 환경요소를 관리하는 것을 말한다.

2) 환경위생의 목표

인간을 둘러싸고 있는 생활환경을 조정·개선하여 쾌적하고 건강한 생활을 영위할 수 있게 하는 데 있다.

> ✽생활환경의 분류
> ① 자연적 환경 : 기후(기온, 기습, 기류, 복사열, 일광, 기압), 공기, 물 등
> ② 인위적 환경 : 채광, 조명, 환기, 냉방, 상하수도, 오물처리, 곤충의 구제, 공해 등
> ③ 사회적 환경 : 인구, 교통, 종교, 정치, 경제 등

3 환경위생에 영향을 미치는 생활환경

1) 자연환경

(1) 감각온도의 3요소 : 기온, 기습, 기류

① 기온(온도)
  ㉮ 쾌적온도는 18 ± 2℃
  ㉯ 지상 1.5m에서의 건구 온도계
② 기습(습도)
  ㉮ 쾌적습도는 40~70%(인체에 적당한 습도 : 60~65%)
  ㉯ 습도에 따라 불쾌지수가 달라진다.
    ㉠ D.I가 70이면 10% 정도의 사람이 불쾌감을 느낀다.
    ㉡ D.I가 75이면 50% 정도의 사람이 불쾌감을 느낀다.
    ㉢ D.I가 80이면 거의 모든 사람이 불쾌감을 느낀다.
    ㉣ D.I가 86 이상이면 견딜 수 없는 상태에 이른다.

> ✽불쾌지수(D.I : Discomfort Index)란?
> 인간이 느끼는 불쾌감의 정도를 기온과 기습을 조합하여 나타내는 수치

③ 기류(공기의 흐름)

㉮ 기온과 기압의 차에 의해 발생하는 공기의 흐름

㉯ 쾌감기류는 1m/sec(불감의 기류 : 0.2~0.5m/sec)

＊4대 온열인자 : 기온, 기습, 기류, 복사열
＊복사열 : 발열체로부터 직접 발산되는 열(측정 : 흑구온도계)
＊카티온도계 : 불감기류를 측정할 수 있는 기류측정의 미풍계

---

(2) 일광

일광은 태양의 빛을 말하며, 파장의 단파 순으로 자외선 〈 가시광선 〈 적외선으로 구성되어 있다.

① 자외선 : 일광의 3부분 중에서 파장이 가장 짧은 1,000~4,000Å의 범위이며, 2,500~2,800Å일 때 살균작용이 가장 강하다.

＊도르노(Dorno : 건강선)
자외선 중 살균효과를 가지는 파장이며 2,800~3,200Å

㉮ 인간의 신진대사촉진, 적혈구 생성촉진, 혈압강화작용

㉯ 비타민 D의 형성을 촉진하여 구루병을 예방

㉰ 피부결핵, 관절염 치료 작용

㉱ 색소침착, 피부홍반, 부종, 수포형성, 결막염, 각막염 등 발생

㉲ 조리기구, 식품, 의복, 공기 등의 살균작용이 있어 소독에 이용

② 가시광선

㉮ 작용범위 : 3,000~7,000Å

㉯ 인간의 망막을 자극하여 색채를 부여하고 명암을 구분할 수 있게 한다.

③ 적외선(열선 ＝ 방사선 치료)

㉮ 작용범위 : 일광의 3부분 중에서 파장이 가장 긴 7,800Å

　　㉯ 지상에 복사열을 발생하도록 하여 기온에 영향을 미친다.

　　㉰ 적외선에 너무 많이 노출되면 혈관확장, 화상(피부장애), 백내장(안장애), 일사병(두부장애) 유발

④ 부적당한 조명에 의한 피해

　　㉮ 안정피로 : 조도가 부족하거나 눈부심이 심한 경우

　　㉯ 가성근시 : 조도가 낮은 경우

　　㉰ 전광성안염·백내장 : 용접이나 고열작업 시 순간적인 과도한 조명

　　㉱ 안구진탕증 : 부적당한 조명으로 인하여 안구가 상－하－좌－우로 흔들리는 현상으로 탄광부에게 많이 발생

(3) 공기

① 지구를 덮고 있는 공기의 층을 대기라 한다.

② 0℃, 1기압일 때 공기의 조성과 기능은 다음과 같다.

　　㉮ 질소(N_2) : 78%

　　　• 정상기압에서는 직접적으로 인체에 영향을 주지 않는다.

　　　• 고기압 시(고압환경)의 잠함병과 감압 시의 감압증을 유발한다.

　　㉯ 산소(O_2) : 21%

　　　• 물질의 산화나 연소 및 생물체의 호흡에 필요하다.

　　　• 공기 중에 약 10% 이하이면 호흡곤란을 일으키고, 7% 이하에 이르면 질식 및 사망에 이르게 된다.

　　㉰ 이산화탄소(CO_2) : 0.03~0.04% 존재

　　　• 실내공기오염의 지표

　　　• 공기 중에 약 10% 이상 시 질식사 유발, 7% 이상일 경우 호흡곤란을 일으킨다.

　　㉱ 일산화탄소(CO) : 공기 중에 0.01% 이하로 존재

　　　• 불완전연소과정에서 발생하는 무색, 무미, 무취의 맹독성 가스이다.

　　　• 헤모글로빈과의 친화력은 산소에 비해 250~300배 강함

　　㉲ 아황산가스(SO_2) : 공기오염의 지표수준은 0.05ppm

　　　• 대기오염의 주원인이 되며, 실외공기오염의 지표가 된다.

• 중유 연소 시 다량 발생하는 자극성 있는 가스로서 인간이나 식물에 영향을 주고, 금속의 부속을 부식시킨다.

Tip 대기 중 공기 조성: 질소(78%) 〉 산소(21%) 〉 아르곤(0.9%) 〉 이산화탄소(0.03%) 〉 기타

✽%와 ppm으로 환산하기
- 1% = 10,000ppm, 0.1% = 1,000ppm, 0.01% = 100ppm
- 1ppm(part per million) = 1/100만

✽군집독
- 산소가 없어지고, CO_2가 많을 때 환기가 이루어지지 않는 실내에 다수인이 장시간 밀집되어 있을 경우 발생
- 산소의 부족, 이산화탄소의 증가, 고온 및 고습, 유해가스의 증가가 원인이 된다.

(4) 공기의 자정작용

환경적 요인(가정, 공장, 교통기관에서 배출되는 각종 가스나 매연, 먼지 등)에 의해 오염되고, 생물들의 유기호흡 등으로 산소가 소비되어 이산화탄소가 증가한다. 그러나 어느 정도의 오염물질은 공기의 자정작용에 의해 정화되어 조성에 큰 변화가 없다.

① 기류에 의한 희석작용
② 강우나 강설(비나 눈) 등에 의한 세정작용
③ 산소나 오존 등에 의한 산화작용
④ 자외선에 의한 살균작용
⑤ 이산화탄소와 산소의 교환작용(식물의 호흡작용, 광합성, 탄소동화작용)

(5) 물(H_2O)

① **물의 필요량**: 물은 인체의 주요 구성성분으로서 체중의 약 2/3(약 60~70%)가 수분이며, 1일 필요량은 약 2~3ℓ이다. 수분을 약 10% 정도 상실할 경우 생리적 이상이 발생하고, 약 20% 정도 상실하면 사망하게 된다.
② **물의 기능**: 인체 내에서 영양소와 노폐물을 운반하며, 체온조절과 체내의 화학반응에

촉매작용 및 삼투압 조절의 기능을 한다.

③ 경수(센물)와 연수(단물)의 구분

   ㉮ 경수(센물) : 칼슘염, 마그네슘염 등 무기화합물을 많이 함유. 거품이 잘 일어나지 않으며, 음용 시 설사를 유발한다(지하수, 샘물, 시냇물 등).

   ㉯ 연수(단물) : 칼슘염, 마그네슘염 등을 함유하고 있지 않거나 아주 소량 함유하고 있는 물로 경수를 끓이거나, 소석회 등의 약품처리(염이 침전되기 때문)를 하면 연수가 되어, 거품이 잘 일어난다(빗물, 온천물, 수돗물 등).

④ 물의 검사

   ㉮ 이화학적 검사 : 냄새, 맛, 색도, 탁도, 경도 등

   ㉯ 화학적 검사 : 각종 화학물질

   ㉰ 세균학적 검사 : 일반 세균과 대장균 등의 유무 확인

⑤ 물의 소독 : 100℃ 이상으로 끓이는 열 처리법, 염소 소독법, 표백분 소독법, 자외선 소독법, 오존 소독법 등이 있다.

   ㉮ 지하수 : 우물은 내벽 3m까지 물이 새어들지 않아야 하며, 화장실과 최소 20m 이상 거리를 두어야 한다.

   ㉯ 염소 소독의 장점

      ㉠ 잔류효과가 크다.

      ㉡ 소독력이 강하다.

      ㉢ 조작이 간편하고, 가격이 저렴하다.

      ㉣ 잔류염소량은 0.2ppm(제빙용수, 감염병 발생 시, 수영장은 잔류염소량 0.4ppm)이 유지되어야 한다.

⑥ 물과 질병 : 물은 각종 미생물 및 화학물질 등의 오염으로 인해 건강이나 생명에 위협을 받게 되는 경우가 발생되므로 주의를 요한다. 경구 감염병의 대부분이 물과 관련되어 있으며, 이와 같이 물이 원인이 되어 발생되는 질병을 수인성 감염병으로 분류한다.

   ㉮ 수인성 감염병의 종류 : 장티푸스, 파라티푸스, 세균성이질, 콜레라, 아메바성 이질 등 주로 소화기계 감염병이 대부분을 차지한다.

　　　④ 수인성 감염병의 특징

　　　　• 환자의 발생이 폭발적이다.

　　　　• 음용수 사용지역과 유행지역이 일치한다.

　　　　• 계절에 관계없이 발생한다.

　　　　• 치명률이 낮고, 2차 감염 환자의 발생이 거의 없다.

　　　　• 일반적으로 성별, 직업 및 연령에 차이가 없다.

　⑦ 상수도(물)의 정수법

　　⑦ 침사(취수) : 수중에 포함된 토사를 가라앉히는 과정으로 적당한 유속과 체류시간을
　　　필요로 한다.

　　④ 침전 : 침전 여과 시 세균을 99% 제거한다.

　　　• 보통침전 : 일반적인 방법

　　　• 약품침전 : 응집제(황산알루미늄, 황산반토, 황산제2철)

　　④ 여과 : 보통 침전 시 완속여과(여과막 제거 - 사면대치법)를 실시한다.
　　　약품 침전 시 급속여과(여과막 제거 - 역류세척법)를 실시한다.

　　④ 소독 : 지하수의 경우(자정작용에 의한 정화로 인해 침전, 여과 등을 생략)를 제외하
　　　고, 반드시 실시해야 하는 과정이다.

　⑧ 물의 정수작용

　　⑦ 희석작용

　　④ 침전작용

　　④ 살균작용

　　④ 자정작용(물리적 · 화학적 · 생물학적 방법 등 모두 사용)

　⑨ 음용수의 수질기준

　　⑦ 일반세균은 1mL 중 100CFU(Colony Forming Unit)를 넘지 아니할 것

　　④ 총대장균군은 100mL에서 검출되지 아니할 것

　　④ 납은 0.01mg/L를 넘지 아니할 것

　　④ 불소는 1.5mg/L(샘물 · 먹는 샘물 및 염지하수 · 먹는 염지하수의 경우에는 2.0mg/L)
　　　를 넘지 아니할 것

　　④ 비소는 0.01mg/L(샘물 · 염지하수의 경우에는 0.05mg/L)를 넘지 아니할 것

ⓑ 셀레늄은 0.01mg/L(염지하수의 경우에는 0.05mg/L)를 넘지 아니할 것

ⓢ 수은은 0.001mg/L를 넘지 아니할 것

ⓐ 시안은 0.01mg/L를 넘지 아니할 것

ⓩ 크롬은 0.05mg/L를 넘지 아니할 것

ⓒ 암모니아성 질소는 0.5mg/L를 넘지 아니할 것

ⓚ 질산성 질소는 10mg/L를 넘지 아니할 것

ⓣ 냄새와 맛은 소독으로 인한 냄새와 맛 이외의 냄새와 맛이 있어서는 아니될 것. 다만, 맛의 경우는 샘물, 염지하수, 먹는 샘물 및 먹는 물 공동시설의 물에는 적용하지 아니한다.

ⓟ 색도는 5도를 넘지 아니할 것

⑩ **물과 질병**

㉮ 우치(충치) : 불소가 없거나 적게 함유된 물을 장기간 음용 시 발생

㉯ 반상치 : 불소가 과다하게 함유된 물을 장기간 음용 시 발생

㉰ 청색증(청색아) : 질산염(NO_3)이 많이 함유된 물을 장기 음용 시 발생

㉱ 설사 : 황산마그네슘($MgSO_4$)이 많이 함유된 물을 장기 음용 시 발생

2) 인위적 환경

(1) 채광 및 조명

① 채광

㉮ 채광이란 자연조명을 뜻하며 태양광선을 이용하는 것을 일컫는다.

㉯ 유리창의 면적은 바닥면적의 1/2~1/5 정도가 바람직하고, 벽면적의 70%가 적당하다.

㉰ 창은 높을수록 밝으며, 창이 천장에 있는 경우 일반창의 약 3배 정도의 밝은 효과를 얻을 수 있다.

㉱ 채광의 방향은 남향이 바람직하다.

② 조명

㉮ 조명이란 인공광을 이용한 것으로 인공조명이라고도 불린다.

　　㉯ 1럭스(Lux) : 조명의 단위로 1촉광의 광원에서 1m 떨어진 곳의 광원과 직각으로 놓인 면의 밝기를 일컫는다. 조리장의 조명도는 50~100럭스가 바람직하다.

　　㉰ 인공조명의 종류

- 직접조명 : 광선 이용률이 커서 경제적이긴 하지만, 눈이 부시고 강한 음영으로 눈에 피로감을 준다.

- 간접조명(가장 이상적인 조명) : 조명이 반사되어 발생되므로, 빛이 매우 온화하여 눈의 피로감이 적으나 유지비가 많이 들고, 조명효율이 낮다.

- 반간접조명(현관, 화장실) : 직접조명과 간접조명의 절충식으로 광선을 분산하여 비추고 반사시키므로, 빛이 온화하여 눈의 피로감이 적다. 조리실은 반간접조명이 바람직하다.

　　㉱ 인공조명 시 고려사항

- 조도는 작업상 충분해야 한다.

- 광색은 주광색에 가까운 것이 적당하다.

- 유해가스의 발생이 없고, 발화나 폭발의 위험이 없어야 한다.

- 조도는 균등한 것이 좋다.

- 취급이 간단하고 경제적인 것이 좋다.

- 광원은 작업상 간접조명이 좋으며, 좌측 상방에 위치하도록 한다.

(2) 환기 및 냉난방

　환기란 신선한 실외공기를 혼탁한 실내공기와 바꾸어주어 인체에 유해한 작용이 발생되는 것을 막는 것을 말한다.

① **자연환기** : 실내와 실외의 온도차, 외기의 풍력, 기체의 확산력에 의하여 일어난다. 실외에서 들어오는 공기와 실내에서 나가는 공기의 경계면을 중성대라 하고, 이 중성대는 실내의 천장 가까이에 있는 것이 바람직하다. 1시간 내에 교환된 실내공기의 양을 환기량이라 하고, 환기량은 CO_2를 기준으로 측정한다.

② **인공환기** : 환풍기와 후드장치 등과 같은 기계장치를 이용한 환기로써 특히 조리장은 시간당 2~3회 이상의 환기가 필요하다. 환기창의 크기는 바닥면적의 5% 이상으로 내는 것이 바람직하다.

✽인공환기 시 주의사항
- 신속한 교환   - 생리적 쾌적감을 유지하도록 한다.
- 신선한 공기로 교환   - 교환된 공기는 실내에 고르게 유지

(3) 냉방과 난방

① 냉방 : 실내의 온도가 26℃ 이상일 때 냉방이 필요하다. 실내와 실외의 온도차는 5~
8℃ 이내로 유지하는 것이 바람직하다.

② 난방 : 실내의 온도가 10℃ 이하일 때 난방이 필요하다. 적당한 실내의 온도는 18±2℃,
습도는 40~70%를 유지해야 한다. 난방법에는 국소난방법과 중앙난방법이 있다.

(4) 상수도와 하수도

① 상수도(취수 - 침전 - 여과 - 소독 - 급수)

상수의 처리과정은 취수 → 도수 → 정수 → 송수 → 배수 → 급수의 순서로 이루어진다.
물의 정수 순서는 침사, 침전, 여과, 소독이며, 소독 시 물에 공기를 공급해 주는 폭기
(aeration)작업을 겸하여 실시한다.

✽수원(水源)
① 천수(비·눈) : 가장 순수하며 연수인 것이 특징(대기오염지역 매진·분진·세균량 多)
② 지표수 : 하천수·호수·연못 등 - 오염물 多
③ 지하수 : 수온이 낮고 미생물과 유기물 小. 탁도가 낮아 좋고, 깊을수록 경도가 높다.
④ 복류수 : 하천 바닥의 자갈이나 모래층을 통하여 하천수를 모은 것으로 탁도가 낮고, 수질이 양호하다.

② 하수도(예비처리 - 본처리 - 오니처리)
- 오수 또는 우수를 배제 또는 하수를 운반하는 시설을 하수도라 한다.
- 하수의 처리과정은 예비처리(보통침전, 약품처리) → 본처리(혐기성처리 : 임호프탱
크 및 부패조처리법. 호기성 처리 : 활성오니법과 살수여상법) → 끝처리(오니처리)
의 순서로 이루어진다.

＊활성오니법 : 호기성균이 풍부한 활성오니를 하수량의 약 25%를 넣고 산소를 공급하여 처리하는 방법(가장 진보적)
＊살수여상법 : 큰 돌들을 겹쳐서 거름장치를 만들어 여상 위에 살포하여 분해, 정제하는 방법
＊임호프탱크 : 부패조의 결점을 보완하여 침전실과 침사실로 구분하여 처리하는 방법(CH_4 발생률이 높음)

③ 하수의 위생검사
- 생화학적 산소요구량(BOD : Biochemical Oxygen Demand = 오염된 물의 수질을 표시하는 한 지표) : BOD수치가 높다는 것은 하수의 오염도가 높다는 것을 의미하며 20ppm 이하여야 한다(보통 20℃에서 5일간 측정). 생활하수측정에 사용
- 용존산소량(DO : Dissolved Oxygen = 물 혹은 용액 속에 남아 있는 산소) : 용존산소량의 부족은 오염도가 높다는 것을 의미하며 4~5ppm 이상이어야 한다.
- 화학적 산소요구량(COD : Chemical Oxygen Demand) : BOD와 같이 COD 수치가 높으면 오염도가 높다는 의미가 있으나 주로 공장 하수측정에 사용

(5) 오물과 진개 그리고 분뇨

① **오물** : 쓰레기, 재, 오니, 분뇨, 동물의 사체 등을 일컫는다.
② **진개** : 가정에서 나오는 주개(제1류 : 동물성, 식물성 주개)와 잡개 및 공장과 공공건물에서 나오는 주개와 잡개가 있다. 가정의 진개는 부엌에서 나오는 주개와 잡개를 분리하여 처리하는 2분법 처리가 좋으며 매립법, 비료화법, 소각법 등이 있다. 매립 시 진개의 두께가 2m를 초과하지 않아야 하며, 복토의 두께는 60~1m가 적당하다. 소각법은 가장 위생적인 방법이나 대기오염의 원인이 되기도 하므로 신중히 고려해야 한다.
③ **분뇨** : 비위생적인 분뇨의 처리로 인해 소화기계 질병이나 기생충 질병 등의 전파를 방지하기 위한 목적으로 수세식이나 개량식 화장실 등을 사용한다.

(6) 위생곤충 및 구제방법

① 일반적인 원칙
　㉮ 광범위하게 한 번에 실시한다.

　　　④ 목적한 곤충 및 쥐의 생태와 습성에 따라 실시한다.

　　　④ 발생의 원인 및 서식처를 제거한다.(가장 근본적인 대책)

　　　㉣ 발생 초기에 실시한다.

② 곤충의 종류와 구제방법

　　　㉮ 쥐의 구제방법 : 쥐는 서식처를 만들 수 없도록 하고 쥐가 먹을 수 있는 음식물이나 찌꺼기를 깨끗이 정리한다. 조리장에는 반드시 방충과 함께 방서할 수 있는 조치를 하여 둔다. 쥐의 구제는 압살법, 살서제, 포서기, 훈증법 등이 있다.

　　　㉯ 파리의 구제방법 : 파리는 장티푸스, 파라티푸스, 이질, 콜레라, 디프테리아, 식중독 등을 유발시킨다. 물리적·화학적 방법 및 쓰레기와 오물의 완전처리 및 소독, 화장실 개량 등을 통해 구제·예방할 수 있다. 유충과 번데기를 구제하기 위하여 끈끈이 테이프법이나 오물 주위에 시클로헥산 등의 약품을 뿌리기도 하고, 파리의 번데기는 살충제로 사멸시킨다.

　　　㉰ 모기의 구제방법 : 모기의 발생을 막으려면 물이 고여 있지 않도록 한다. 모기의 유충은 정기적으로 살충제 공간살포법으로 구제하고, 모기의 성충은 모기 약제를 뿌려 구제한다.

　　　㉱ 벼룩의 구제방법 : 페스트, 발진열, 재귀열의 원인이 되는 벼룩의 발생가능 장소 즉 우물 밑과 먼지가 있는 곳의 청결을 통해 발생가능성을 없앤다. 벼룩의 유충은 약제를 사용해서 구제할 수 있지만, 벼룩의 알은 잘 죽지 않기 때문에 적어도 6~7일 정도는 연속적으로 살충제를 사용하여야 한다.

　　　㉲ 바퀴의 구제방법 : 바퀴는 대형의 해충으로 구제가 잘되지 않으며, 번식력이 강해서 완전박멸을 하지 않으면 빠르게 번식하기 때문에 되도록 초기에 완전박멸을 목적으로 구제하여야 한다. 이질, 콜레라, 살모넬라 및 소아마비 등의 질병을 일으키는 바퀴는 붕산 40%, 아비산석회 5%, 불화소다 20% 등을 곡물과 혼합하여 사용하는 독이법이 이용된다. 살충제의 정기적인 분무방법도 효과가 있다. 그러나 무엇보다도 서식처의 제거와 늘 청결히 하는 것이 바람직하다.

(7) 공해

공해(公害)의 요인은 대기오염·수질오염·소음·진동·악취 등으로 다양하며, 현대의 공해는 다양화·광역화·누적화·다발화되는 현상을 나타내고 있다.

① 대기오염

㉮ 대기오염원 : 공장의 배기가스, 자동차 배기가스, 공사장의 분진, 가정의 굴뚝 매연 등이 대기오염의 오염원이다.

㉯ 대기오염 물질 : 아황산가스, 질소, 일산화탄소, 오존, 옥시단트, 알데히드, 자동차 배기가스와 각종 입자상, 가스상 물질 등이 있다.

㉰ 대기오염에 의한 피해 : 인체에 호흡기계 질병을 유발시키고, 식물의 고사, 건물의 부식, 금속물질과 피혁물질의 변질과 부식, 자연환경의 악화, 경제적 손실 등이 있다.

㉱ 대기오염에 대한 대책 : 공공기관에서의 도시계획의 합리화, 대기오염 실태 파악과 대기오염에 대한 방지 계몽과 지도 및 법적 규제와 방지기술의 개발 등이 있다. 산업체에서는 입지에 대한 대책과 연료의 배출대책 등을 연구하여야 한다.

❋대기오염물질이란?
- 입자물질 : 먼지, 재, 안개, 연기, 훈연, 검댕이 양(링겔만 비탁표)
- 가스물질 : 일산화탄소, 질소화합물, 황산화합물, 탄화수소

❋기온역전 현상이란?
- 대기층의 상부기온이 하부기온보다 더 높은 현상

❋오존층 파괴란?
- 프레온가스, 할로겐 등에 의해 발생
- 온난화 현상

❋대기오염 방지방법이란?
- 석유계 연료의 탈황장치
- 도시계획과 녹지대 조성
- 대기오염 방지를 위한 법적 규제 및 제도

❋런던형 스모그란?
- 1952년 12월에 발생
- 공장·가정의 석탄 배출가스가 주원인

❋LA(로스앤젤레스)형 스모그란?
- 1943년에 발생
- 공장과 쓰레기 소각로에서 나온 강하분진, 자동차 배출가스가 주원인

② 수질오염

㉮ 수질오염원 : 농약과 화학비료 등에 의한 농업관련 수질오염과 공업용 폐수에 의한 수질오염, 채석 및 채탄 시의 미분에 의한 광업의 수질오염과 도시하수 등

㉯ 수질오염물질 : 카드뮴, 유기수은, 시안, 농약, 폴리염화비닐(PCB) 등

㉰ 수질오염에 의한 피해 : 수은에 의한 미나마타병, 카드뮴에 의한 이타이이타이병, PCB에 의한 가네미유증(= 미강유 중독, 쌀겨유 중독) 외에 농작물의 고사, 어류의 사멸, 상수원의 오염, 악취로 인한 불쾌감 등

㉱ 수질오염에 대한 대책 : 자가폐수처리장의 설치, 실태파악과 오염방지 계몽, 처리기술 개발 등의 대책과 계획적 정비 및 법적 규제 필요

---

*PCB중독이란?
– 미강유 제조 시 가열매체로 사용하는 PCB가 기름에 혼입되어 중독
– 증상 : 식욕부진, 구토, 체중감소

*미나마타병이란?
– 수은(Hg)을 함유한 공장폐수가 어패류에 오염되어 발생
– 증상 : 지각마비, 언어장애, 구내염, 시력약화 등

*이타이이타이병이란?
– 카드뮴(Cd)이 지하수, 지표수에 오염되어 농업용수로 사용되어 발생
– 증상 : 골연화증, 전신권태, 신장기능장애, 요통 등

---

③ 소음

㉮ 소음원 : 공장, 건설장, 교통기관, 상가의 각종 소음 등

㉯ 소음에 의한 피해 : 수면방해, 불안증, 두통, 식욕감퇴, 주의력 산만, 작업능률 저하, 정신적 불안정, 불쾌감, 불필요한 긴장 등

㉰ 소음에 대한 방지대책 : 불필요한 소음원의 규제, 소음 확산 방지, 도시계획의 합리화, 소음 방지의 지도 및 계몽과 법적 규제가 필요하다.

㉱ 데시벨(dB) : 음의 강도

㉲ 폰(phone) : 음의 크기

4 역학 및 감염병 관리

1) 역학 및 감염병의 정의

- 역학 : 인간사회의 집단 내에서 일어나는 유행병의 원인을 규명하고, 연구하는 학문
- 감염병 : 여러 가지 병원미생물(병원균)에 의하여 감염되는 질환으로 다양한 경로를 통해 감염되는 감염병

2) 감염병의 발생요인

① **병원체(감염원)** : 질적이나 양적으로 질병을 유발시킬 수 있는 충분한 것
② **환경(감염경로)** : 병원체의 전파수단이 되는 환경요인. 즉 병원체에 감염될 수 있는 환경
③ **숙주(감수성)** : 병원체에 면역성은 없고, 감수성이 있는 것

3) 감염병의 발생과정

① **병원체** : 박테리아, 바이러스, 리케차, 기생충(원충류, 연충류), 후생동물 등
② **병원소** : 사람(환자, 보균자), 동물, 토양 등으로 병원체가 생활·증식하고 생존유지를 위해 인간에게 전파될 수 있는 상태로 저장되는 장소
③ **병원소로부터 병원체의 탈출** : 호흡기계로 탈출, 대변 및 소변으로 탈출, 개방 병소로 직접 탈출, 곤충에 의한 기계적 탈출 등
④ **병원체의 전파** : 직접전파와 간접전파
⑤ **병원체의 침입** : 호흡기계 침입, 소화기계 침입, 피부점막 침입 등
⑥ **숙주의 감수성** : 숙주가 병원체에 대한 저항성이나 면역성이 없는 것을 말한다.

이상 6가지의 질병 생성과정은 연쇄환의 순환 사이클을 갖는다. 이 중 한 가지라도 결여되면 감염병은 생성되지 않는다. 따라서 감염병의 예방 및 관리를 위해 이 연쇄환이 형성되지 못하도록 하는 것이 중요하다.

＊활성 전파체(매개곤충)란?
① 기계적 전파 : 파리, 바퀴 등
② 생물학적 전파 : 모기, 빈대, 벼룩 등
＊비활성 전파체란?
① 공동매개체 : 음식물, 물, 공기, 식품 등
② 개달물 : 환자가 사용하던 식기류, 수건류 등(트라코마 등)

4) 질병의 원인별 분류

(1) 양친에게서 감염되거나 유전되는 질병

① 감염병 : 매독, 두창, 풍진 등
② 비감염성 질환 : 혈우병, 통풍, 고혈압, 당뇨병, 알레르기, 정신발육 지연, 시력 및 청력 장애 등

(2) 병원미생물로부터 감염되는 질병

① 급성 감염병
- 소화기계 감염병 : 장티푸스, 파라티푸스, 콜레라, 세균성 이질, 소아마비, 유행성 간염 등
- 호흡기계 감염병 : 디프테리아, 백일해, 홍역, 천연두, 유행성 이하선염, 풍진, 성홍열 등
- 절족동물 매개 감염병 : 벼룩(페스트, 재귀열, 발진열), 이(재귀열, 발진티푸스 등), 모기(사상충, 뎅구열, 황열, 말라리아, 일본뇌염 등), 파리(장티푸스, 파라티푸스, 이질, 콜레라, 결핵 등), 진드기(옴, 재귀열, 록키산 홍반열) 등
- 인수공통감염병 : 소(결핵, 탄저, 파상열, 살모넬라증), 돼지(살모넬라증, 파상열, 탄저, 일본뇌염), 양(탄저, 파상열), 개(광견병, 톡소플라스마증), 말(탄저, 유행성뇌염, 살모넬라증), 쥐(페스트, 발진열, 살모넬라증, 렙토스피라증, 양충병), 고양이(살모넬라증, 톡소플라스마증) 등

② **만성 감염병**: 결핵, 나병, 성병, AIDS 등

③ **세균성 식중독**: 살모넬라, 장염비브리오, 포도상구균, 보툴리누스, 병원성 대장균 등

④ **기생충병**: 회충, 요충, 구충, 흡충류증, 원충류증 등

(3) 식사의 부적절함으로 일어나는 질병

① **과식이나 과다 지방식**: 비만증, 고혈압, 당뇨병, 관상동맥질환, 심장질환, 골관절염 등

② **식염의 과다섭취와 자극적인 음식**: 고혈압, 신장병, 심장병

③ **흰밥을 주식으로 하는 국민**: 위암, 원발성 간암

④ **뜨거운 음식을 즐기는 사람**: 식도암, 후두암, 위암

⑤ **비타민이나 무기질이 부족한 식사**: 각기병, 구루병, 펠라그라증, 빈혈, 갑상선종, 충치 등

(4) 공해로부터 일어나는 질병

① **미나마타병**: 수은(어류)에 의한 질병으로 중추신경장애와 언어장애

② **이타이이타이병**: 카드뮴(쌀)에 의한 질병으로 단백뇨, 골연화증

③ **진폐증**: 먼지로 인한 만성기관지염 및 기관지 천식, 폐기종과 같은 호흡기계 질병

④ **납중독**: 빈혈, 창백한 피부, 칼슘대사 이상, 신장 장애, 코프로포르피린 검출 등

⑤ **만성기관지염 및 기관지천식**: SO_2(아황산가스)에 의한 대기오염이 원인

⑥ **폐암**: 자동차 배기가스 중의 탄화수소에서 발생된 3, 4 - 벤조피렌이 원인

⑦ **만성 폐섬유화 및 폐기종**: NO_2(질소산화물)의 장기간 흡입 시에 발생

5) 병원체에 대한 면역력 증강

(1) 면역의 정의

면역은 질병이 인체에 침입되었을 때 개인이 방어할 수 있는 능력을 길러주는 것을 말하며, 크게 선천적 면역과 후천적 면역으로 나뉜다.

(2) 면역의 종류

① **선천적 면역** : 종속면역, 인종면역 등으로 개인차에 의한 특이성

② **후천적 면역(획득면역)**

㉮ 능동면역

- 자연 능동면역 : 질병에 감염된 후에 획득된 면역
- 인공 능동면역 : 예방접종을 통해 획득된 면역

㉯ 수동면역

- 자연 수동면역 : 모체로부터 획득된 면역
- 인공 수동면역 : 혈청제제의 접종으로 인해 획득된 면역

6) 감염병의 분류

(1) 병원체에 따른 감염병 분류

① **세균성 감염병** : 장티푸스, 콜레라, 파라티푸스, 세균성 이질, 디프테리아, 백일해, 성홍열, 결핵, 폐렴, 나병 등

② **바이러스성 감염병** : 인플루엔자(독감), 홍역, 유행성 이하선염, 뇌염, 홍역, 두창, 트라코마, 풍진, 광견병, 급성회백수염(폴리오, 소아마비), 유행성 간염 등

③ **리케차** : 발진티푸스, 발진열, 양충병 등

④ **스피로헤타** : 와일씨병, 매독, 서교증, 재귀열 등

⑤ **원충** : 말라리아, 아메바성 이질, 트리파노조마(수면병) 등

(2) 예방접종에 의한 감염병 분류

① **정기적으로 예방접종을 실시해야 하는 감염병** : 결핵, 백일해, 디프테리아, 홍역, 파상풍, 뇌염, 콜레라, 소아마비 등

② **임시적으로 예방접종을 실시해야 하는 감염병**(법적으로 규정되어 있지 않은 예방접종으로 시장, 군수가 필요하다고 인정할 때 실시하는 예방접종) : 장티푸스, 파라티푸스, 발진티푸스, 페스트 등

(3) 잠복기(감염된 후 발병까지의 기간)에 따른 감염병 분류

① 1주일 이내 : 인플루엔자(1~3일), 이질(2~7일), 성홍열(2~7일), 콜레라(1~5일, 평균 3일, 때로는 수시간), 파라티푸스(4~10일, 평균 1주일), 디프테리아(2~7일), 뇌염(48시간~수일), 인플루엔자(1~3일), 황열(3~5일, 때로는 6일)

② 1~2주일 : 장티푸스(7~30일, 평균 2주), 발진티푸스(5~20일, 보통 12일), 백일해(7~10일), 폴리오(소아마비, 3~10일, 보통 10일), 홍역(8~10일), 수두(14~31일), 유행성이하선염(12~26일), 풍진(14~21일)

③ 특히 긴 기간 : 한센병(3~4년), 결핵(부정)

> Tip 잠복기가 가장 짧은 질병 : 콜레라

(4) 감염경로에 따른 분류

① 직접 접촉전염 : 매독, 임질 등

② 간접 접촉전염

- 비말감염 : 환자 및 보균자의 기침, 침, 재채기, 대화 시에 나오는 비말 내의 병원균에 의한 감염을 말하며, 디프테리아, 인플루엔자, 성홍열 등이 있음
- 진애감염 : 병원체가 묻어 있는 먼지 흡입을 통해 감염되는 전염을 말하며, 결핵, 천연두, 디프테리아 등이 있음

③ 개달물 전염 : 식기, 완구, 서적, 의복, 음식물, 우유 등을 매개로 전염되는 것. 결핵, 트라코마, 천연두 등이 있음

④ 수인성 전염 : 이질, 콜레라, 소아마비, 장티푸스, 파라티푸스

⑤ 절족(마디)동물

- 모기 : 말라리아(전 세계적으로 사망률이 높음), 일본뇌염(작은빨간집 모기), 뎅기열(뎅구열), 사상충증, 황열
- 이 : 발진티푸스, 재귀열
- 벼룩 : 페스트, 발진열, 재귀열
- 빈대 : 재귀열
- 파리 : 장티푸스, 이질, 콜레라, 파라티푸스

- 바퀴 : 이질, 콜레라, 장티푸스, 폴리오
- 진드기 : 쯔쯔가무시병, 옴, 신증후군 출혈열, 재귀열
- 쥐 : 페스트, 재귀열, 발진열, 신증후군, 유행성 출혈열, 쯔쯔가무시병

⑥ **토양 전염** : 파상풍(경피감염), 보툴리즘, 구충 등

(5) 인체 침입부위에 따른 분류

① **소화기계 침입** : 장티푸스, 콜레라, 파라티푸스, 이질, 폴리오, 유행성 간염, 기생충질병, 식중독, 파상열 등 → 환경 위생관리로 예방할 수 있음

② **호흡기계 침입** : 디프테리아, 백일해, 결핵, 폐렴, 수막구균성 수막염, 나병, 인플루엔자, 두창, 홍역, 수두, 풍진, 유행성 이하선염, 성홍열 등

③ **경피 침입**
- 병원체의 피부접촉에 의한 경피 침입 : 와일씨병, 십이지장충 등
- 상처를 통한 경피 침입 : 파상풍, 매독, 한센병 등
- 곤충, 동물에 쏘이거나 물림에 의한 경피 침입 : 모기, 이, 벼룩, 진드기, 쥐, 개 등

(6) 우리나라의 법정감염병(감염병 예방법)

① **1군 감염병** : 생물테러감염병 또는 치명률이 높거나 집단 발생의 우려가 커서 발생 또는 유행 즉시 신고하여야 하고, 음압격리와 같은 높은 수준의 격리가 필요한 감염병
- 에볼라바이러스병, 마버그열, 라싸열, 크리미안콩고출혈열, 남아메리카출혈열, 리프트밸리열, 두창, 페스트, 탄저, 보툴리눔독소증, 야토병, 신종감염병증후군, 중증급성호흡기증후군(SARS), 중동호흡기증후군(MERS), 동물인플루엔자 인체감염증, 신종인플루엔자, 디프테리아 등

② **2군 감염병** : 전파가능성을 고려하여 발생 또는 유행 시 24시간 내에 신고하여야 하고, 격리가 필요한 감염병
- 결핵, 수두, 홍역, 콜레라, 장티푸스, 파라티푸스, 세균성이질, 장출혈성대장균감염증, A형간염, 백일해(百日咳), 유행성이하선염(流行性耳下腺炎), 풍진(風疹), 폴리오, 수막구균 감염증, b형헤모필루스인플루엔자, 폐렴구균 감염증, 한센병, 성홍열, 반코마이신

내성황색포도알균(VRSA) 감염증, 카바페넴내성장내세균속균종(CRE) 감염증

③ **3군 감염병**: 그 발생을 계속 감시할 필요가 있어 발생 또는 유행 시 24시간 이내에 신고하여야 하는 감염병

- 파상풍, B형간염, 일본뇌염, C형간염, 말라리아, 레지오넬라증, 비브리오패혈증, 발진티푸스, 발진열, 쯔쯔가무시증, 렙토스피라증, 브루셀라증, 공수병, 신증후군출혈열, 후천성면역결핍증(AIDS), 크로이츠펠트-야콥병(CJD) 및 변종크로이츠펠트-야콥병(vCJD), 황열, 뎅기열, 큐열(Q熱), 웨스트나일열, 라임병, 진드기매개뇌염, 유비저(類鼻疽), 치쿤구니야열, 중증열성혈소판감소증후군(SFTS), 지카바이러스 감염증

④ **4군 감염병**: 1~3급 감염병 외 유행여부를 조사하기 위한 표본감시 활동이 필요한 감염병(7일 이내 신고)

- 인플루엔자, 매독(梅毒), 회충증, 편충증, 요충증, 간흡충증, 폐흡충증, 장흡충증, 수족구병, 임질, 클라미디아감염증, 연성하감, 성기단순포진, 첨규콘딜롬, 반코마이신내성장알균(VRE) 감염증, 메티실린내성황색포도알균(MRSA) 감염증, 다제내성녹농균(MRPA) 감염증, 다제내성아시네토박터바우마니균(MRAB) 감염증, 장관감염증, 급성호흡기감염증, 해외유입기생충감염증, 엔테로바이러스감염증, 사람유두종바이러스감염증

(7) 우리나라의 검역 감염병(검역법): 5일 이내에 검역을 받아야 함

① **콜레라**: 5일(120시간)

② **페스트, 황열**: 6일(144시간)

③ **중증급성호흡기증후군(SARS), 동물인플루엔자 인체감염증**: 10일(240시간)

＊검역이란?
감염병 유행지역에서 입국하는, 감염병의 감염이 의심되는 사람을 강제로 격리시키는 것(그 질병의 최장 잠복기간을 격리기간으로 함)

＊감염병의 변화란?
- 단기변화(순환변화): 3~4년 주기(유행성 뇌염 3~4년, 백일해 2~4년, 홍역 2년)
- 장기변화(추세변화): 10~15년 주기(장티푸스, 디프테리아)
- 계절적 변화: 여름(소화기계), 겨울(호흡기계)

7) 감염병 관리대책

① 감염병 전파에 대한 예방대책 : 외래 감염병 예방대책, 국내 상재 감염병 예방대책 등

② 질병 및 감염병에 대한 면역력을 증강

③ 예방되지 못한 환자의 처치에 대한 대책

- 감염원의 근본적 대책 : 감염원의 조기발견, 감염원에 대한 처치 등
- 감염경로의 대책 : 감염원과의 접촉기회 억제, 소독과 살균 철저, 공기와 상수도의 위생관리, 식품의 오염방지 등
- 감수성 대책 : 감염병이 어느 집단에 감염된다 하더라도 전원이 발병하는 것은 아니다. 이는 개인마다 그 감염병에 대한 감수성의 차이 즉 면역과 저항력에 차이가 있기 때문이다.

소아 예방접종표

연령	예방접종의 종류
4주 이내	BCG(결핵예방주사)
2개월	소아마비, 디프테리아·백일해·파상풍(D·P·T)
4개월	소아마비, 디프테리아·백일해·파상풍(D·P·T)
6개월	소아마비, 디프테리아·백일해·파상풍(D·P·T)
15개월	홍역, 볼거리, 풍진(13~15세 여아만 접종 가능)
3~15세	일본뇌염

Tip D : 디프테리아, P : 백일해, T : 파상풍

Tip 결핵(BCG) : 아이가 태어나서 제일 처음 받는 예방접종

8) 인수공통감염병

(1) 사람과 사람 사이의 감염병 외에 동물과의 사이에서도 동일한 병원체에 의해서 발생되거나 감염되는 감염병을 인수공통감염병이라 한다.

(2) 종류

① **소**: 결핵

② **양, 말**: 탄저, 비저

③ **돼지**: 살모넬라, 돈단독, 선모충, Q열

④ **개**: 광견병

⑤ **쥐**: 페스트

(3) 보균자에 대한 대책

① **보균자 정의**: 병의 증상은 나타나지 않지만 체내에 병원균을 가지고 있어 일상생활 시 혹은 때때로 병원체를 배출하는 자를 뜻한다.

- 건강보균자: 건강한 사람과 다름이 없지만 병원체를 가지고 있는 자를 뜻한다(폴리오, 일본뇌염, 디프테리아 등). → 관리가 가장 어렵다(감염되어도 증상이 나타나지 않기 때문에).
- 잠복기 보균자: 감염병이 발병하기 전 잠복기간 중에 병원체를 배출하는 감염자를 뜻한다(디프테리아, 홍역, 백일해 등).
- 병후 보균자: 회복기 보균자로서 감염병에 이환되어 그 임상증상이 완전히 소멸되었으나, 병원체를 배출하는 보균자를 뜻한다.

감염병의 감염지수(접촉 감염지수)	
• 홍역, 천연두: 95%(접촉 감염지수가 높음)	• 백일해: 60%
• 성홍열: 40%	• 디프테리아: 10%
• 소아마비: 1%	

5 인구문제와 인구의 구성

1) 인구문제

인구는 경제, 사회, 문화, 지리, 의학, 정치, 군사, 사업, 역사 등의 모든 분야와 관련을 가지고 있기 때문에 인구의 양 및 질적인 면에서 문제가 된다.

① **자연증가**: 총출생아의 수와 총사망자의 수의 차에 의해 결정된다.

② **사회증가**: 총유입된 인구의 수와 총유출된 인구의 수의 차에 의해 결정된다.

③ **인구증가가 미치는 영향**: 국민의 경제성, 공업화, 보건관리 등에 영향을 받는다.

2) 인구의 구성

① **피라미드형(인구증가형)**: 인구증가형으로 인구가 증가할 잠재력을 갖고 있는 형으로, 출생률은 높고 사망률은 낮은 것이 특징이다.

② **종형(인구정지형, 이상적인 형)**: 인구정지형으로 출생률과 사망률이 모두 낮은 이상적인 형

③ **항아리형(인구감소형)**: 인구감소형으로 평균 수명이 높은 선진국형

④ **별형(인구유입형)**: 인구유입형으로 생산연령 인구가 많이 유입되는 도시지역의 인구구성형

⑤ **호로형(인구유출형)**: 인구유출형으로 별형과는 반대로 농촌에서와 같이 많은 수의 인구가 유출되는 형

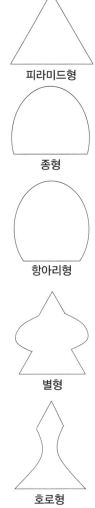

피라미드형

종형

항아리형

별형

호로형

6 산업보건

1) 직업병의 종류

환경	직업병
고열환경	열사병, 일사병
저온환경	참호족염, 동상, 동창
조명부족	근시, 안구진탕증
이상기압(저기압)	고산병
이상기압(고기압)	잠함병
이상진동	레이노드병
소음	난청
유리규산	규폐증
석면	석면폐증
석탄	탄폐증

위생관리 예상문제

001 위생관리의 필요성으로 맞지 않는 것은?

가. 식중독 위생사고 예방

나. 상품의 가치 상승

다. 점포의 이미지 개선

라. 질병의 예방 및 치료

002 개인 위생관리 기준으로 틀린 것은?

가. 진한 화장이나 향수는 쓰지 않는다.

나. 조리시간의 정확한 확인을 위해 손목시계 착용은 가능하다.

다. 손에 상처가 있으면 밴드를 붙인다.

라. 근무 중에는 반드시 위생모를 착용한다.

003 '식품위생법'상 식품영업에 종사하지 못하는 질병의 종류가 아닌 것은?

가. 비감염성 결핵　　　나. 세균성 이질

다. 장티푸스　　　　　라. B형간염

004 식품취급자의 손 위생에 관한 설명으로 옳지 않은 것은?

가. 살균효과를 증대시키기 위해 역성비누액과 일반비누액을 섞어 사용한다.

나. 팔에서 손으로 씻어 사용한다.

다. 손을 씻은 후 비눗물을 흐르는 물에 충분히 씻는다.

라. 손에 화농성질환이 발생할 경우는 식품취급업무를 하지 않는다.

005 위생복장을 착용할 때 머리카락과 머리의 분비물들로 인한 교차오염을 방지하고 위생적인 조리업무를 진행하기 위해서 반드시 착용해야 하는 것은?

가. 위생모　　　　　나. 위생복

다. 머플러　　　　　라. 안전화

006 식품위생행정의 목적과 거리가 먼 것은?

가. 식품영양의 질적 향상 도모

나. 식품의 판매 촉진

다. 식품의 안전성 확보

라. 식품위생상의 위해 방지

> **해설 식품위생의 목적(안전성, 보존성, 악화방지)**
> • 식품에 의한 위생상의 위해 방지
> • 식품의 안전성을 유지
> • 식품영양의 질적 향상 도모
> • 국민보건의 향상에 기여

007 미생물의 발육인자와 가장 거리가 먼 것은?

가. 수분 　　　　 나. 자외선
다. 수소이온농도 　 라. 온도

해설 미생물은 그 주위환경이 적합해야 생육할 수 있으며 생육에 필요한 환경요인으로는 영양소, 수분, 온도, 산소, pH(수소이온농도) 등을 들 수 있다.

008 다음 중 미생물의 분류에 속하지 않는 것은?

가. 선모충 　　　　 나. 세균
다. 효모 　　　　　 라. 곰팡이

해설 미생물의 종류는 원생동물류(Protozoa), 세균류(Bacteria), 사상균(Mold), 효모류(Yeast), 바이러스(Virus), 조류(Algae) 등으로 구분한다.

009 단백질 식품이 미생물에 의해 분해되어, 악취와 유해물질을 생성하는 현상인 부패의 물리, 화학적 현상에 이용되기 어려운 것은?

가. 탄성 　　　　　 나. 점도
다. pH 　　　　　　 라. 결정크기

해설 식품이 부패하면 점도⇧, 탄성⇩, 휘발성 염기질소⇧, pH의 변화 등이 생긴다.

010 식품이 미생물의 작용을 받아 분해되는 현상과 거리가 먼 것은?

가. 부패(putrefaction)
나. 발효(fermentation)
다. 변향(flavor reversion)
라. 변패(deterioration)

해설 정제한 식용유를 실온에 방치하면 수일 내에 좋지 않은 냄새가 나는 경우가 있는데, 이 현상을 되돌아감(reversion)이라고 하며 이 냄새를 변향(變香) 또는 변취(變臭)라고 부른다.

011 미생물 종류 중 크기가 가장 작은 것은?

가. 세균(Bacteria)
나. 바이러스(Virus)
다. 곰팡이(Mold)
라. 효모(Yeast)

해설 미생물의 크기는 곰팡이 > 효모 > 스피로헤타 > 세균 > 리케차 > 바이러스 순이다.

012 식품에 있어서 간접적인 변질 현상은?

가. 건조나 흡습 등의 물리적 변화
나. 온도나 일광에 의한 분해
다. 미생물의 번식에 따른 부패
라. 공기 중 산소에 의한 산화현상

해설 식품의 직접적 변질 현상으로는 영양소, 수분, 온도, 산소, pH(수소이온농도) 등을 들 수 있고, 간접적 변질 현상으로는 건조나 흡습 등의 물리적인 변화로 볼 수 있다.

013 간흡충증의 예방대책으로 틀린 것은?

가. 민물고기의 생식을 금한다.
나. 조리기구 사용 후 깨끗이 씻는다.
다. 생수는 끓여 마신다.
라. 인분관리를 철저히 한다.

해설 회충, 요충, 편충, 구충 등에서 인분관리를 철저히 한다.

정답　007 나　008 가　009 라　010 다　011 나　012 가　013 라

014 집단감염이 잘되며 항문 주위에서 산란하는 기생충은?

가. 요충　　　　　나. 회충

다. 구충　　　　　라. 편충

해설
- **감염경로**: 성충란이 불결한 손이나 음식물을 통해 경구침입, 직장에 이르면 성충이 되어 항문 주위에 기어 다니면서 가려움증과 불쾌감을 주며, 집단 감염된다.
- **증상**: 항문 주위의 소양증과 습진, 수면장애, 두통, 현기증, 세균의 2차 감염 유발
- **예방법**: 회충증과 비슷하며 침구의 일광소독, 하복의 열탕소독, 손발청결, 정기적인 구충 실시

015 다음 기생충 중 주로 채소를 통해 감염되는 것으로만 짝지어진 것은?

가. 회충, 민촌충

나. 회충, 편충

다. 촌충, 광절열두조충

라. 십이지장충, 간흡충

해설 주로 채소를 통해 감염되는 기생충: 요충, 편충, 회충, 십이지장충(구충증), 동양모양선충

016 충란으로 감염되는 기생충은?

가. 분선충　　　　나. 동양모양선충

다. 십이지장충　　라. 편충

해설 우리나라에서 감염률이 가장 높고, 충란으로 경구 감염되며, 맹장과 대장 상부에 기생한다.

017 다음 중 채소류를 통하여 매개되는 기생충과 가장 거리가 먼 것은?

가. 편충　　　　　나. 십이지장충

다. 동양모양선충　라. 선모충

해설 선모충: 돼지근육 내에 피낭유충–사람이 경구감염, 근육에 피낭유충으로 존재

018 간흡충의 제2 중간숙주는?

가. 다슬기　　　　나. 가재

다. 고등어　　　　라. 붕어

해설
- **간흡충(간디스토마)**: 민물고기를 생식하는 강 유역 주민이 많이 감염됨
- **제1중간숙주**: 왜(쇠)우렁
- **제2중간숙주**: 민물고기(잉어, 참붕어, 모래무지 등)

019 식염수 중에서 저항력이 강하고 절임채소에도 부착해서 감염을 일으키는 기생충은?

가. 구충의 자충

나. 유구조충의 낭충

다. 선모충의 유충

라. 동양모양선충의 자충

해설 저항력이 강하고 채소류에서 경구 또는 경피감염되며, 절인 채소에서도 저항력이 강함(내염성이 강함)

020 폐흡충증의 제1, 2중간숙주가 순서대로 옳게 나열된 것은?

가. 왜우렁이, 붕어　　나. 다슬기, 참게

다. 물벼룩, 가물치　　라. 왜우렁이, 송어

해설
- **폐흡충(폐디스토마)**: 산간지역 주민이 많이 감염
- **제1중간숙주**: 다슬기
- **제2중간숙주**: 게, 가재 등

021 돼지고기를 불충분하게 가열하여 섭취할 경우 감염되기 쉬운 기생충은?

가. 간흡충
나. 무구조충
다. 폐흡충
라. 유구조충

해설 **유구조충(갈고리촌충, 돼지고기촌충)** : 돼지고기 생식. 불충분한 가열, 충분히 조리한 것을 섭취

022 쇠고기를 가열하지 않고 회로 먹을 때 생길 수 있는 가능성이 가장 큰 기생충은?

가. 민촌충
나. 선모충
다. 유구조충
라. 회충

해설 **무구조충(민촌충, 쇠고기촌충)** : 쇠고기 생식. 불충분한 가열, 조리한 것을 섭취

023 간디스토마는 제2중간숙주인 민물고기 내에서 어떤 형태로 존재하다가 인체에 감염을 일으키는가?

가. 피낭유충(metacer caria)
나. 레디아(redia)
다. 유모유충(miracidium)
라. 포자유충(sporocyst)

해설 간디스토마는 민물고기에 피낭유충으로 존재하다가 인체에 감염을 일으킴

024 다음 중 중간숙주 없이 감염이 가능한 기생충은?

가. 아니사키스
나. 회충
다. 폐흡충
라. 간흡충

해설 채소를 통해 감염되는 기생충은 중간숙주가 없다 (회충, 편충, 요충, 구충).

025 광절열두조충의 제1중간숙주와 제2중간숙주를 옳게 짝 지은 것은?

가. 연어 - 송어
나. 붕어 - 연어
다. 물벼룩 - 송어
라. 참게 - 사람

해설
• **광절열두조충(긴촌충)** : 소장에 기생
• **제1중간숙주** : 물벼룩
• **제2중간숙주** : 담수어, 연어, 송어 등

026 용어에 대한 설명 중 틀린 것은?

가. 소독 : 병원성 세균을 제거하거나 감염력을 없애는 것
나. 멸균 : 모든 세균을 제거하는 것
다. 방부 : 모든 세균을 완전히 제거하여 부패를 방지하는 것
라. 자외선 살균 : 살균력이 가장 큰 250~260 nm의 파장을 써서 미생물을 제거하는 것

해설 **방부** : 병원미생물의 증식을 억제해서 식품의 부패 및 발효를 억제하는 것

027 소독법 중 물리적 방법이 아닌 것은?

가. 자비소독
나. 건열멸균법
다. 방사선 조사
라. 클로로칼키

해설 **물리적 소독방법**
• 무가열 살균법 : 자외선 조사법, 방사선 조사법, 여과법
• 가열살균법 : 화염멸균법, 건열멸균법, 유통증기소독법, 간헐멸균법, 고압증기멸균법, 자비소독(열탕소독), 저온소독법, 고온단시간소독법, 초고온순간살균법

028 소독약의 살균력 측정 지표가 되는 소독제는?

가. 석탄산
나. 생석회
다. 알코올
라. 크레졸

정답 021 라 022 가 023 가 024 나 025 다 026 다 027 라 028 가

해설 **석탄산**: 살균력의 지표, 금속부식성의 냄새와 독성이 강하며 피부점막에 강한 자극이 있으나, 유기물에도 살균력이 약화되지 않는 안정성이 있다.

029 염소 소독의 장점이 아닌 것은?

　가. 강한 소독력이 있다.

　나. 냄새와 독성이 없다.

　다. 잔류효과가 크다.

　라. 조작이 간편하고 경제적이다.

해설
- 염소(차아염소산나트륨) : 수도, 과일, 채소, 식기 소독에 사용된다.
- 수돗물 소독 시 잔류 염소는 0.2ppm이며, 과일 및 채소와 식기의 소독 시 염소농도는 50~100ppm이 적당하다.

030 금속 부식성이 강하고, 단백질과 결합하여 침전이 일어나므로 주의를 요하며 소독 시 0.1% 정도의 농도로 사용하는 소독약은?

　가. 석탄산　　　　나. 승홍

　다. 크레졸　　　　라. 알코올

해설 **승홍수**: 0.1%의 비금속기구 소독에 이용. 온도상승에 따라 살균력도 비례하여 증가한다.

031 아래에서 설명하는 소독법은?

보기 | 드라이오븐을 이용하여 유리기구, 주사침, 유지, 글리세린, 분말 등에 주로 사용하며 보통 170℃에서 1~2시간 처리한다.

　가. 자비소독법　　　나. 고압증기멸균법

　다. 건열멸균법　　　라. 유통증기멸균법

해설
- 유통증기소독법 : 100℃의 유통증기 중에서 30~60분간 가열하는 방법으로 식기, 조리기구, 행주 등을 소독한다.
- 간헐멸균법 : 1일 1회씩 3일 동안 100℃에서 30분간 가열하는 방법으로 세균의 아포를 형성하는 내열성균을 죽일 수 있다.
- 고압증기멸균법 : 고압증기 멸균솥을 이용하여 약 120℃에서 20분간 살균하는 방법으로, 멸균효과가 좋아서 미생물뿐만 아니라 아포까지 죽일 수 있으며, 통조림식품, 거즈, 약액 등의 멸균에 사용된다. 완전멸균법에 속한다.
- 자비소독(열탕소독) : 끓는 물 100℃에서 30분간 가열하는 방법으로 식기류, 도자기류, 주사기, 의류 소독에 사용한다. 간편한 방법이긴 하나 아포를 줄일 수 없기 때문에 완전 멸균은 기대하기 어렵다. 일반가정에서도 가장 보편적으로 사용되는 방법이다.

032 다음 중 과일이나 채소의 소독에 적합한 약제는?

　가. 크레졸비누액, 석탄산

　나. 표백분, 차아염소산나트륨

　다. 석탄산, 알코올

　라. 승홍수, 역성비누

해설
- 역성비누(양성비누) : 손, 식기, 채소, 과일의 소독에 사용된다. 10% 원액용액을 200~400배 희석하여 사용하는데, 과일, 채소, 식기 등의 소독은 0.01~0.1%의 용액으로 희석하여 사용한다.
- 표백분(클로로칼키 혹은 클로르석회) : 우물, 수영장, 채소, 식기 소독에 사용된다.
- 염소(차아염소산나트륨) : 수도, 과일, 채소, 식기 소독에 사용된다.

033 조리 관계자의 손을 소독하는 데 가장 적당한 소독제는?

　가. 양성비누　　　나. 크레졸 비누

　다. 석탄산　　　　라. 머큐로크롬액

해설 손 소독 : 역성(양성)비누 10%, 에틸알코올 70%

034 역성비누와 보통비누를 함께 사용할 때 가장 올바른 방법은?

　가. 보통비누로 먼저 때를 씻어낸 후 역성비누를 사용한다.

　나. 보통비누와 역성비누를 섞어서 거품을 내며 사용한다.

　다. 역성비누를 먼저 사용한 후 보통비누를 사용한다.

　라. 역성비누와 보통비누의 사용 순서는 무관하게 한다.

해설 역성비누 사용 시 주의사항 : 유기물이 있으면 살균력이 떨어지므로 세제로 일단 씻어낸 후에 사용하고, 보통비누와 함께 사용하면 살균효과가 떨어지므로 함께 사용하지 않는다.

035 화학약품으로 소독할 때 소독약으로써 구비조건에 해당되지 않는 것은?

　가. 살균력이 높은 것　　나. 용해성이 높은 것
　다. 표백성이 높은 것　　라. 침투력이 강할 것

해설 화학적 소독약의 구비조건
• 살균력이 강할 것
• 침투력이 강할 것
• 표백성과 금속부식성이 없을 것
• 용해성이 높을 것
• 안전성이 있을 것
• 사용법이 용이하고 경제적일 것

036 소독약의 살균력 측정 지표가 되는 소독제는?

　가. 석탄산　　　　　　나. 생석회
　다. 알코올　　　　　　라. 크레졸

해설 석탄산 : 살균력의 지표, 금속부식성의 냄새와 독성이 강하며 피부점막에 강한 자극성이 있으나, 유기물에도 살균력이 약화되지 않는 안정성이 있다.

037 우유의 살균처리방법 중 다음과 같은 살균처리는?

보기	71.1~75℃로 15~30초간 가열처리하는 방법

　가. 저온살균법　　　　나. 초저온살균법
　다. 고온단시간살균법　라. 초고온살균법

해설 고온단시간살균법(HTST) : 70~75℃에서 15~20초간 가열

038 원유에 오염된 병원성 미생물을 사멸시키기 위하여 130~150℃의 고온 가압하에서 우유를 0.5~5초간 살균하는 방법은?

　가. 저온살균법　　　　나. 고압증기멸균법
　다. 고온단시간살균법　라. 초고온순간살균법

해설 우유의 살균방법
• 저온소독법(LTLT법 : Long temperature long time method) : 61~65℃에서 30분간 가열
• 고온단시간소독법(HTST법 : High temperature short time method) : 70~75℃에서 15~20초간 가열
• 초고온순간살균법(UHT법 : Ultra high temperature method) : 130~140℃에서 1~2초간 가열

039 식품위생법상 식품첨가물에 속하는 것은?

　가. 후춧가루　　　　　나. 고춧가루
　다. 베이킹파우더　　　라. 간장

해설 식품첨가물이란 식품의 제조, 가공 및 보존에 있어서 식품에 첨가, 혼합, 침윤 및 기타의 방법에 의하여 사용되는 물질로, 식품의 색, 향, 맛, 질감을 향상시키고 저장기간을 개선하기 위한 목적

040 식품의 원료관리 제조, 가공 및 유통의 전 과정에서 위해한 물질이 당해 식품에 혼입 또는 오염되는 것을 방지하기 위하여 각 과정을 관리하는 기준을 정한 것은?

가. 영업시설기준

나. 위생등급제도

다. 식품안전관리인증기준

라. 식품회수제도

> 해설 HACCP제도(식품안전관리인증기준. 구)위해요소 중점관리기준)란 식품의 원료 관리, 제조 가공 조리 및 유통의 모든 과정에서 위해한 물질이 식품에 혼입되거나 식품이 오염되는 것을 방지하기 위하여 각 과정을 중점적으로 관리하는 기준을 말한다.

041 다음 중 국내에서 허가된 인공감미료는?

가. 둘신(dulcin)

나. 사카린나트륨(sodium saccharin)

다. 사이클라민산나트륨(sodium cyclamate)

라. 에틸렌글리콜(ethylene glycol)

> 해설 **허가된 인공감미료**
> • 사카린나트륨(인공색소, 과자에 허용) : 식빵, 이유식, 백설탕, 포도당, 물엿, 벌꿀, 사탕류에 사용금지
> • D−소르비톨액 : 설탕의 원료. 그 밖에 안정제, 습윤제로도 사용
> • 글리시리진산 2나트륨 : 된장, 간장 이외에는 사용금지
> • 아스파탐
> • 스테비오사이드
> • 인공감미료는 식품첨가물 중 규제되어 있지 않음

042 식품첨가물 중 유해한 착색료는?

가. 붕산(boric acid)

나. 롱가릿(rongalite)

다. 아우라민(auramine)

라. 둘신(dulcin)

> 해설 **유해 착색제** : 아우라민(auramine, 황색색소), 로다민 B(rhodamine B, 핑크색소), 파라니트로아닐린(P−nitroaniline, 황색색소), 실크스칼렛(Silk Scarlet, 등적색색소)

043 계면활성제라고도 불리우며 두 종류의 액체를 혼합 및 분산시켜 분리되지 않도록 하기 위해 사용되는 첨가물은 무엇인가?

가. 유화제   나. 발색제

다. 보존료   라. 산화방지제

> 해설
> • 유화제 : 서로 잘 혼합되지 않는 두 종류의 액체를 혼합이 잘 되도록 유화시키는 첨가물로 사용한다.
> • 종류 : 레시틴(마요네즈 제조 시 유화제 역할), 지방산에스테르류, 폴리소르베이트류

044 다음 중 보존제를 가장 잘 설명한 것은?

가. 식품 중에 부패 세균이나 감염병의 원인균을 사멸시키는 물질

나. 식품에 발생하는 해충을 사멸시키는 물질

다. 식품의 변질 및 부패를 방지하고 영양가와 신선도를 보존하는 물질

라. 곰팡이의 발육을 억제시키는 물질

> 해설 보존제(chemical preservatives, 방부제)는 미생물의 정균, 살균, 억제작용을 한다.

045 다음 중 보존료가 아닌 것은?

가. 프로피온산나트륨

나. 안식향산

다. 부틸하이드록시아니졸

라. 소르빈산칼륨

정답   040 다   041 나   042 다   043 가   044 다   045 다

해설 **보존제(chemical preservatives, 방부제)** : 정균, 살균, 억제작용을 하는 것
- 데히드로초산(DHA)염 : 치즈, 버터, 마가린, 된장(0.5 g/kg 이하)
- 소르빈산(sorbic acid)염 : 식육제품, 어육제품(2g/kg 이하), 케첩절임제품(고추장, 된장 - 1g/kg 이하)
- 안식향산(benzoic acid)염 : 청량음료, 간장(0.6g/ℓ 이하), 식초
- 프로피온산염 : 빵, 생과자, 치즈(2.5g/kg 이하) 등이 있다.

046 다음 식품 첨가물 중 수용성 산화방지제는?

　　가. 에스코르빈산

　　나. 디부틸 히드록신 톨루엔

　　다. 부틸 히드록신 아니졸

　　라. 몰식자산 프로필

해설 **수용성 산화방지제**
비타민 C, 에리소르빈산(Ery-thorbic Acid염, EDTA 칼슘2 나트륨, EDAT 칼슘2 나트륨)

047 육류의 발색제로 사용되는 아질산염이 산성하에서 식품성분과 반응하여 생성되는 발암성 물질은?

　　가. 포름알데히드

　　나. 벤조피렌

　　다. 니트로사민

　　라. 지질 과산화물

해설 니트로사민은 아질산과 제2급아민이 산성하에서 반응하여 진행된다.

048 식품에 신맛을 부여하기 위하여 사용되는 첨가물은?

　　가. 산미료　　　　　나. 향미료

　　다. 조미료　　　　　라. 강화제

해설
- 산미료 : 식품에 산미(酸味)를 부여하기 위해 사용되는 첨가물
- 종류 : 초산 및 빙초산(피클, 케첩에 사용)
- 구연산(결정, 무수) : 청량음료, 치즈, 잼에 사용. 주석산, 젖산 등

049 식품의 점착성을 증가시키고 유화 안정성을 좋게 하는 것은?

　　가. 강화제　　　　　나. 호료

　　다. 팽창제　　　　　라. 용제

해설
- 호료(thickening agents, 증점제) 및 안정제 : 식품의 점착성 증가, 유화안정성 증가, 교질상의 미각 향상, 선도 유지, 형태 보존 첨가물로 사용
- 종류 : 알긴산나트륨, 폴리아크릴산나트륨, 메틸셀룰로오스, 카세인 등

050 다음 중 타르색소의 사용이 허용된 식품은?

　　가. 과자류　　　　　나. 어묵류

　　다. 카레류　　　　　라. 면류

해설
- 타르(tar)계 색소 : 식용색소 녹색 3호, 적색 2,3호, 식용색소 청색 1호, 식용색소 황색 4호(단무지, 식빵 허용)
- 비타르(tar)계 색소 : 베타카로틴(치즈, 버터, 마가린), 황산동(과채류, 저장식품), 삼이산화철(Fe_2O_3. 바나나, 곤약)

051 사용이 금지된 감미료는?

　　가. 사카린나트륨(Saccharin sodium)

　　나. 아스파탐(aspartame)

　　다. 페릴라틴(peryllartine)

　　라. 디-소르비톨(D-sorbitol)

해설 유해 감미료 : 둘신(dulcin, 단맛이 설탕의 400배), 사이클라메이트(cyclamate), 에틸렌글리콜(ethylene glycol), 페릴라틴(peryllartine), 글루신(glucin)

---

052 과일, 채소류의 선도유지를 위해 표면 처리하는 식품첨가물은?

가. 강화제 　　　　나. 피막제

다. 보존료 　　　　라. 품질 개량제

해설 과채류를 수확한 후 그 신선도를 장기간 유지하기 위하여 식품표면에 피막을 만들어 호흡작용과 증산작용 (식품표면에 수증기가 되어 증발되는 현상)을 억제하기 위하여 사용되는 첨가물을 피막제라 하고, 종류는 초산비닐수지, 몰포린지방산염이 있다.

---

053 빵을 구울 때 기계에 달라붙지 않고 분할이 쉽도록 하기 위하여 사용하는 첨가물은?

가. 조미료 　　　　나. 유화제

다. 피막제 　　　　라. 이형제

해설 조미료(Seasonings) : 식품 가공조리나 식탁에 놓고 식품의 기호성을 높이는 데 이용되는 가공품으로 식품에 맛난맛(旨味)을 부여하기 위해 사용되는 첨가물이다.

• 종류 : 핵산계 조미료(이노신산나트륨-쇠고기 및 멸치의 맛난맛, 구아닐산나트륨, 리보뉴클레오티드나트륨), 아미노산계 조미료(글루타민산나트륨=화학적 합성품, 알라닌, 글리신), 유기산계 조미료(주석산나트륨, 구연산나트륨, 사과산나트륨, 호박산나트륨-조개의 국물맛)

유화제(emulsifiers, 계면활성제) : 서로 잘 혼합되지 않는 두 종류의 액체를 혼합이 잘 되도록 유화시키는 첨가물로 사용한다.

• 종류 : 레시틴(마요네즈 제조 시 유화제 역할), 지방산에스테르류, 폴리소르베이트류

피막제 : 과채류를 수확한 후 그 신선도를 장기간 유지하기 위하여 식품 표면에 피막을 만들어 호흡작용과 증산작용(식품 표면에 수증기가 되어 증발되는 현상)을 억제

하기 위하여 사용되는 첨가물로 사용한다.

• 종류 : 초산비닐수지, 몰포린지방산염

이형제 : 빵을 구울 때 기계에 달라붙지 않고 분할이 쉽도록 하기 위한 첨가물로 사용된다.

• 종류 : 유동파라핀

---

054 주방 내 주요 교차오염의 원인 파악에 대한 설명이다. 틀린 것은?

가. 나무재질의 도마, 주방바닥, 트렌치 등에서 교차오염이 발생한다.

나. 행주, 바닥, 생선 취급코너에 집중적인 위생관리가 중요하다.

다. 냉장·냉동 저장공간은 세균의 증식이 어려우므로 교차오염이 발생하지 않는다.

라. 많은 양의 식품을 원재료 상태로 들여와 준비하는 과정에서 교차오염 발생 가능성이 높아진다.

해설 냉장·냉동 저장공간도 세균 증식이 어려운 환경이지만 식자재와 음식물의 출입이 빈번하여 세균침투와 교차오염이 우려되는 공간이다.

---

055 세척제는 사용하는 용도에 따라 1종, 2종, 3종으로 구분되어 있다. 다음 설명 중 틀린 것은?

가. 채소용 또는 과실용 세척제는 1종이다.

나. 식기류용 세척제는 2종이다.

다. 식품의 가공기구용, 조리기구용 세척제는 3종이다.

라. 세척제는 2종류 이상을 섞어 사용하면 세척력이 강해진다.

해설 1종-채소용, 과실용, 2종-식기류용, 3종-식품의 가공기구용, 조리기구용 등으로 구별하여 사용하며 2종류 이상 섞어 사용하면 안 된다.

---

056 작업장 위생관리에 대한 설명이다. 옳지 않은 것은?

가. 바닥부분은 배수의 흐름으로 인한 교차오염이 없어야 하고, 파손, 구멍이 나거나 침하된 곳이 없어야 한다.

나. 문, 창문의 유리 파손에 의한 오염을 방지하기 위한 코팅 처리를 한다.

다. 작업장 배관부분은 배관의 용도별 구분이 되어야 한다.

라. 작업실 조도는 정해진 기준 이상이 되면 안 된다.

해설 작업장의 조도는 정해진 기준 이상으로 유지되도록 하여야 한다.

057 다음은 주방시설 · 도구의 위생관리에 대한 설명이다. 옳지 않은 것은?

가. 설비부품은 뜨거운 물에 5분간 담근 후 세척하거나 200ppm의 차아염소산나트륨용액에 5분간 담근 후에 세척한다.

나. 도마는 80℃의 뜨거운 물에 5분간 담근 후 세척하여 완전히 건조하지 않아도 된다.

다. 행주는 뜨거운 물에 담가 1차 세척하고 식품용 세제로 씻어 깨끗한 물로 헹군다.

라. 식품절단기는 반드시 전원을 먼저 끄고 부품을 분리하여 세척한다.

해설 도마는 80℃의 뜨거운 물에 5분간 담근 후 세척하여 완전히 건조하여야 한다.

058 주방쓰레기 관리에 대한 설명이다. 틀린 것은?

가. 쓰레기통은 일반용, 주방용, 음식물쓰레기 등으로 분리하여 사용한다.

나. 모든 쓰레기통은 반드시 뚜껑을 사용한다.

다. 쓰레기통을 세척하거나 소독 시 주방 내부

나 용기 등에 튀지 않도록 유의한다.

라. 각 쓰레기통은 지정된 장소에 보관하여 80% 이상 채워 치운다.

해설 각 쓰레기통은 지정된 장소에 보관하여 80% 이상 채우지 않고 자주 치운다.

059 주방시설 · 도구 관리기준에 대한 설명이다. 틀린 것은?

가. 청소가 쉽고 재질은 표면이 비독성이고 중성세제와 소독약품에 잘 견뎌야 한다.

나. 녹슬지 않아야 한다.

다. 식품 접촉표면은 염소계 소독제 400ppm을 사용하여 살균한 후 습기를 제거한다.

라. 장비, 용기 및 도구 등은 세척 매뉴얼에 따른다.

해설 식품 접촉표면은 염소계 소독제 200ppm을 사용하여 살균한 후 습기를 제거한다.

060 다음은 개인위생관리 중 장갑(고무장갑)에 대한 설명이다. 틀린 것은?

가. 조리사의 손이 직접 음식에 접촉되지 않도록 위생장갑을 착용한다.

나. 위생장갑은 용도에 따라 전처리용, 조리용, 설거지용, 청소용 등으로 색상별로 구분하여 관리하지 않아도 된다.

다. 주방에서 사용하는 1회용 장갑소재는 라텍스, 폴리에틸렌, 비닐 등 다양하다.

라. 1회용 장갑은 교차오염의 염려가 있을 때는 바로 교체해서 사용하여야 한다.

해설 위생장갑은 용도에 따라 전처리용, 조리용, 설거지용, 청소용 등으로 색상별로 구분하여 관리해야 교차오염을 예방할 수 있다.

061 교차오염이 발생하는 경우가 아닌 것은?

　가. 흙이 묻은 식재료를 손질하고 흐르는 물로
　　　만 세척하고 조리한 경우

　나. 식품을 조리한 경우

　다. 도마를 색으로 구분하여 사용한 경우

　라. 안전화를 신고 화장실에 다녀온 후 식품을
　　　취급한 경우

해설 도마는 육류용, 어패류용, 과일채소용, 가공용품 등
으로 색을 구분해 사용해야 교차오염을 방지할 수 있다.

062 HACCP의 7가지 원칙에 해당하지 않는 것은?

　가. 위해요소분석

　나. 중요관리점 결정

　다. 개선조치방법 수립

　라. 회수명령의 기준 설정

해설 회수명령의 기준 설정은 HACCP의 7원칙에 해
당되지 않는다.

063 HACCP의 의무 적용 대상 식품에 해당되지 않는
　　　것은?

　가. 빙과류　　　　　나. 비가열음료

　다. 껌류　　　　　　라. 레토르트식품

해설 HACCP의 의무 적용 대상 식품은 총 13종으로 껌
류는 이에 해당되지 않는다.

064 다음의 정의에 해당하는 것은?

보기 식품의 원료 관리, 제조, 조리, 유통의 모든 과
정에서 위해한 물질이 식품에 섞이거나 식품
이 오염되는 것을 방지하기 위하여 각 과정을
중점적으로 관리하는 기준

　가. 식품안전관리인증기준(HACCP)

　나. 식품 Recall제도

　다. 식품 CODEX 기준

　라. ISO 인증제도

065 세균성 식중독의 예방법으로 적합하지 않은 것은?

　가. 식재료를 구매하여 신속히 조리한다.

　나. 일단 조리한 식품은 빠른 시간 내에 섭취
　　　하도록 한다.

　다. 식품을 냉동고에 보관할 때는 되도록 큰
　　　덩어리로 분할하고 미온수에 빠르게 해동
　　　하여 조리한다.

　라. 식기, 도마 등은 세척과 소독에 철저를 기
　　　한다.

해설 냉동과 해동을 반복하면 세균이 증식하고 품질이
저하되므로 필요한 양만큼 분할 소포장하여 냉동한다.

066 음식물과 함께 섭취된 미생물이 식품이나 체내에
　　　서 다량 증식하여 장관 점막에 위해를 끼침으로써
　　　일어나는 식중독은?

　가. 독소형 세균성 식중독

　나. 감염형 세균성 식중독

　다. 식물성 자연독 식중독

　라. 동물성 자연독 식중독

해설

세균성 식중독 (병원성)	감염형	살모넬라, 장염비브리오, 병원성 대장균
	독소형	포도상구균(독소 : 엔테로도톡신) 보툴리누스균(독소 : 뉴로톡신)

067 세균성 식중독의 설명으로 틀린 것은?

　가. 살모넬라균, 장염비브리오균, 포도상구균 등이 원인균이다.

　나. 미량의 균과 독소로는 발병되지 않는다.

　다. 면역성이 있다.

　라. 주요 증상은 두통, 구역질, 구토, 복통, 설사이다.

해설

세균성 식중독	소화기계 감염병
• 식중독균에 오염된 식품을 섭취하여 발생 • 식품에 많은 양의 균 또는 독소가 있다. • 살모넬라, 장염비브리오 외에는 2차 감염이 없다. • 잠복기가 짧은 것이 많다. • 면역이 없다.	• 감염병균에 오염된 식품과 물의 섭취 또는 수지오염에 의해 경구감염된다. • 소량의 균으로 발생한다. • 2차 감염이 된다. • 잠복기가 비교적 길다. • 면역이 된다.

068 살모넬라균의 특성이 잘못된 것은?

　가. 주모성 편모가 있다.

　나. 최저 pH는 7~8이다.

　다. 최적온도는 37℃이다.

　라. 그람양성균이다.

해설 살모넬라(Salmonella) 식중독은 아포가 없고, 그람 음성 간균으로 통성혐기성균으로 오염된 가금류(닭, 달걀), 어패류 및 그 가공품 등에서 발생되지만 열에 약하므로 60℃에서 30분간 가열 후 섭취하면 발생되지 않는다.

069 부적절하게 조리된 햄버거 등을 섭취하여 식중독을 일으키는 0517 : h7균은 다음 중 무엇에 속하는가?

　가. 살모넬라균　　　나. 리스테리아균

　다. 대장균　　　　　라. 비브리오균

해설 대장균(O-157)은 동물의 대장 속에 서식하는 균으로 식품의 분변오염(병원미생물 오염 여부)의 지표로 이용되나, 냉동식품에서는 사멸하여 검출되지 않으므로 냉동식품에서는 장구균을 지표균으로 이용한다.

070 60℃에서 20분 정도이면 사멸되므로 끓여 먹으면 예방되며 소, 돼지 등은 물론 계란, 오리알 등의 동물로 인한 감염원으로 식중독을 일으키는 균은?

　가. 장염비브리오균

　나. 클로스트리디움 보툴리눔균

　다. 살모넬라균

　라. 바실러스 세레우스균

해설 살모넬라(Salmonella) 식중독
인수공통감염병으로도 분류된다.
• 잠복기 : 평균 18~20시간(잠복기가 길다.)
• 오염원 : 쥐, 파리, 바퀴벌레, 가축, 가금류(닭, 달걀), 어패류 및 그 가공품 등
• 예방법 : 구충, 구서, 열에 약하므로 60℃에서 30분간 먹기 직전에 가열처리한 후 섭취한다.
• 증상 : 심한 위장 증상, 급격한 고열의 발열(가장 심한 발열 40℃), 구토, 두통, 하복통, 설사(심할 경우 혈변) 등
• 원인식 : 육류 및 가공품, 난류, 어패류 및 그 가공품, 즉 주로 단백질 식품 → 식중독 발생건수가 가장 많다.

071 알레르기(allergy)성 식중독의 원인이 되는 히스타민(histamine)과 관계 깊은 것은?

　가. Staphylococcus aureus(포도상구균)

　나. Morganella morganii(모르가니균)

　다. Bacillus cereus(바실러스균)

　라. Clostridium botulinum(보툴리누스균)

해설 알레르기성 식중독 : 꽁치, 고등어 등의 생선 가공품을 섭취했을 때, 단백질 식품에서의 미생물(proteus morganella ; 프로테우스 모르가니균)에 의해 히스타민이라는 물질의 생성과 축적에 의한 식중독으로 항히스타민제를 투여하면 치료 가능하다.

---

072 다음 중 곰팡이의 대사산물에 의해 질병이나 생리 작용에 이상을 일으키는 것과 거리가 먼 것은?

가. 청매중독

나. 아플라톡신중독

다. 황변미중독

라. 식중독성 무백혈구증

해설 청매중독은 아미그달린으로 식물성 자연독 식중독

073 감자의 싹과 녹색 부위에서 생성되는 독성물질은?

가. 시큐톡신(cicutoxin)

나. 솔라닌(solanine)

다. 아미그달린(amygdalin)

라. 리신(ricin)

해설
• 시큐톡신(cicutoxin) : 독미나리
• 아미그달린(amygdalin) : 청매
• 리신(ricin) : 피마자
• 솔라닌(solanine) : 감자

074 복어와 모시조개 섭취 시 식중독을 유발하는 독성 물질이 바르게 연결된 것은?

가. 엔테로톡신, 사포닌

나. 엔테로톡신, 아플라톡신

다. 테트로도톡신, 뉴린

라. 테트로도톡신, 베네루핀

해설
• 복어 중독 : 테트로도톡신(tetrodotoxin)은 맹독성으로 치사량은 2mg
• 바지락, 모시조개, 굴의 베네루핀(venerupin)

075 통조림, 병조림과 같은 밀봉식품을 부패로 볼 수 있는 식중독은?

가. 살모넬라 식중독

나. 포도상구균 식중독

다. 보툴리누스 식중독

라. 병원성대장균 식중독

해설
• 보툴리누스균(Clostridium botulinum) 식중독 : 내열성이 가장 크고, 편성혐기성 세균으로 산소가 없어야 잘 자라며, 치명률이 높다. 오염원이 되는 것은 살균이 불충분한 통조림, 햄, 소시지 등에서 볼 수 있다.
• 잠복기 : 12~36시간 이내

076 아플라톡신은 어떤 미생물로 생성된 것인가?

가. 곰팡이

나. 바이러스

다. 리케차

라. 박테리아

해설 아플라톡신(aflatoxin) 중독은 아스퍼질러스 플라버스(Aspergillus flavus)라는 곰팡이가 재래식 된장, 곶감 등에 침입하여 아플라톡신(aflatoxin) 독소를 생성하여 인체에 간장독을 일으킨다.

077 손에 상처가 있는 사람이 만든 크림빵을 먹은 후 감염되었다면 가장 의심되는 식중독은?

가. 프로테우스균 식중독

나. 포도상구균 식중독

다. 클로스트리디움 보툴리눔 식중독

라. 병원성대장균 식중독

해설 우리나라에서 가장 많이 발생. 화농성 질환자의 식품조리 및 취급을 금지한다.

078 다음 중 독소형 세균성 식중독은?

가. 리스테리아 식중독과 복어독 식중독

나. 살모넬라 식중독과 장염비브리오 식중독

다. 맥각독 식중독과 프로테우스 식중독

라. 포도상구균 식중독과 클로스트리디움 보툴리늄 식중독

해설 **독소형 식중독**
- 포도상구균(Stapylococcus aureus) 식중독 : 황색 포도상구균이 만드는 엔테로톡신(enterotoxin ; 장독소) → 독소는 열에 강하며(120℃ 이상 가열 시 파괴되지 않음), 균은 열에 약하다.
- 보툴리누스균(Clostridium botulinum) 식중독, 뉴로톡신(neurotoxin ; 신경독소) → 80℃에서 15분 정도 가열하면 독성 파괴

079 통조림 식품의 통조림관에서 유래될 수 있는 식중독 원인물질은?

가. 주석　　　　나. 카드뮴

다. 페놀　　　　라. 수은

080 히스티딘 식중독을 유발하는 원인 단백질은 어느 것인가?

가. 발린　　　　나. 히스타민

다. 알리신　　　　라. 트립토판

해설 알레르기성 식중독은 히스타민이라는 물질의 생성과 축적에 의한 식중독이므로 항히스타민을 투여하면 치료 가능하다.

081 식품위생법상에서 식품위생이라 함은 무엇을 말하는가?

가. 음식에 관한 위생을 말한다.

나. 기구 또는 용기, 포장의 위생을 말한다.

다. 식품 및 식품첨가물을 대상으로 하는 위생을 말한다.

라. 식품, 식품첨가물, 기구 또는 용기, 포장을 대상으로 하는 음식에 관한 위생을 말한다.

해설 식품, 첨가물, 기구, 용기, 포장 등의 식품을 대상으로 하는 음식물에 관한 위생을 말한다.

082 식품접객업 중 음식류를 조리·판매하는 영업으로서 식사와 함께 부수적으로 음주행위가 허용되지 않는 영업은?

가. 단란주점영업　　나. 유흥주점영업

다. 휴게음식점영업　　라. 일반음식점영업

해설 **식품접객업의 종류와 정의**
- 휴게음식점영업 : 다류, 아이스크림 등을 조리·판매하거나 패스트푸드점, 분식점 형태의 영업 등 음식류를 조리·판매하는 영업으로 음주행위가 허용되지 않는 영업
- 일반음식점영업 : 음식류를 조리·판매하는 영업. 식사와 함께 음주행위가 허용되는 영업
- 단란주점영업 : 주류를 조리·판매하는 영업으로 손님이 노래하는 행위가 허용되는 영업
- 유흥주점영업 : 주류를 조리·판매하는 영업으로서 유흥종사자를 두거나 유흥시설을 설치할 수 있고 손님이 노래를 부르거나 춤을 추는 행위가 허용되는 영업
- 위탁급식영업 : 집단급식소를 설치·운영하는 자와의 계약에 의하여 그 집단급식소 내에서 음식류를 조리하여 제공하는 영업
- 제과점영업 : 빵, 떡, 과자 등을 제조·판매하는 영업으로서 음주행위가 허용되지 않는 영업

083 식품위생법상 용어의 정의에 대한 설명 중 틀린 것은?

가. 농업 및 수산업에 속하는 식품의 채취업은 식품위생법상의 영업에서 제외된다.

나. 영리를 목적으로 하는 집단급식소만이 식
품위생법상의 집단급식소에 해당된다.

다. 식품이라 함은 의약으로서 섭취하는 것을
제외한 모든 음식물을 말한다.

라. 표시라 함은 식품, 식품첨가물, 기구 또는
용기, 포장에 기재하는 문자, 숫자 또는
도형을 말한다.

해설 집단급식소란, 비영리를 목적으로 특정 다수인에게
식사를 제공하는 것

---

084 식품의약품안전처장이 고시하고 있는 식품첨가물
공전이란?

가. 식품첨가물을 폐기하는 방법을 설명한 것

나. 의약사전을 알기 쉽게 풀이한 것

다. 식품첨가물의 규격과 기준을 수록한 것

라. 외국식품 및 첨가물의 종류를 설명한 것

해설 식품첨가물이란 식약처장이 고시하는 규격과 기준
을 수록한 것이다.

---

085 식품위생법의 규정상 판매가 가능한 식품은?

가. 썩었거나 상한 식품

나. 수입이 금지된 식품

다. 영양분이 없는 식품

라. 무허가 제조 식품

해설 판매금지 대상 식품 및 첨가물
- 썩었거나 상한 식품
- 유독, 유해물질이 들어 있거나 묻어 있는 것
- 병원미생물에 오염된 것
- 불결하거나 이물질 혼합, 영업의 허가를 받지 않은 식품
- 수입 금지된 식품
- 질병에 걸린 동물
- 기준규격이 고시되지 않은 합성품, 첨가물 등

---

086 식품위생법의 식품이 아닌 것은?

가. 식용얼음

나. 비타민 C의 약제

다. 채종유

라. 유산균음료

해설 식품위생법상 식품의 정의는 모든 음식물을 말한
다. 단 의약으로 섭취하는 것은 제외된다.

---

087 식품위생감시원의 직무는?

가. 종업원의 건강관리 및 위생교육

나. 행정처분의 이행 여부 확인

다. 품질관리일지의 작성, 비치

라. 표시기준 및 광고의 적합여부 확인

해설 식품위생감시원의 직무는 다음과 같다.
- 식품 등의 위생적 취급기준의 이행지도
- 수입·판매 또는 사용 등이 금지된 식품 등의 취급 여
부에 관한 단속
- 표시기준 또는 과대광고 금지의 위반 여부에 관한 단속
- 출입·검사에 필요한 식품 등의 수거
- 시설기준 적합 여부의 확인·검사
- 영업자 및 종업원의 건강진단 및 위생교육 이행 여부
의 확인·지도
- 조리사·영양사의 법령준수사항 이행 여부의 확인·
지도
- 행정처분의 이행 여부 확인
- 식품 등의 압류·폐기 등
- 영업소의 폐쇄를 위한 간판 제거 등의 조치
- 기타 영업자의 법령이행 여부에 관한 확인·지도

---

088 다음 중 유상수거 대상 식품에 해당하는 경우는?

가. 기준 및 규격의 제정, 개정을 위한 참고용
으로 수거할 때

나. 수입식품 등을 검사할 목적으로 수거할 때

다. 유통 중인 부정, 불량식품 등을 수거할 때

라. 부정, 불량식품 등을 압류 폐기해야 할 때

---

089 식품위생법상 식품을 제조, 가공 또는 보존 시 식품에 첨가, 혼합, 침윤 등의 방법으로 사용되는 물질이라 함은 무엇에 대한 정의인가?

가. 기구 나. 식품
다. 식품첨가물 라. 화학적 합성품

해설 식품첨가물이란 식품의 제조, 가공 및 보존에 있어서 식품에 첨가, 혼합, 침윤 및 기타의 방법에 의하여 사용되는 물질로, 식품의 색, 향, 맛, 질감을 향상시키고 저장기간을 개선하기 위한 목적으로 사용

090 다음 중 영업허가를 받아야 할 업종은?

가. 식품운반업
나. 식품소분 · 판매업
다. 단란주점영업
라. 식품제조 · 가공업

해설 **영업허가를 받아야 할 업종**: 식품조사처리업, 단란주점, 유흥주점

091 식품위생법상 식품, 식품첨가물, 기구 또는 용기포장에 기재하는 표시의 범위는?

가. 문자, 숫자, 도형
나. 문자, 숫자
다. 문자, 숫자, 도형, 음향
라. 문자

해설 식품, 식품첨가물, 기구 또는 용기포장을 대상으로 기재하는 것은 문자, 숫자, 도형

092 식품위생법 규정에 의한 "신고를 하여야 하는 변경사항"에 해당하지 않는 것은?

가. 즉석판매 제조 · 가공업을 하는 경우 즉석판매 제조 · 가공 대상식품 중 식품의 유형을 달리하여 새로운 식품을 제조 · 가공하고자 하는 경우
나. 식품자동판매기영업을 하는 경우 동일 읍 · 면 · 동에서 식품자동판매기의 설치대수를 증감하고자 하는 경우
다. 식품첨가물이나 다른 원료를 사용하지 아니한 농 · 임 · 수산물 단순가공품의 건조 방법을 달리하고자 하는 경우
라. 식품 운반업의 경우 냉장 · 냉동차량을 증감하고자 하는 경우

해설 **영업신고를 해야 하는 업종**: 식품제조 · 가공업 즉석판매 제조업, 식품운반업, 소분업, 판매업, 식품냉동, 냉장업, 용기 · 포장류 제조업, 일반음식점, 휴게음식점 등 식품접객업, 식품 제조, 가공, 판매업 등

093 조리사 또는 영양사 면허의 취소 처분을 받고 그 취소된 날부터 얼마의 기간이 경과되어야 면허받을 자격이 있는가?

가. 1개월 나. 3개월
다. 6개월 라. 1년

해설 면허 취소 처분을 받은 날로부터 1년이 경과되어야 면허를 받을 수 있다.

094 조리사가 타인에게 면허를 대여하여 사용하게 한 때 1차 위반 시 행정처분기준은?

가. 업무정지 1월
나. 업무정지 2월
다. 업무정지 3월
라. 면허취소

해설 조리사가 타인에게 면허를 대여하여 사용하게 한 때
• 1차 위반 시: 업무정지 2월
• 2차 위반 시: 업무정지 3월
• 3차 위반 시: 면허취소

095 다음 중 조리사 면허를 받을 수 없는 사람은?

가. 미성년자
나. 마약중독자
다. 비전염성 간염환자
라. 조리사 면허의 취소처분을 받고 그 취소된 날부터 1년이 지난 자

해설 정신질환자, 감염병환자, 마약 기타 약물중독자, 조리사 면허의 취소처분을 받고 그 취소된 날부터 1년이 지나지 않은 자는 조리사 면허를 받을 수 없다.

096 식품 등의 표시기준상 "유통기한"의 정의는?

가. 해당식품의 품질이 유지될 수 있는 기한을 말한다.
나. 해당식품의 섭취가 허용되는 기한을 말한다.
다. 제품의 출고일부터 대리점으로의 유통이 허용되는 기한을 말한다.
라. 제품의 제조일로부터 소비자에게 판매가 허용되는 기한을 말한다.

해설 유통기한이란 제품의 제조일로부터 소비자에게 판매가 허용되는 기한을 말한다.

097 식품 중 멜라민에 대한 설명으로 틀린 것은?

가. 잔류허용 기준상 모든 식품 및 식품첨가물에서 불검출되어야 한다.
나. 생체 내 반감기는 약 3시간으로 대부분 신장을 통해 요로 배설된다.
다. 반수치사량(LD50)은 3.2g/kg 이상으로 독성이 낮다.
라. 많은 양의 멜라민을 오랫동안 섭취할 경우 방광결석 및 신장결석 등을 유발한다.

해설
• 다량 섭취할 경우 신장결석과 방광결석을 유발. 또한 다량을 장기간 섭취할 경우 신장 결함에 의하여 사망
• 재질 분류: 멜라민수지 용출량(ppm): (기준 30 이하) 0.02~0.71
• 미국 FDA에서는 멜라민 및 관련 화합물에 대한 식품 및 사료의 내용일일섭취량(TDI)을 일일 체중 1kg당 0.63mg으로, 유럽식품안전청은 TDI를 일일 체중 1kg당 0.5mg으로 적용할 것을 권고하고 있다.

098 식품위생법상 화학적 합성품의 정의는?

가. 모든 화학반응을 일으켜 얻은 물질을 말한다.
나. 모든 분해반응을 일으켜 얻은 물질을 말한다.
다. 화학적 수단에 의하여 원소 또는 화합물에 분해반응 외의 화학반응을 일으켜 얻은 물질을 말한다.
라. 원소 또는 화합물에 화학반응을 일으켜 얻은 물질을 말한다.

해설 화학적 수단에 의해 원소 또는 분해반응을 일으켜 얻는 물질을 말한다.

099 영업의 종류와 그 허가관청의 연결로 잘못된 것은?

　가. 단란주점 영업 - 시장·군수 또는 구청장

　나. 식품첨가물 제조업 - 식품의약품안전처

　다. 식품조사 처리업 - 시·도지사

　라. 유흥주점 영업 - 시장·군수 또는 구청장

해설 **식품조사 처리업**: 식품의약품안전처장 허가

100 다음 영업 중 제조 연, 월, 일, 시를 표시하여야 되는 영업은?

　가. 청량음료 제조업

　나. 도시락 제조업

　다. 식품첨가물 제조업

　라. 인스턴트식품 제조업

해설 도시락 제조업은 식품위생을 철저히 하고, 식중독을 방지하기 위하여 제조 연, 월, 일, 시를 표시하여야 하는 영업이다.

101 식품접객업소의 조리판매 등에 대한 기준 및 규격에 의한 조리용 칼·도마, 식기류의 미생물 규격은?(단, 사용 중의 것은 제외한다.)

　가. 살모넬라 음성, 대장균 양성

　나. 살모넬라 음성, 대장균 음성

　다. 황색포도상구균 양성, 대장균 음성

　라. 황색포도상구균 음성, 대장균 양성

해설 살모넬라 음성, 대장균 음성이어야 한다.

102 수출을 목적으로 하는 식품 또는 식품첨가물의 기준과 규격은?

　가. 수입자가 요구하는 기준과 규격

　나. 국립검역소장이 정하여 고시한 기준과 규격

　다. F.D.A의 기준과 규격

　라. 산업통상자원부장관의 별도 허가를 득한 기준과 규격

해설 수출을 목적으로 하는 식품 또는 식품첨가물의 기준과 규격은 제1항 및 제2항의 규정에도 불구하고 수입자가 요구하는 기준과 규격에 의할 수 있다.

103 공중보건의 대상은 어느 것인가?

　가. 지역사회 주민　　　나. 개인 또는 가족

　다. 학생　　　　　　　라. 직장 또는 단체

해설 공중보건사업을 적용하는 최초의 대상은 개인이 아닌 지역사회의 인간집단이며, 더 나아가서 국민 전체를 대상으로 함

104 다음 중 공중보건사업의 성격과 거리가 먼 것은?

　가. 방역사업　　　　　나. 환자치료사업

　다. 환경위생사업　　　라. 검역사업

해설 공중보건사업은 치료가 목적이 아닌 예방의학을 의미한다.

105 공중보건의 사업범주에서 제외되는 부분은?

　가. 보건교육　　　　　나. 개인의료

　다. 모자보건　　　　　라. 보건행정

해설
• 공중보건은 치료의학이 아니다.
• 공중보건학의 범위는 감염병 예방학, 환경위생학, 산업보건학, 식품위생학, 모자보건학, 정신보건학, 보건통계학, 학교보건학 등으로 확대되어 있다.

106 국가의 공중보건수준을 나타내는 가장 대표적인 지표는?

가. 인구증가율　　　나. 보통사망률

다. 감염병발생률　　라. 영아사망률

해설 한 지역이나 국가의 보건수준을 나타내는 지표로서는 ① 영아사망률(가장 대표적), ② 조사망률(보통 사망률 = 연간 사망자 수/인구 × 1000), ③ 질병이환율 등을 이용하여 평가할 수 있다.

107 건강의 정의를 가장 적절하게 표현한 것은?

가. 육체적 완전과 사회적 안녕이 유지되는 상태

나. 질병이 없고 육체적으로 완전한 상태

다. 육체적, 정신적, 사회적 안녕의 완전한 상태

라. 육체적, 정신적으로 완전한 상태

해설 WHO에서 "건강은 단순한 질병이나 허약의 부재 상태만이 아니라 육체적, 정신적, 사회적 안녕의 완전한 상태"라고 정의한다.

108 세계보건기구(WHO)의 주요 기능이 아닌 것은?

가. 국제적인 보건사업의 지휘 및 조정

나. 회원국에 대한 기술지원 및 자료 공급

다. 개인의 정신질환 치료 및 정신보건 향상

라. 전문가 파견에 의한 기술자문활동

해설 **주요 기능**
• 국제적인 보건사업의 지휘 및 조정
• 회원국에 대한 기술지원 및 자료 공급
• 전문가 파견에 의한 기술자문활동(단, 재정지원과 무상원조는 하지 않음)

109 다음 중 공중보건사업 내용과 가장 거리가 먼 것은?

가. 보건교육　　　나. 인구보건

다. 감염병치료　　라. 보건행정

해설 **공중보건사업의 3대 요건**
보건행정, 보건법, 보건교육

110 감각온도(체감온도)의 3요소에 속하지 않는 것은?

가. 기온　　　나. 기습

다. 기압　　　라. 기류

해설 **감각온도** : 기온, 기습, 기류

111 실내의 가장 적절한 온도와 습도는?

가. 16±2℃, 70~80%

나. 18±2℃, 40~70%

다. 20±2℃, 20~40%

라. 22±2℃, 50~60%

해설 쾌적온도는 18±2℃이고, 쾌적습도는 40~70% (인체에 적당한 습도 : 60~65%)

112 실내공기 오탁을 나타내는 대표적 지표로 삼는 기체는?

가. O_2　　　나. CO_2

다. H_2　　　라. CO

해설
• 이산화탄소(CO_2) : 공기 중에 0.03~0.04% 존재(실내공기의 오염도를 화학적으로 측정하는 지표)
• 아황산가스(SO_2) : 공기오염의 지표수준은 0.05ppm (대기오염의 주원인이 되며, 실외 대기오염의 지표)

113 이산화탄소를 실내공기의 오탁지표로 사용하는 가장 주된 이유는?

　가. 유독성이 강하므로

　나. 실내공기 조성의 전반적인 상태를 알 수 있으므로

　다. 일산화탄소로 변화되므로

　라. 항상 산소량과 반비례하므로

> **해설** CO_2가 공기 중에 약 10% 이상 시 질식사 유발, 7% 이상일 경우 호흡곤란을 일으킨다.

114 다음 중 일산화탄소(CO)에 대한 설명으로 틀린 것은?

　가. 헤모글로빈과의 친화성이 매우 강하다.

　나. 일반 공기 중 0.1% 정도 함유되어 있다.

　다. 탄소를 함유한 유기물이 불완전 연소할 때 발생한다.

　라. 제철, 도시가스 제조과정에서 발생한다.

> **해설 일산화탄소(CO) :** 공기 중에 0.01% 이하로 존재 (불완전 연소과정에서 발생하는 무색, 무미, 무취의 맹독성가스)

115 건강선(Dorno ray선)과 가장 관계 깊은 것은?

　가. 감각온도를 표시한 도표

　나. 가시광선

　다. 강력한 진동으로 살균작용을 하는 음파

　라. 자외선 중 살균효과를 가지는 파장

> **해설 자외선 :** 일광의 3부분 중에서 파장이 가장 짧은 도르노(Dorno : 건강선) $1,000 \sim 4,000 \text{Å}$의 범위이며, $2,500 \sim 2,800 \text{Å}$일 때 살균작용이 가장 강하다.
> • 인간의 신진대사 촉진, 적혈구 생성 촉진, 혈압강하 작용
> • 비타민 D의 형성을 촉진하여 구루병을 예방
> • 피부결핵, 관절염 치료 작용

• 색소침착, 피부홍반, 부종, 수포형성, 결막염, 각막염 등 발생
• 조리기구, 식품, 의복, 공기 등의 살균작용이 있어 소독에 이용
• 도르노(Dorno : 건강선)는 자외선 중 살균작용을 가지는 파장으로 $2900 \sim 3200 \text{Å}$ 범위이다.

116 자외선의 작용과 거리가 먼 것은?

　가. 구루병의 예방

　나. 혈압강하 작용

　다. 피부암 유발

　라. 안구진탕증 유발

> **해설 부적당한 조명의 피해 :** 안구진탕증 유발, 안정피로, 가성근시, 전광성안염, 백내장, 작업능률 저하, 재해 발생

117 하수처리방법 중 혐기성 분해처리에 해당하는 것은?

　가. 부패조　　　　　나. 활성오니법

　다. 살수여과법　　　라. 산화지법

> **해설** 혐기성 처리방법은 부패조, 임호프식 탱크

118 물의 자정작용에 해당되지 않는 사항은?

　가. 소독작용

　나. 산화작용

　다. 희석작용

　라. 자외선에 의한 살균작용

> **해설 물의 자정작용 :** 침전 – 희석 – 산화 – 살균작용

정답　113 **나**　114 **나**　115 **라**　116 **라**　117 **가**　118 **가**

119 다음의 상수처리 과정에서 가장 마지막 단계는?

　　가. 급수　　　　　나. 취수

　　다. 정수　　　　　라. 도수

해설 **상수의 처리과정**: 취수 → 도수 → 정수 → 송수 → 배수 → 급수의 순서로 이루어진다. (**정수 순서**: 침사 → 침전 → 여과 → 소독)

120 하천수에 용존산소가 적다는 것은 무엇을 의미하는가?

　　가. 유기물 등이 잔류하여 오염도가 높다.

　　나. 물이 비교적 깨끗하다.

　　다. 오염과 무관하다.

　　라. 호기성 미생물과 어패류의 생존에 좋은 환경이다.

해설 **용존산소량**(DO : Dissolved Oxygen = 물 혹은 용액 속에 남아 있는 산소)의 측정 시 4~5ppm 이상이어야 한다.

121 생물화학적 산소요구량(BOD)과 용존산소량(DO)의 일반적인 관계는?

　　가. BOD가 높으면 DO도 높다.

　　나. BOD가 높으면 DO는 낮다.

　　다. BOD와 DO는 상관이 없다.

　　라. BOD와 DO는 항상 같다.

해설 **생물학적 산소요구량**(BOD : Biochemical Oxygen Demand = 오염된 물의 수질을 표시하는 한 지표)의 측정 시 20ppm 이하여야 한다.

122 B.O.D(생물학적 산소요구량) 측정 시 온도의 측정기간은?

　　가. 10℃에서 7일간　　　나. 20℃에서 7일간

　　다. 10℃에서 5일간　　　라. 20℃에서 5일간

해설 보통 20℃에서 5일간 측정하는 것이 가장 정확하다.

123 먹는 물의 수질기준으로 틀린 것은?

　　가. 색도는 7도 이상이어야 한다.

　　나. 소독으로 인한 냄새와 맛 이외의 냄새와 맛이 있어서는 안 된다.

　　다. 대장균, 병원성 대장균군은 100ml에서 검출되지 않아야 한다(단, 샘물, 먹는 샘물 및 먹는 해양심층수 제외).

　　라. 수소이온의 농도는 pH 5.8 이상 8.5 이하여야 한다.

해설 색도는 5를 넘지 않고, 탁도는 2도를 넘지 않아야 한다.

124 수질의 분변 오염지표균은?

　　가. 장염비브리오균　　　나. 대장균

　　다. 살모넬라균　　　　　라. 웰치균

해설 대장균(분변, 수질검사의 오염지표)은 물 100㎖ 중에서 검출되지 않아야 한다(그람음성의 무아포성의 단간균으로 산과 가스를 만드는 호기성 또는 통성혐기성을 말함).

125 수인성 감염병의 유행 특성에 대한 설명으로 옳지 않은 것은?

　　가. 연령과 직업에 따른 이환율에 차이가 있다.

　　나. 2~3일 내에 환자발생이 폭발적이다.

　　다. 환자발생은 급수지역에 한정되어 있다.

　　라. 계절에 직접적인 관계없이 발생한다.

정답　119 가　120 가　121 나　122 라　123 가　124 나　125 가

해설
- 수인성 질병의 종류: 장티푸스, 파라티푸스, 세균성 이질, 콜레라, 아메바성 이질 등 주로 소화기계 감염병이 대부분을 차지하고 있다.
- 수인성 감염병의 특징
  - 환자의 발생이 폭발적이다.
  - 음용수 사용지역과 유행지역이 일치한다.
  - 계절에 관계없이 발생한다.
  - 치명률이 낮고, 2차 감염환자의 발생이 거의 없다.
  - 일반적으로 성별, 직업 및 연령에 차이가 없다.

126 병원체가 인체에 침입한 후 자각적·타각적 임상 증상이 발병할 때까지의 기간은?

가. 세대기 　　　　 나. 이환기
다. 잠복기 　　　　 라. 전염기

127 먹는 물 소독에 가장 적합한 것은?

가. 염소제 　　　　 나. 알코올
다. 과산화수소 　　 라. 생석회

해설 100℃ 이상으로 끓이는 열 처리법, 염소 소독법, 표백분 소독법, 자외선 소독법, 오존 소독법 등

128 비말전염이 잘 이루어질 수 있는 조건은?

가. 영양결핍 　　　　 나. 군집
다. 매개곤충의 서식 　 라. 피로

해설 비말감염: 환자 및 보균자의 기침, 침, 재채기, 대화 시에 나오는 비말 내의 병원균에 의한 감염을 말하며 디프테리아, 인플루엔자, 성홍열 등

129 다수인이 밀집된 장소에서 발생하며 화학적 조성이나 물리적 조성에 큰 변화를 일으켜 불쾌감, 두통, 권태, 현기증, 구토 등의 생리적 이상을 일으키는 현상은?

가. 빈혈중독 　　　　 나. 일산화탄소
다. 분압현상 　　　　 라. 군집독

해설 군집독(산소가 없어지고, CO_2가 많을 때 환기가 이루어지지 않는 실내에 다수인이 장시간 밀집되어 있을 경우 발생): 산소의 부족, 이산화탄소의 증가, 고온 및 고습, 유해가스의 증가가 원인이 된다.

130 일반적으로 냉방 시 가장 적당한 실내·외의 온도 차는?

가. 5~7℃ 내외 　　 나. 9~11℃ 내외
다. 13~15℃ 내외 　 라. 17~19℃ 내외

해설 실내의 온도가 26℃ 이상일 때 냉방이 필요하다. 실내와 실외의 온도차는 5~8℃ 이내로 유지하는 것이 바람직하고, 머리와 발 쪽의 온도의 차이는 2~3℃가 바람직하다.

131 진개의 위생적 매립법(sanitary landfill)에서 최종 복토의 적당한 두께는?

가. 20mm 　　　　 나. 50cm
다. 60cm~1m 　　 라. 1~1.5m

해설 매립 시는 진개의 두께가 2m를 초과하지 않아야 하며, 복토의 두께는 60~100cm가 적당하다.

132 다음 중 물과 관련된 보건문제와 거리가 먼 것은?

가. 레이노드병(Raynaud's)
나. 수도열(Hanover Fever)
다. 수인성감염병의 전염원
라. 중금속물질의 오염원

해설 레이노드병(Raynaud's) 진동과 관련된 질병

133 음식물 쓰레기에 관한 설명 중 부적합한 것은?

　가. 유기물 함량이 높다.

　나. 수분과 염분의 함량이 높다.

　다. 소각 시 발열량이 가장 크다.

　라. 도시 생활쓰레기 중 많은 양을 차지한다.

> **해설** 소각 시 발열량이 적다.

134 해충구제의 가장 기본적인 방법은?

　가. 발생원의 제거　　　나. 유충구제

　다. 성충구제　　　　　라. 방충망의 설치

> **해설 곤충 및 쥐 구제의 일반적인 원칙**
> • 광범위하게 한번에 실시한다.
> • 목적한 곤충 및 쥐의 생태와 습성에 따라 실시한다.
> • 발생의 근원을 제거한다.
> • 가능하면 발생 초기에 실시하도록 한다.

135 다음 중 이타이이타이(Itai-Itai)병의 원인 물질은?

　가. PCB　　　　　　나. Hg

　다. Cd　　　　　　라. DDT

> **해설**
> • **미나마타병** : 수은(Hg)을 함유한 공장폐수가 어패류에 오염되어 발생(증상 : 지각마비, 언어장애, 구내염, 시력약화 등)
> • **이타이이타이병** : 카드뮴(Cd)이 지하수, 지표수를 오염시켜 농업용수로 사용되어 발생(증상 : 골연화증, 전신권태, 신장기능 장애, 요통 등)
> • **DDT** : 신경독을 유발하는 농약

136 일본에서 발생되었던 PCB(polychlorinated hiphenyl) 중독사건의 원인은?

　가. 열경화성 수지에서 용출된 PCB의 오염

　나. 공장폐수에 의한 유기수은의 오염

　다. 열매체로 사용된 PCB의 오염

　라. 옹기류의 산성식품 접촉으로 용출된 PCB의 오염

> **해설 PCB중독** : 미강유 제조 시 가열매체로 사용하는 PCB가 기름에 혼입되어 중독(증상 : 식욕부진, 구토, 체중감소)

137 칼슘(Ca)과 인(P)이 소변 중으로 유출되는 골연화증 현상을 유발하는 유해중금속은?

　가. 납　　　　　　　나. 카드뮴

　다. 수은　　　　　　라. 주석

> **해설 이타이이타이병** : 카드뮴(Cd)이 지하수, 지표수를 오염시켜 농업용수로 사용되어 발생(증상 : 골연화증, 전신권태, 신장기능 장애, 요통 등)

138 미나마타(minamata)병의 원인이 되는 오염유형과 물질의 연결이 옳은 것은?

　가. 수질오염 - 수은　　나. 수질오염 - 카드뮴

　다. 방사능오염 - 구리　라. 방사능오염 - 아연

> **해설 미나마타병** : 수은(Hg)을 함유한 공장폐수가 어패류에 오염되어 발생(증상 : 지각마비, 언어장애, 구내염, 시력약화 등)

139 작업환경 조건에 따른 질병의 연결이 맞는 것은?

　가. 고기압 - 고산병　　나. 저기압 - 잠함병

　다. 조리장 - 열쇠약　　라. 채석장 - 소화불량

> **해설**
> • **고기압** : 잠함병
> • **저기압** : 고산병
> • **채석장** : 분진으로 인한 진폐증

정답 133 다 134 가 135 다 136 다 137 나 138 가 139 다

140 공기 중에 먼지가 많으면 어떤 건강장해를 일으키는가?

　가. 진폐증　　　　　나. 울열
　다. 저산소증　　　　라. 레이노드병

해설 **진폐증**: 외부의 분진이 흡입되어 폐에 장애를 일으키는 증세

141 규폐증(珪肺症)과 관계없는 사항은?

　가. 폐조직의 섬유화
　나. 호흡장애, 폐활량 감소
　다. 산업장을 떠나더라도 진행된다.
　라. 청력, 시력장애

해설
• **직업성 난청**: 청력
• **조명불량**: 시력장애

142 고온 환경에서 작업할 때 일어나기 쉬운 생리적 변화와 관계없는 것은?

　가. 발한
　나. 혈액 중 염분감소
　다. 소변양의 감소와 농도변화
　라. 참호족염

해설 **저온환경**: 참호족염

143 질병 발생원인의 3대 요소가 아닌 것은?

　가. 환경　　　　　나. 면역
　다. 숙주　　　　　라. 병원체

해설 **질병 발생의 3요소**: 전염원(병원체), 전염경로(환경), 숙주(감수성)

144 다음 감염병 매개체 중 개달물(介達物)의 종류에 속하는 것은?

　가. 음식물, 우유
　나. 파리, 모기
　다. 공기, 먼지
　라. 손수건, 의복

해설 **개달물**: 비활성 전파체 중 식기, 손수건, 의복 등과 같이 감염병이 매개되는 물질을 말함

145 물로 전파되는 수인성 감염병에 속하지 않는 것은?

　가. 장티푸스　　　　나. 홍역
　다. 세균성 이질　　　라. 콜레라

해설 **수인성 질병의 종류**: 장티푸스, 파라티푸스, 세균성 이질, 콜레라, 아메바성 이질 등 주로 소화기계 감염병이 대부분을 차지

146 감염병과 전염경로의 연결이 틀린 것은?

　가. 성병 - 직접 접촉
　나. 폴리오 - 공기 전염
　다. 결핵 - 개달물 전염
　라. 파상풍 - 토양 전염

해설 **폴리오(소아마비, 급성회백수염)**: 경구감염병

147 다음 중 병원체가 세균인 질병은?

　가. 폴리오　　　　　나. 백일해
　다. 발진티푸스　　　라. 홍역

해설 바이러스(폴리오, 홍역), 리케차(발진티푸스)

148 다음 중 병원체가 바이러스(Virus)인 질병은?

가. 장티푸스 　　　 나. 결핵

다. 유행성간염 　　 라. 매독

> 해설 세균(장티푸스, 결핵), 스피로헤타(매독)

149 다음 중 크기가 가장 작으면서 조직의 세포 안에 기생하여 암까지 유발시키는 것은?

가. 장티푸스균

나. 폐렴균

다. 바이러스(Virus)

라. 리케차(Rickettsia)

> 해설 **크기가 가장 작은 균**: 바이러스(Virus)

150 심한 설사로 인하여 탈수증상을 나타내는 감염병은?

가. 콜레라 　　　 나. 백일해

다. 결핵 　　　　 라. 홍역

> 해설
> • **콜레라, 살모넬라증, A형간염의 주요 증상**: 설사, 복통, 발열, 두통, 발열 수양성 설사, 구토, 탈수증상 설사, 복통, 황달
> • **잠복기간**: 1~7일, 1~3주, 수시간~5일, 6~72시간, 15~20일

151 다음 중 감염병을 관리하는 데 있어 가장 어려운 대상은?

가. 급성감염병 환자

나. 만성감염병 환자

다. 건강보균자

라. 식중독환자

> 해설 **건강보균자**: 건강한 사람과 다름이 없지만 병원체를 가지고 있는 자를 뜻한다(폴리오, 일본뇌염, 디프테리아 등). → 관리가 가장 어렵다.

152 수인성 감염병의 역학적 유행 특성이 아닌 것은?

가. 환자발생이 폭발적이다.

나. 잠복기가 짧고 치명률이 높다.

다. 성별·나이와 거의 무관하게 발생한다.

라. 급수지역과 발생지역이 거의 일치한다.

> 해설 **수인성 감염병의 특징**
> • 환자의 발생이 폭발적이다.
> • 음용수 사용지역과 유행지역이 일치한다.
> • 계절에 관계없이 발생한다.
> • 치명률이 낮고, 2차 감염환자의 발생이 거의 없다.
> • 일반적으로 성별, 직업 및 연령에 차이가 없다.

153 예방접종이 감염병 관리상 갖는 의미는?

가. 병원소의 제거

나. 감염원의 제거

다. 건강보균자 관리

라. 감수성 숙주의 관리

154 다음 감염병 중 생후 가장 먼저 예방접종을 실시하는 것은?

가. 백일해 　　　 나. 파상풍

다. 홍역 　　　　 라. 결핵

> 해설 **연령에 따른 예방접종의 종류**
> • 4주 이내: BCG(결핵예방주사)
> • 2개월: 소아마비, 디프테리아·백일해·파상풍(D·P·T)
> • 4개월: 소아마비, 디프테리아·백일해·파상풍(D·P·T)
> • 6개월: 소아마비, 디프테리아·백일해·파상풍(D·P·T)
> • 15개월: 홍역, 볼거리, 풍진(13~15세 여아만 접종 가능)
> • 3~15세: 일본뇌염

정답　148 다　149 다　150 가　151 다　152 나　153 라　154 라

155 폴리오(소아마비)에 대한 설명 중 틀린 것은?

　가. 법정 감염병이다.

　나. 병원체는 세균이다.

　다. 호흡기계분비물, 분변 등을 통해 감염된다.

　라. 중추신경계의 마비가 특징이다.

해설 **세균성 감염병**
- 장티푸스, 콜레라, 파라티푸스, 세균성 이질 등
- 디프테리아, 백일해, 성홍열, 결핵, 폐렴, 나병 등

바이러스성 감염병
- 인플루엔자(독감), 홍역, 유행성 이하선염, 뇌염, 두창, 트라코마, 풍진, 광견병 등
- 폴리오(=소아마비=급성 회백수염), 유행성 간염 등
- 리케차: 발진티푸스, 발진열, 양충병 등
- 스피로헤타: 와일씨병, 매독, 서교증, 재귀열 등
- 원충: 말라리아, 아메바성 이질, 트리파노조마(수면병) 등

156 개나 고양이 등과 같은 애완동물의 침을 통해서 사람에게 감염될 수 있는 인수공통감염병은?

　가. 결핵　　　　　나. 탄저

　다. 야토병　　　　라. 톡소플라스마증

해설 **인수공통감염병**
소(결핵), 쥐(페스트), 양, 말(탄저, 비저), 돼지(살모넬라, 돈단독, 선모충, Q열), 개(광견병)

157 감염병의 감수성 대책에 속하는 것은?

　가. 예방접종을 실시한다.

　나. 환자를 격리시킨다.

　다. 소독을 실시한다.

　라. 매개곤충을 구제한다.

해설
나: 전염원의 대책
다, 라: 전염경로의 대책이다.

158 감염병과 발생 원인의 연결이 틀린 것은?

　가. 임질 - 직접 감염

　나. 장티푸스 - 파리

　다. 일본뇌염 - 큐렉스속 모기

　라. 유행성 출혈열 - 중국얼룩날개 모기

해설 **진드기, 쥐**: 유행성 출혈열

159 다음과 같은 특징을 가지는 위생해충은?

보기	• 식품과 함께 인체 내에 섭취되면 기생부위에 따라 설사, 복통, 급성기관지, 천식 등의 여러 가지 증상을 보인다. • 온도 20℃ 이상, 습도 75% 이상, 수분함량 13% 이상일 때 잘 증식한다. • 50~60℃에서 5~7분간 가열하면 사멸된다. • 마디발 동물로 식품 중에 볼 수 있는 것만도 100여 종에 달한다.

　가. 벼룩　　　　　나. 파리

　다. 모기　　　　　라. 진드기

160 감염병의 예방대책 중 특히 전염경로에 대한 대책은?

　가. 환자를 치료한다.

　나. 예방주사를 접종한다.

　다. 면역혈청을 주사한다.

　라. 손을 소독한다.

해설 **감염병 예방대책 중 전염경로 대책**: ① 전염원과의 접촉기회 억제, ② 소독, 살균의 철저, ③ 공기의 위생적 유지, ④ 상수도 위생관리, ⑤ 식품오염방지 등

제 **2** 편

안전관리

제 1 장 작업장 환경관리

1 작업장 환경관리

1) 작업환경의 개념

① **작업환경** : 일반적으로 작업을 수행하는 환경요인으로 온도, 환기, 소음 등을 의미

② **작업수단** : 사람이 작업을 수행할 때 사용하는 물리수단

③ **주방의 작업환경** : 조리사를 둘러싸고 있는 물리적 공간인 주방에서 조리사의 반응을 야기할 수 있는 열·온도·습도·광선·소음 등의 환경으로 조리사의 피로, 건강 및 작업태도 등에 영향을 주는 환경요인

④ **주방의 물리적 환경** : 조리작업장 환경요소로 온도와 습도의 조절, 조명시설, 주방 내부의 색깔, 주방의 소음, 환기 등으로 조리사의 건강관리와 연결된다. 물리적 환경의 합리적인 설계와 배치로 조리사의 작업능률을 높일 수 있다.

⑤ **작업환경 측정** : 작업자의 건강에 장해를 줄 수 있는 물리, 화학, 생물학적 등의 유해요소들을 찾아 분석 평가하는 것으로 유해요소가 없는 작업환경을 조성함으로써 근로자의 건강 보호와 더불어 작업능률을 향상하는 데 있다.

2) 작업장 안전관리

① 작업장의 안전관리는 인증을 통과한 시설들이 동일한 수준에서 바람직한 운영을 유지할 수 있어야 하며, 시설물에 대한 사후 유지관리를 통한 안전관리가 무엇보다 중요

② 시설물의 상태에 대한 평가기준 마련 등이 필요하며, 주방시설의 설계단계부터 안전 및 유지관리를 위한 기준 마련 등이 필요

③ 안전교육을 통하여 안전에 관한 가치관과 의식을 고양시키고, 위험에 관한 인식을 넓혀, 직업병과 산업재해의 원인에 대한 지식을 확산

④ 개인안전보호구는 사용목적에 맞는 보호구를 갖추고, 항상 사용할 수 있도록 청결하게 보존·유지

⑤ 안전화는 물건의 낙하, 날카로운 물체로부터 발과 발등을 보호하거나 감전 등을 방지하기 위한 보호구로 착용

⑥ 위생장갑은 작업자의 손을 보호하고, 조리위생을 개선하기 위한 보호구로 착용

⑦ 안전마스크는 조리사의 침 등이 음식에 혼입되지 않게 하여 위생을 개선하기 위한 보호구로 착용

⑧ 위생모자는 조리 시 머리카락이 들어가지 않도록 예방하는 보호구로 착용

1 개인 안전사고 예방 및 사후조치

　　작업장 내에서의 사고와 재해를 방지하고 조리 종사자가 안전하게 작업할 수 있도록 운영하는 것으로 조리 전 과정에서 반드시 필요한 예방작업이다. 조리작업은 화기, 동력, 칼날 등을 사용함으로써 화상, 감전, 화재, 폭발, 골절, 절단 등의 사고가 발생하기 쉬우므로 관리자와 종사자는 안전사고가 일어나지 않도록 기구의 사용법을 숙지하고 시설의 점검을 철저히 해야 한다.

1) 위험도 경감의 원칙

　① 사고발생 예방과 피해심각도의 억제
　② 위험요인의 제거, 위험발생의 경감, 사고피해의 경감
　③ 위험도 경감의 3가지 구성요소 : 사람, 절차, 장비

2) 안전사고 예방과정

　① 위험요인 제거 : 위험요인 근원 제거
　② 위험요인 차단 : 안전방벽 설치
　③ 위험요인 예방 : 인적 · 기술적 · 조직적 오류 예방
　④ 위험요인 교정 : 인적 · 기술적 · 조직적 오류 교정
　⑤ 위험요인 제한 : 재발방지를 위한 대응 및 개선조치

3) 재난원인의 분석[4M : 인간(Man), 기계(Machine), 매체(Media), 관리(Management)]

① 인간(Man)

㉮ 심리적 원인 : 망각, 걱정거리, 무의식적 행동, 위험감각, 지름길반응, 생략행위, 억측판단, 착오

㉯ 생리적 원인 : 피로, 수면부족, 신체기능, 알코올(술), 질병, 나이 먹음

㉰ 직장적 원인 : 인간관계, 리더십, 팀워크, 커뮤니케이션

② 기계(Machine) : 기계·설비의 설계상의 결함, 위험방호의 불량, 안전의식의 부족(인간공학적 배려에 대한 이해 부족), 표준화의 부족, 점검·정비의 부족

③ 매체(Media) : 작업정보의 부적절, 작업자세·동작의 결함, 작업방법의 부적절, 작업공간의 불량, 작업환경 조건의 불량

④ 관리(Management) : 관리조직의 결함, 규정·매뉴얼의 불비 및 불철저, 안전관리계획의 불량, 교육·훈련 부족, 부하에 대한 지도·감독 부족, 적성배치의 불충분, 건강관리의 불량

4) 사후조치

① 근로자의 건강을 보호·유지하기 위하여 건강진단을 실시하고, 결과에 대해 사후관리를 한다.

② 작업장 배치 건강진단을 빠짐없이 실시하고, 건강관리 자료를 작성·기록하고, 진단 결과에 따라 근로시간의 단축, 작업 전환 등의 사후조치를 하여야 한다.

② 작업 안전관리

1) 주방 내 안전관리

① 조리실 주요 유해 및 위험요인

화상	화염, 뜨거운 기름, 스팀, 오븐, 전자제품, 솥 등의 기구와 접촉 뜨거운 물에 데치기, 끓이기, 소독하기 등의 작업

넘어짐 & 미끄러짐	바닥물기 및 이물질 제거 및 정리정돈 미흡 조도 미흡 및 중량물 취급 미흡 미끄럼 방지 장화 미착용
베임 & 끼임 & 절단	칼, 절단기, 슬라이서, 세척기, 자르는 기계 및 분쇄기의 사용 다듬기 작업, 날카로운 기구 취급
뇌 · 심혈관질환 (개인건강)	건강검진 및 개인건강관리 소홀 정신과적 또는 심리적 요인 작용
부딪힘	안전성을 무시하고 무리한 작업 수행 중량물 취급 미흡
유해화학물질 취급에 따른 건강장해	개인보호구 미착용 물질안전보건자료 미숙지 세제 및 소독액의 부적절한 사용
근골격계질환	장시간 단순반복 작업 불편한 자세와 과도한 적재, 중량물 취급 미흡
감전	결함이 있는 전기설비 방치 젖은 손으로 전기기구 접촉 안전작동법 미숙지
화재	전기용 조리기구 과열 가스기구 관리 소홀로 인한 가스 누출 식용유 과열

② 개인장비(칼)에 대한 안전관리

사용안전	정신을 집중하고, 안정된 자세로 작업한다. 칼을 캔을 따는 데 이용하는 등 본래의 목적 이외에 사용하지 않는다. 칼을 떨어트릴 때 잡으려 하지 않는다. 한 걸음 물러서서 피한다.
이동안전	칼을 들고 주방에서 다른 장소로 이동하지 않으며, 불가피하게 이동 시 칼끝이 지면 (아래)을 향하게 하고, 칼날을 뒤로 가게 하여 안전하게 이동한다.
보관안전	칼은 정해진 곳에 보관한다. 칼은 보이지 않는 곳(물이 담긴 싱크대, 그릇 아래, 선반 높은 곳)에 보관하지 않는다.

2) 개인 안전사고 예방 및 조치

① **재해발생 구성요소의 연쇄반응** : 사회적 환경과 유전적 요소, 개인적인 성격의 결함, 불안전한 행위와 불안전한 환경 및 조건, 산업재해의 발생

② **재해 발생의 원인** : 부적합한 지식, 부적절한 태도의 습관, 불안전한 행동, 불충분한 기술, 위험한 환경

③ **안전교육의 목적** : 상해, 사망 또는 재산 피해를 일으키는 불의의 사고를 예방하는 것. 개인과 집단의 안전성을 발달시키는 교육으로 인위적 요인에 의한 안전사고는 지속적인 교육에 의해 개선 가능하다.

④ **응급조치의 목적** : 사고로 인하여 재해를 입은 사람이나 급성질환자에게 사고현장에서 즉시 취하는 조치로 전문적인 의료가 실시되기에 앞서 긴급으로 실시되며, 생명을 유지시키고, 악화방지 또는 지연시키는 것을 목적으로 한다.

⑤ **응급상황 시 행동단계** : 현장조사(Check) - 119신고(Call) - 처치 및 도움(Care)

3 조리장비 · 도구 안전관리

1) 조리장비 · 도구 안전관리 지침

주방에서의 생산성 향상과 편의를 위하여서는 조리장비와 도구는 필수적인 구성요소이다. 또한 이러한 대부분의 장비와 도구들은 조리사들이 공동으로 사용하기 때문에 구입과정에서부터 사용 및 보관까지 충분한 계획을 가지고 관리해야 한다.

① 조리장비 · 도구는 사용방법과 기능을 충분히 숙지하고, 용도에 맞게 사용한다.

② 장비나 도구에 무리가 가지 않도록 하고, 이상증상이 있을 시에는 즉시 사용을 중지하고, 조치를 취한다.

③ 전기를 사용하는 장비 및 도구는 사용법과 관리(청소)법 등을 숙지하고, 사용 도중 전기 주요 부품에 물이나 이물질이 들어가지 않도록 항상 주의한다.

제3장 화재예방 및 조치방법

1 화재의 원인 및 예방과 조치 방법

화재는 복합적이고도 다양한 원인에 의하여 발생하는 것으로 주로 전기기기의 누전, 열원 주변의 가열물질, 조리작업 중 유지류(식용유) 및 부주의 등 다양하다.

이러한 화재를 예방하기 위하여 화재에 대한 교육을 정기적으로 실시하고 화재가 발생했을 때 대처할 수 있도록 사전에 대비 연습을 하여야 하며, 화재의 종류에 따른 연소방법, 소화기 사용용도 및 소화기·소화전 사용법에 대하여 교육 및 숙지한다.

더불어 화재의 위험성이 있는 시설과 설비를 정기·수시로 점검하고, 개인의 부주의로 화재가 발생하지 않도록 주의를 한다.

지정된 장소와 화기를 많이 사용하거나 화재에 취약한 장소(설비) 주변에 소화기를 비치하고, 소화기가 비치되어 있다는 표식을 한다.

화재 발생 시 상황을 신속하게 판단하여 사람들이 대피할 수 있도록 경보를 울리거나 큰소리로 주위에 알리고, 침착하게 대처한다. 화재 발생 시 여러 위험요소 중 연기와 화상에 입지 않도록 젖은 물수건 등으로 입을 가리고 몸을 낮추어 침착하고, 재빠르게 화재 발생지역에서 나올 수 있도록 하여야 한다.

화재의 범위에 따라 판단하여 행동할 수 있도록 한다. 특히, 유류 화재는 일반소화기로 불길이 잡히지 않기 때문에 화재의 종류에 따른 대처법을 사전에 숙지하고 대처한다.

2 화재의 종류 및 조치 방법

일반화재 (A급화재)	가장 흔히 일어나는 화재로 연소 후 재를 남긴다. 물로 진압하는 것이 효과적이며 산알칼리 소화기나 강화액 소화기를 사용한다.
유류화재 (B급화재)	휘발성 액체, 알코올, 기름, 휘발유 등의 인화성 액체나 고체의 유지류에 의한 화재로 연소 후 재를 남기지 않는 종류의 화재 물로 진압하려는 경우 오히려 화재를 더욱 키워 위험할 수 있으므로 이산화탄소 소화기 등을 사용한다.
전기화재 (C급화재)	전압기나 변압기 등 전기설비로 인한 화재로 화재 시 감전에 유의해야 하며, 화재를 진압하기 전에 전기부터 차단해야 한다. 이산화탄소 소화기, 분말소화기, 할론 소화기 등을 사용하여 진압한다.
금속화재 (D급화재)	가연성 금속인 마그네슘, 나트륨, 칼륨 등과 같은 금속화재로 산업현장에서 발생한다. 물을 접촉할 경우 화재가 확산하거나 폭발로 이어질 수 있으므로 마른 모래나 금속화재용 소화기를 사용하여 진압한다.
주방화재 (K급화재)	주방에서 사용하는 기름 등의 재료로 인한 화재 일반적인 분말소화기로는 진압이 어려우며 K급 소화기를 사용한다.

제**4**장 산업안전보건법 및 관련지침

1 산업보건의 목적

산업 안전 및 보건에 관한 기준을 확립하고 그 책임의 소재를 명확하게 하여 산업재해를 예방하고 쾌적한 작업환경을 조성함으로써 노무를 제공하는 사람의 안전 및 보건을 유지·증진함을 목적으로 한다.

2 용어의 정의

산업재해	노무를 제공하는 사람이 업무에 관계되는 건설물·설비·원재료·가스·증기·분진 등에 의하거나 작업 또는 그 밖의 업무로 인하여 사망 또는 부상하거나 질병에 걸리는 것을 말한다.
중대재해	산업재해 중 사망 등 재해 정도가 심하거나 다수의 재해자가 발생한 경우로서 고용노동부령으로 정하는 재해를 말한다. ＊ 사망자가 1명 이상 발생한 재해 ＊ 3개월 이상의 요양이 필요한 부상자가 동시에 2명 이상 발생한 재해 ＊ 부상자 또는 직업성 질병자가 동시에 10명 이상 발생한 재해
근로자	직업의 종류와 관계없이 임금을 목적으로 사업이나 사업장에 근로를 제공하는 사람
사업주	근로자를 사용하여 사업을 하는 자
안전보건진단	산업재해를 예방하기 위하여 잠재적 위험성을 발견하고 그 개선대책을 수립할 목적으로 조사·평가하는 것
작업환경측정	작업환경 실태를 파악하기 위하여 해당 근로자 또는 작업장에 대하여 사업주가 유해인자에 대한 측정계획을 수립한 후 시료를 채취하고 분석·평가하는 것

안전관리 예상문제

001 안전교육의 목적으로 바르지 않은 것은?

가. 인간생명의 존엄성을 인식시키는 것
나. 안전한 생활을 영위할 수 있는 습관을 형성시키는 것
다. 상해, 사망 또는 재산 피해를 불러일으키는 불의의 사고를 완전히 제거하는 것
라. 개인과 집단의 안전성을 최고로 발달시키는 교육

해설 재해는 완전히 제거되기가 어려우며, 안전교육은 개인과 집단의 안전성을 발달시키는 교육으로 상해, 사망 또는 재산 피해를 불러일으키는 불의의 사고를 예방하는 데 목적이 있다.

002 주방 내 미끄럼 사고의 원인이 아닌 것은?

가. 물기 있는 바닥
나. 기름이 있는 바닥
다. 높은 조도로 인해 밝은 경우
라. 노출된 전선

해설 주방 내 미끄럼 사고의 원인으로는 바닥물기 및 이물질, 조도의 미흡과 중량물 취급의 미흡, 미끄럼방지장화의 미착용이 있다.

003 화재 시 대처요령으로 바르지 않은 것은?

가. 화재 발생 시 큰 소리로 주위에 먼저 알린다.
나. 소화기 사용방법과 장소를 미리 숙지하여 소화기로 불을 끈다.
다. 신속히 원인 물질을 찾아 제거하도록 한다.
라. 몸에 불이 붙었을 경우 움직이면 불길이 더 커지므로 가만히 조치를 기다린다.

004 다음 중 안전관리에 대한 설명이 바른 것은 무엇인가?

가. 난로는 불을 붙인 채 기름을 넣는 것이 좋다.
나. 조리실 바닥의 음식찌꺼기는 모아두었다가 한꺼번에 치운다.
다. 떨어지는 칼은 위생을 생각하여 즉시 잡도록 한다.
라. 깨진 유리를 버릴 때는 '깨진 유리'라는 표시를 해서 버린다.

005 응급처치의 목적으로 알맞지 않은 것은?

가. 생명을 유지시키고 더이상의 상태악화를 방지

나. 사고발생 예방과 피해 심각도를 억제하기 위한 조치

다. 다친 사람이나 급성질환자에게 사고현장에서 즉시 취하는 조치

라. 건강이 위독한 환자에게 전문적인 의료가 실시되기 전에 긴급히 실시

해설 안전관리(교육)는 사고발생 예방과 피해심각도를 억제하기 위한 조치이다.

006 위험도 경감의 원칙에서 핵심요소를 위해 고려해야 할 사항이 아닌 것은?

가. 위험요인 제거
나. 위험발생 경감
다. 사고피해 경감
라. 사고피해 치료

해설 위험도 경감의 원칙은 피해심각도 억제, 위험요인의 제거, 위험발생의 경감, 사고피해의 경감이 있다.

007 작업장에서 안전사고가 발생했을 때 가장 먼저 해야 하는 것은?

가. 사고발생 관리자 보고
나. 사고원인 물질 및 도구 회수
다. 역학조사
라. 모든 작업자 대피

해설 작업장안전사고가 발생했을 때 가장 먼저 해야 하는 것은 응급조치이고, 그 다음 관리자에게 보고할 수 있도록 한다.

008 조리 작업 시 발생할 수 있는 안전사고의 위험요인과 원인의 연결이 바르지 않은 것은?

가. 베임, 절단 - 칼 사용 미숙
나. 미끄러짐 - 부적절한 조명
다. 전기 감전 - 연결코드 제거 후 전자제품 청소
라. 화재발생 - 끓는 식용유 취급

009 작업장 내에서 조리 작업자의 안전수칙으로 바르지 않은 것은?

가. 안전한 자세로 조리
나. 조리작업을 위해 편안한 조리복만 착용
다. 짐을 옮길 때 충돌 위험 감지
라. 뜨거운 용기를 이용할 때에는 장갑 사용

010 위험도 경감 3가지 시스템 구성요소가 아닌 것은?

가. 사람　　나. 절차
다. 기술　　라. 장비

해설 위험도 경감전략의 구성요소는 사람, 절차, 장비의 3가지이며, 핵심요소는 위험요인의 제거, 위험발생의 경감, 사고피해의 경감이 있다.

011 재해에 대한 설명으로 틀린 것은?

가. 구성요소의 연쇄반응으로 일어난다.
나. 불완전한 행동과 기술에 의해 발생한다.
다. 재해발생 비율을 줄이기 위해 안전관리가 집중적으로 필요하다.
라. 환경이나 작업조건으로 인해 자신에게만 상처를 입었을 때를 재해라 한다.

해설 재해는 근로자가 물체나 사람과의 접촉으로 인한 환경요소로 말미암아 자신이나 타인에게 상해를 입히는 것을 의미한다.

012 다음은 전기 안전에 관한 내용이다. 틀린 것은?

가. 1개의 콘센트에 여러 개의 선을 연결하지 않는다.

나. 물 묻은 손으로 전기기구를 만지지 않는다.

다. 전열기 내부는 물을 뿌려 깨끗이 청소한다.

라. 플러그를 콘센트에서 뺄 때는 줄을 잡아당 기지 말고 콘센트를 잡고 뺀다.

013 주방에서 조리장비를 취급할 때 결함이 의심되거 나 시설제한 중인 시설물의 사용여부를 판단하기 위해 실시하는 점검은?

가. 일상점검　　　　나. 정기점검

다. 손상점검　　　　라. 특별점검

해설
• **일상점검** : 주방관리자가 매일 조리기구 및 장비를 사용하기 전에 육안을 통해 점검하는 것
• **정기점검** : 기계, 기구, 전기, 가스 등의 설비기능이상 여부와 성능유지 여부 등에 대하여 정기적으로 점검하는 것
• **손상점검** : 재해나 사고에 의해 발생된 손상 등에 대하여 점검하는 것
• **특별점검** : 결함이 의심되는 장비나 사용제한 중인 시설물의 사용여부 등을 판단하기 위하여 실시하는 점검

014 조리용 칼을 사용할 때 위험요소로부터 예방하는 방법이 알맞지 않은 것은?

가. 작업용도에 적합한 칼 사용

나. 칼의 방향은 몸 안쪽으로 사용

다. 칼 사용 시 불필요한 행동 자제

라. 작업 전 충분한 스트레칭

015 화재를 사전에 예방하기 위한 방법으로 바르지 않은 것은?

가. 화재 위험성이 있는 화기나 설비 주변은 정기적으로 점검한다.

나. 지속적으로 화재예방 교육을 실시한다.

다. 화재발생 위험요소가 있는 기계 근처에는 가지 않는다.

라. 전기의 사용지역에서는 접선이나 물의 접 촉을 금지한다.

016 가스레인지를 사용할 때 위험요소로부터 예방하 는 방법이 알맞지 않은 것은?

가. 문제가 의심될 때만 가스관 점검

나. 가스관은 작업에 지장을 주지 않는 곳에 위치

다. 가스레인지 주변의 작업공간 확보

라. 가스레인지 사용 후 즉시 밸브 잠금

017 작업 시 근골격계 질환을 예방하는 방법으로 알맞 은 것은?

가. 조리기구의 올바른 사용방법 숙지

나. 작업 전 간단한 체조로 신체 긴장 완화

다. 작업대 정리정돈

라. 작업보호구 사용

018 응급처치 시 꼭 지켜야 할 사항이 아닌 것은?

가. 응급처치 현장에서의 자신의 안전을 확인 한다.

나. 환자에게 자신의 신분을 밝힌다.

다. 최초로 응급환자를 발견하고 응급처치를 시행하기 전 환자의 생사유무를 판정하지 않는다.

라. 응급환자를 처치할 때 필요한 의약품을 사 용하여 상태악화를 방지한다.

019 조리 장비 도구 이상유무 점검방법 중 바르지 않은 것을 고르시오.

　가. 식품절단기 - 전원차단 후 기계를 분해하여 중성세제와 미온수로 세척한다.

　나. 육절기 - 전원을 끄고 칼날과 회전봉을 분해하여 중성세제와 미온수로 세척한다.

　다. 식기세척기 - 탱크의 물을 채우고 세척제를 사용하여 브러시로 세척 확인

　라. 그리들 - 중성세제로 세척 후 마른걸레로 닦아 20분 정도 지난 후 작동

020 작업환경 안전관리 수행순서로 바르지 않은 것은?

　가. 작업장 주위의 위해요소를 분석한다.

　나. 작업장 주변의 정리정돈을 점검한다.

　다. 작업장의 온습도 관리를 실시한다.

　라. 조명유지와 미끄럼 및 오염이 발생되지 않도록 한다.

021 가열용 기구인 프로판가스에 대한 설명 중 잘못된 것은?

　가. 가스용기 가까운 곳에 화기를 두지 않는다.

　나. 가스용기는 직사광선을 피한 곳에 둔다.

　다. 가스 자체는 무해하나 누출되면 폭발되기 쉽다.

　라. 가스용기는 세워서 조리대 밑이나 지하에 설치한다.

해설 프로판가스는 공기보다 무거워 조리대 밑이나 지하에 설치하는 것은 환기가 되지 않아 폭발의 위험이 크기 때문에 개방된 곳에 설치하는 것이 좋다.

022 조리작업장의 위치선정 조건으로 가장 거리가 먼 것은?

　가. 보온을 위해 지하인 곳

　나. 통풍이 잘되고 밝고 청결한 곳

　다. 음식의 운반과 배선이 편리한 곳

　라. 재료의 반입과 오물의 반출이 쉬운 곳

해설 조리작업장의 위치로 지하는 통풍, 채광이 안 되어 적당하지 못하다.

023 주방 내의 공기를 환기시키는 이유와 가장 거리가 먼 것은?

　가. 열기의 제거

　나. 수증기의 제거

　다. 냄새의 제거

　라. 위생곤충의 제거

해설 주방 내의 열기, 증기(고온다습), 냄새를 제거하기 위해서는 1시간에 2~3회 정도의 환기가 필요하다.

024 조리장의 설비에 대한 설명 중 부적합한 것은?

　가. 조리장의 내벽은 바닥으로부터 50cm 높이까지 내수성 자재로 한다.

　나. 충분한 내구력이 있는 구조여야 한다.

　다. 조리장에는 식품 및 식기류의 세척을 위한 위생적인 세척 시설을 갖춘다.

　라. 조리원 전용의 위생적 수세 시설을 갖춘다.

025 주방의 바닥조건으로 맞는 것은?

　가. 산이나 알칼리에 약하고 습기, 열에 강해
　　야 한다.
　나. 바닥 전체의 물매는 1/20이 적당하다.
　다. 조리작업을 드라이 시스템화할 경우의 물
　　매는 1/100 정도가 적당하다.
　라. 고무타일, 합성수지타일 등이 잘 미끄러지
　　지 않으므로 적합하다.

해설 주방바닥은 산이나 알칼리, 습기, 열에 강해야 한
다. 바닥 전체의 물매(물 빠짐을 위한 바닥 기울기)는
1/100이 적당하며, 드라이시스템의 경우 물매가 필요
없다.

026 진동이 심한 작업을 하는 사람에게 국소진동 장애
로 생길 수 있는 직업병은?

　가. 진폐증　　　　　나. 파킨슨씨병
　다. 잠함병　　　　　라. 레이노드병

해설 레이노드병은 진동에 의한 장애로 손가락 끝부분의
조직이 혈액 내 산소부족으로 손상돼 색조변화, 통증,
조직괴사 등을 가져오는 질환을 말한다.

027 소음에 있어서 음의 크기를 측정하는 단위는?

　가. 데시벨(dB)　　　나. 폰(phon)
　다. 실(SIL)　　　　라. 주파수(Hz)

해설
• 데시벨 : 음의 강도(음압) 단위. 소리의 상대적인 크기
　를 나타냄
• 폰 : 음의 크기 단위. 소음계로 측정한 음압 레벨의
　단위
• 헤르츠 : 주파수(진동수)의 단위. 주어진 일정시간 안
　에 똑같은 상태가 되풀이되는 파동의 완전한 주기(사
　이클)의 수

028 다음 중 조리기구인 칼의 사용에 대한 안전으로 바
른 것은?

　가. 칼을 사용할 때는 안정된 자세로 임한다.
　나. 칼을 떨어트릴 때 바닥에 부딪히지 않게
　　바로 잡아야 한다.
　다. 다른 장소로 칼을 가지고 이동할 때 칼날
　　이 앞을 향하게 한다.
　라. 칼을 설거지할 때 거품이 있는 세제통에
　　넣어 세척한다.

029 다음 중 주방에서 사용하는 기름 등의 재료로 인한
화재에 적합한 소화기는?

　가. 산알칼리 소화기　　나. 이산화탄소 소화기
　다. 분말소화기　　　　라. K급 소화기

030 다음 중 산업보건의 정의에 대한 설명으로 틀린
것은?

　가. 산업재해는 노무를 제공하는 사람이 업무
　　에 관계되는 건설물, 설비, 원재료 등에 의
　　하거나 작업 등의 업무로 인하여 사망하는
　　것만을 의미한다.
　나. 중대재해는 사망자가 1명 이상 발생하거
　　나 3개월 이상의 요양이 필요한 부상자가
　　동시에 2명 이상 발생한 재해를 의미한다.
　다. 근로자는 직업의 종류와 관계없이 임금을
　　목적으로 사업이나 사업장에 근로를 제공
　　하는 사람을 의미한다.
　라. 안전보건진단은 산업재해를 예방하기 위
　　하여 잠재적 위험성을 발견하고 그 개선
　　대책을 수립할 목적으로 조사 평가하는
　　것을 의미한다.

제 **3** 편

재료관리

1 수분

1) 수분

물은 영양소는 아니지만 인간이 살아 있는 한 영양소와 마찬가지로 우리 몸에 중요하다. 수분이 만약 정상적인 양보다 10% 이상 줄어들면 열이 나고, 경련을 일으키며, 혈액순환에도 지장을 가져오고, 20% 이상 손실되면 사망한다. 따라서 건강한 사람은 1일 2~3ℓ 정도의 물을 섭취해야 한다.

식품 속에 수분은 다음 형태로 구분된다.

① **유리수(free water)** : 식품 중에 유리의 상태로 존재하는 수분의 형태로 보통의 물을 말한다. 염류, 당류, 수용성 단백질 등을 용해하는 용매로서 작용하는 자유수라 하며 건조식품 또는 냉동식품을 만들 때 증발 또는 동결되는 물이다.

② **결합수(bound water)** : 식품 중의 탄수화물이나 단백질분자의 일부분을 구성하는 물로 대부분은 세포 내에 존재한다. 즉 조직을 절단할 때 세포로부터 흘러나오지 않는 형태의 물이다. 또한 결합수는 식품 중의 당질, 단백질, 지질 등의 유기물 분자가 수소 결합에 의해 밀접하게 결합된 상태이다.

유리수와 결합수의 차이점

유리수	결합수
• 용질에 대해 용매로 작용 • 건조로 쉽게 분리 제거 • 0℃ 이하에서 쉽게 동결 • 미생물의 번식 및 발아에 이용 • 융점, 비점이 높다. • 4℃에서 비중이 제일 높다. • 비열이 크다. • 표면장력이 크다. • 점성이 크다.	• 용질에 대해 용매의 기능이 없다. • 압력을 가해도 제거되지 않는다(식품의 구성 성분과 수소결합에 의해 결합). • 0℃ 이하의 낮은 온도에서 잘 얼지 않음 • 미생물의 번식에 이용하지 못한다. • 대기 중 100℃ 이상 가열해도 제거되지 않는다(수중기압이 보통 물보다 낮음). • 유리수보다 밀도가 크다.

2) 수분활성도(water activity)

식품을 밀폐용기에 넣고 수분이 출입하지 못하도록 하며, 식품의 수분이 용기 내의 상대습도와 평형상태를 유지하게 될 때까지의 수증기압이 평형 상대습도와 평형상태를 유지하게 될 때 수분의 수증기압을 수분활성도라 한다. 즉 수분활성도란 어떤 임의의 온도에서 그 식품의 수증기압 P에 대한 그 온도에 있어서의 순수한 물의 최대 수증기압 P_0의 비율로 정의된다.

✽ 수분활성도(AW)

$$Aw = \frac{P}{P_0}$$

- P : 식품 속의 수증기압 = 용액의 증기압
- Po : 순수한 물의 수증기압 = 용매의 증기압

① 순수한 물의 수분활성도는 1이다(물의 AW = 1).
② 건조식품은 수분활성도가 일반식품보다 낮다.
③ 일반식품의 수분활성도는 항상 1보다 작다(일반식품 AW 〈 1).

2 탄수화물(당질)

1) 탄수화물의 특징

탄소(C), 수소(H), 산소(O)의 3가지로 이루어진 유기화합물로 열량을 공급한다. 곡류, 감자, 설탕류의 주성분으로 섭취하면 글리코겐(glycogen)으로 변하여 간이나 근육 속에 저장된다.

2) 기능

① 에너지의 공급원으로 1g당 4kcal의 열량을 발생하며, 소화율은 98%이고, 총열량의 65%를 섭취해야 한다.

② 탄수화물은 다른 화합물을 환원시키는 환원성을 가지며, 포도당과 과당으로 분해되는 과정에 풍미를 내는 흑갈색으로 변성되는 캐러멜화의 기능을 갖고 있다.

> **Tip** **열량소의 공급**: 탄수화물(65%), 지방(20%), 단백질(15%)

3) 탄수화물의 분류

① **단당류(單糖類)** : 가수분해로는 더이상 간단한 화합물로 분해되지 않는 당류를 말한다. 탄수화물 구조의 기본이 된다.

구분	종류	특성
오 탄 당	리보스	염기, 인산과 결합하여 리보핵산의 구성성분이 되며, 비타민 B의 합성원료로 사용
	자일로스	목당이라고도 하며, 짚, 옥수수, 목재 등에 존재하고, 자일란의 가수분해로 생성
	아라비노스	펙틴당이라고도 하며, 천연 침엽수 속에 존재하고, 고무의 원료로 사용
육 탄 당	포도당 (Glucose)	전분이 소화되어 가장 작은 형태로 동물의 혈액에 0.1% 정도 함유 과잉 섭취 시 글리코겐으로 간과 근육에 저장
	과당 (Fructose)	과일, 벌꿀 등에 존재하며, 당류 중 단맛이 제일 강함
	갈락토오스 (Galactose)	자연계에서 단독으로 존재하지 못하고, 유당(젖당)의 구성성분으로 저장
	만노오스 (Mannose)	사과, 복숭아, 오렌지의 껍질에 미량 함유되어 있고, 곤약, 감자 및 동물의 세포나 세균의 세포막성분

② 이당류(二糖類) : 단당류 2분자가 결합한 형태로 자당(설탕), 유당(젖당), 엿당(맥아당)이 있다.

종류	특성
설탕(sucrose, 자당, 서당)	포도당에 과당이 더하여진 당으로 사탕수수와 사탕무에 함유 160℃ 이상 가열하면 갈색색소인 캐러멜이 생성됨
맥아당(maltose, 엿당)	포도당 두 분자가 더해진 당으로 엿기름이나 발아 중의 곡류에 많이 함유되어 있고 물엿의 주성분
젖당(lactose, 유당)	포도당에 갈락토오스가 더해진 당으로 단맛(감미)이 거의 없으며, 포유동물의 유즙(우유) 속에 함유

③ 다당류(多糖類) : 단당류의 3분자 이상이 결합된 형태로 단맛이 없고 물에 잘 녹지 않는다.

종류	특성
전분(starch, 녹말)	단맛이 없고, 물에 녹지 않으며 열에 의해 팽윤·용해되어 콜로이드(colloid)상태가 된다. 수천 개의 포도당으로 결합되어 있다.
섬유소(cellulose)	식물 세포막의 주요 성분으로 인체 내에서는 소화되지 않지만 소화운동을 촉진하여 변비를 예방한다(정장작용). 주로 해조류, 채소, 두류에 많이 함유되어 있다.
펙틴(pectin)	세포와 세포 사이 중간층에 존재하며 과실류, 감귤류의 껍질에 많이 함유되어 있고 과일이나 채소의 견고성을 이루고 저장 중 조직 유지에 중요한 역할을 한다. 젤리화의 3요소 중 하나이다.
글리코겐(glycogen)	식물의 전분처럼 동물의 간과 근육에 저장되어 있는 물질로 동물성 전분이라고도 하며 산·효소 등에 가수분해되면 포도당을 만든다.
이눌린(inulin)	식품으로서의 영양적 가치는 없으며 우엉, 다알리아 뿌리 등에 함유되어 있다.
한천(agar)	우뭇가사리와 같은 홍조류의 세포성분으로 뜨거운 물로 추출하여 냉각, 탈수, 건조시킨 것으로 체내에서 소화·흡수되지는 않지만 변비 예방에 효과적이다. 주로 양갱 등의 원료로 사용한다.
알긴산(alginic acid)	갈조류의 세포막 성분으로 미역, 다시마에 함유되어 있다.

✱ 단맛의 강도 순서

과당 〉전화당 〉설탕 〉포도당 〉맥아당 〉락토오스 〉젖당

✱ 전화당이란

설탕이 invertase에 의해 분해되어 포도당과 과당이 1:1 비율로 섞여 있는 상태의 당. 벌 타액의 invertase에 의해 설탕이 분해되어 전화당이 된다.

---

3 지질(지방)

1) 지질의 특징

탄소(C), 수소(H), 산소(O)의 3가지로 구성된 유기화합물이다. 1분자의 글리세롤(glycerol)과 3분자의 지방산(fatty acid)이 결합되어 만들어진 에스테르로서 체내에 저장되는 지방은 중성지방이다.

2) 기능

① **에너지의 공급원** : 열량원으로 1g당 9kcal의 열량이 발생하고, 소화율은 95%이며 총열량의 20%를 섭취해야 한다.

② 체조직을 구성하고 피하지방은 체온을 보호하는 역할을 한다.

③ 지용성 비타민(A, D, E, K, F)의 흡수를 돕는다.

④ 지방성분은 음식의 맛, 향미, 포만감을 제공한다.

⑤ 조리 시 유지의 높은 열을 이용하여 영양소 손실을 줄일 수 있다.

> Tip **튀기기** : 조리법 중 영양소 손실이 적은 조리법

3) 지질의 분류

화학구조에 따라 단순지질, 복합지질, 유도지질로 구분되는데, 단순지질은 주로 피하조직에 저장되어 에너지원으로 이용되고, 복합지질과 유도지질은 조직의 구성분으로 이용한다.

① **단순지방(중성지방)** : 유지와 글리세롤의 에스테르, 글리세라이드, 왁스(wax) 등

② **복합지방** : 인지질(레시틴(lecithin)), 세팔린(cephalin), 당지질, 단백지질 등

③ **유도지방** : 콜레스테롤(cholesterol), 에르고스테롤(ergosterol) 등

4) 지방산의 분류

① **포화지방산** : 스테아린산, 팔미틱산 등으로 상온에서 고체이다.

② **불포화지방산** : 올레인산, 리놀레산, 리놀렌산, 아라키돈산 등으로 상온에서 액체이다.

③ **필수지방산** : 비타민 F라고도 한다. 불포화지방산 중 리놀레산, 리놀렌산, 아라키돈산은 음식으로 반드시 섭취해야 하는 지방산이다. 대두유, 옥수수유 등에 많이 존재한다.

5) 지질의 기능적 특징

① **유화(에멀전화)** : 서로 섞이지 않는 두 종류의 액체를 섞이게 하는 작용으로 수중유적형과 유중수적형이 있다.

  ㉮ 수중유적형(O/W) : 물속에 기름이 분산되어 있는 형태로 우유, 생크림, 아이스크림, 마요네즈 등이 있다.

  ㉯ 유중수적형(W/O) : 기름 속에 물이 분산되어 있는 형태로 버터와 마가린 등이 있다.

② **가수소화(경화)** : 불포화지방산(액체상태의 기름)에 수소(H_2)를 첨가하고, 니켈(Ni)과 백금(Pt)을 촉매제로 사용하여 포화지방산(고체상태의 기름)을 만든 것으로 마가린과 쇼트닝이 있다.

③ **연화작용** : 밀가루 반죽에 유지를 첨가하면 반죽 내의 글루텐 형성을 억제하여 부드러워지는 작용

④ **가소성** : 외부조건에 의해 유지의 형태가 변화했다가 외부조건을 다시 제거해도 유지의 변형상태대로 유지되는 성질

⑤ **요오드가(iodine value)** : 지방산의 불포화도를 나타내는 값으로 유지 100g 중에 첨가되는 요오드의 g수를 요오드가라 한다(산가는 1.0 이하).

  ㉮ 건성유 : 요오드가 130 이상으로 들기름, 아마인유, 호두기름, 잣기름 등이 있다.

  ㉯ 반건성유 : 요오드가 100~130으로 대두유, 면실유, 채종유, 해바라기유, 참기름 등이 있다.

㉰ 불건성유 : 요오드가 100 이하로 땅콩기름, 동백기름, 올리브유 등이 있다.

⑥ **검화가(비누화가)** : 유지가 수산화칼륨, 수산화나트륨 등의 알칼리에 의해 가수분해되는 반응

4 단백질

1) 특징

탄소(C), 수소(H), 산소(O), 질소(N)의 4가지로 이루어진 고분자의 유기화합물이며, 수많은 아미노산의 펩티드 결합으로 구성되어 아미노산으로 분해된다.

2) 기능

① 열량원으로 1g당 4kcal의 열량을 내며, 소화율은 92%이며 전체 열량의 15%를 섭취해야 한다.

② 체조직, 혈액 단백질을 구성한다.

③ 항체를 형성하며, 체내의 생리작용 조절에 관여한다.

④ 가열 및 무기염류(Mg, Ca)에 응고하는 성질을 갖고 있다.

⑤ 점성이 크고 교질성이 있다.

3) 구성성분에 의한 분류

① **단순 단백질** : 아미노산으로만 구성된 단백질이다. 알부민, 알부미노이드, 글로불린, 글루테닌 등이 있다.

② **복합 단백질** : 아미노산과 다른 물질이 복합된 단백질이다. 핵단백질, 인단백질, 지단백질, 당단백질, 색소단백질 등이 있다.

③ **유도 단백질** : 단순 및 복합 단백질을 가열 또는 가수분해하는 과정에서 얻어지는 단백질이다. 젤라틴, 카세인, 펩톤, 프로테오스 등이 있다.

4) 결합조직에 의한 단백질의 분류(섬유상단백질)

① 콜라겐 : 동물의 뼈와 피부 등에 결합조직을 이루고 있는 단백질로 가수분해하면 젤라틴으로 변화한다.

② 엘라스틴 : 혈관 등에 결합조직을 이루고 있는 단백질

③ 케라틴 : 모발, 깃 등에 결합조직을 이루고 있는 단백질

- 구상단백질 : 산, 알칼리, 염류용액에 녹는 단백질로 알부민, 글로불린, 글루텔린 등이 있다.

5) 영양학적 분류

① 완전단백질 : 동물 성장에 필요한 모든 필수아미노산이 들어 있는 단백질로 달걀, 우유, 육류 등이 이에 속한다.

② 부분적 불완전단백질 : 동물 성장에 필요한 모든 필수아미노산을 함유하고 있으나 그중 하나 또는 그 이상의 아미노산 함량이 부족한 단백질

> **Tip** 쌀(오리제닌) : 리신 부족

> **Tip** 아미노산 보강 : 쌀에는 필수아미노산인 리신이 부족한 반면 콩에는 리신이 풍부하게 함유되어 있으므로 콩밥을 섭취함으로써 아미노산을 보강할 수 있다.

③ 불완전단백질 : 동물 성장에 필요한 필수아미노산 중 하나 또는 그 이상이 식품 중에 결여되어 완전한 단백질을 공급할 수 없는 단백질

> **Tip** 옥수수(제인) : 필수아미노산인 트립토판이 없으므로 펠라그라피부염이 나타난다.

6) 아미노산의 종류

① 필수아미노산 : 체내에서 합성할 수 없으므로 반드시 음식물로 섭취해야 한다.

> **Tip** 성인에게 필요한 필수아미노산(8가지) : 루신(leucine), 이소루신(isoleucine), 리신(lysine), 메티오닌(methionine), 페닐알라닌(phenylalanine), 트레오닌(threonine), 트립토판(tryptophan), 발린(valine)
> 어린이에게 필요한 필수아미노산(10가지) : 성인에게 필요한 필수아미노산 + 아르기닌(arginine, 알기닌)과 히스티딘(histidine)

7) 단백질의 결핍증

① 마라스무스(marasmus) : 피하지방과 근육의 감소 등
② 쿼시오커(kwashiorkor) : 성장장애, 빈혈, 식욕부진, 부종 등

5 무기질

1) 특징

신체의 성장과 유지 및 생식에 비교적 소량이 필요한 영양소로서 회분이라고도 하며, 인체 구성성분 중에서 체중의 약 4%를 차지한다. 일반적인 화학적 방법에 의하여 쉽게 파괴되지 않고 매우 안정하지만, 체내에서 합성되지 않으므로, 반드시 음식물과 같이 외부로부터의 공급이 필요하다. 영양상 필수적인 것으로는 Ca, P, Mg, Na, K, Cl, S, Fe, Cu, F, I, Co, Mn, Cr, Se, Mo 등이 있다.

2) 기능

① 뼈, 치아와 같은 경조직과 근육, 신경과 같은 연조직을 구성하는 역할을 한다.
② 체내의 적절한 pH 유지, 신경자극, 근육수축, 체액의 삼투압 유지, 체내 여러 가지 반응의 촉매작용, 심장의 규칙적 박동, 혈액 응고, 신경 안정 등 체내의 많은 대사과정에서 조절기능을 한다.

3) 종류

① 칼슘(Ca)
㉮ 체내에 가장 많이 존재하는 무기질로 체내 무기질의 약 40%를 차지한다.
㉯ 골격 형성, 혈액 응고, 체액의 수송, 심장 근육의 수축과 이완, 신경자극의 전달 등에 관여한다.
㉰ 치즈, 우유와 유제품, 뼈째 먹는 생선 등의 식품에 함유되어 있다.
㉱ 결핍증으로는 골격과 치아의 발육이 불량하고 골연화증, 골다공증, 구루병, 혈액응

고 불량 등이 있고, 과잉증은 위약군의 신장결석이 생길 수 있다.

　㉤ 식품으로는 멸치, 생선, 우유, 유제품, 난황, 해조류, 녹엽채소 등에 함유되어 있다.

　㉥ 흡수를 촉진하려면 비타민 D를 공급하고, 옥살산(수산)은 체내의 칼슘과 결합(신장 결석)하여 칼슘의 흡수를 방해한다.

② 인(P)

　㉮ 체세포의 구성성분으로 칼슘과 밀접하게 연관되어 골격을 구성, 대사의 중간물질, 산과 염기의 평형을 유지해 준다.

　㉯ 인은 모든 식물이나 동물의 세포에 들어 있기 때문에, 특별한 경우를 제외하고는 사람에서 부족증상이 거의 나타나지 않는다.

　㉰ 어류, 우유 및 유제품, 난황, 육류, 곡류 등에 함유되어 있다.

　㉱ 결핍증으로는 골격과 치아의 발육이 불량하고 성장이 정지되며 골연화증 등이 있다.

　㉲ 칼슘과 인의 섭취비율이 성장기 어린이는 2 : 1, 성인은 1 : 1이다.

③ 마그네슘(Mg)

　㉮ 식물의 녹색 색소인 엽록소의 중심이 되는 무기질이다.

　㉯ 칼슘과 인과 같이 뼈의 대사에 관여, 체내 효소반응을 촉매, 신경의 자극 전달, 근육의 긴장 및 이완의 기능을 한다.

　㉰ 식물성 식품, 시금치, 전곡, 대두, 견과류, 두류 등의 식품에 함유되어 있다.

　㉱ 결핍증으로는 신경의 불안, 경련, 심장과 간의 장애, 칼슘의 배설촉진 등이 있다.

④ 나트륨(Na)

　㉮ 대부분 식사를 통해 섭취되는 나트륨이온으로 식탁염으로부터 얻게 된다.

　㉯ 혈장의 성분구성, 삼투압과 pH 유지에 관여, 신경자극의 전달, 체액량의 조절, 포도당 흡수 등에 관여한다.

　㉰ 소금, 가공식품, 해산물, 육류 등 모든 식품에 함유되어 있다.

　㉱ 결핍증으로는 소화불량, 식욕부진, 근육경련, 부종, 저혈압 등이 있다.

　㉲ 과잉증으로는 고혈압, 요증, 칼슘손실이 증가할 수 있다.

⑤ 칼륨(K)

㉮ 세포내액의 중요한 양이온으로서 세포외액의 나트륨과 정상적인 삼투압 및 물의 균형을 유지한다.

㉯ 체내 삼투압과 수분의 균형 유지, 산과 염기의 균형 유지, 신경근육의 흥분과 자극 전달, 활동전류의 발생에 관여한다.

㉰ 식품으로는 자연식품에 널리 존재하고, 시금치, 호박, 콩류, 바나나, 녹색채소, 감자, 육류 등의 식품에 상당량 함유되어 있다.

㉱ 결핍증으로는 근육의 이완 및 발육불량, 식욕부진 등이 있다.

⑥ 철분(Fe)

㉮ 혈액 생성 시 필수적인 영양소로 헤모글로빈의 구성성분이다.

㉯ 골수에서 조혈작용을 도와주고, 효소의 구성성분, 면역기능 유지에 관여한다.

㉰ 식품으로는 육류, 간, 난황, 녹색채소 등의 식품에 함유되어 있다.

㉱ 결핍증으로는 영양(철분)결핍성빈혈, 식욕부진, 신체허약, 어린이 성장장애 등이 있다.

⑦ 불소(F)

㉮ 충치예방 및 골다공증 방지에 기여한다.

㉯ 식품으로는 해조류, 어류, 자연수 등의 식품에 함유되어 있다.

㉰ 결핍증으로는 골격과 치아의 충치, 우치 등의 발생우려가 있다.

㉱ 과잉증으로 반상치가 있다.

⑧ 요오드(I)

㉮ 갑상선 호르몬의 필수적 요소로서, 기초대사를 촉진하고 지능발달과 유즙 분비에 관여한다.

㉯ 식품으로는 미역, 김, 다시마 등의 해조류와 요오드 강화 식염 등의 식품에 함유되어 있다.

㉰ 결핍증으로는 갑상선기능저하증(항진증), 성장과 지능의 발달 부진(크레틴증) 등이 있다.

＊산성 및 알칼리성 식품

① 산성 식품 : P, S, Cl 등의 무기질을 함유한 식품으로 주로 곡류, 어류, 육류 식품 등이 해당된다.

② 알칼리성 식품 : K, Ca, Na, Mg, Fe 등의 무기질을 함유한 식품으로 주로 과일류, 채소류, 해조류, 우유 등이 해당된다.

Tip 우유는 동물성 식품이지만 Ca함량이 많아 알칼리성 식품으로 구분한다.

6 비타민

1) 특징

세포 내에서 특수한 대사기능을 수행하기 위해서 미량을 필요로 하는 유기물질이며, 체내 세포가 합성하지 못하기 때문에 반드시 식품이나 경우에 따라 비타민 제제로 섭취하여야 한다. 단, 적당한 전구체가 있거나 외부 환경조건이 적합하면 니아신, 비타민 A, 비타민 D는 합성할 수 있다. 체내 결핍 시 영양장애가 올 수 있으나, 에너지를 발생하거나 신체구성 물질로 사용되지 않는다.

2) 기능

① 열량소의 에너지 발산과정에서 촉진작용을 한다.

② 신체의 기능을 촉진한다. 그러나 한 가지만 부족해도 기능은 장해를 받게 된다.

③ 체내의 생화학반응을 촉진한다.

3) 분류

구분	지용성 비타민	수용성 비타민
종류	A, D, E, K, F	비타민 B군(B_1, B_2, B_6, B_{12} 등), C, P
특징	• 기름에 의하여 용해되며 기름과 함께 섭취하였을 때 흡수율이 증가한다. • 체내에 저장된다. • 결핍증이 서서히 나타난다. • 매일 식사를 통해 공급할 필요가 없다.	• 물에 의해 용해된다. • 체내에 저장되지 않는다. • 결핍증이 바로 나타난다. • 매일 식사를 통해 공급해야 한다.

비타민의 일반적인 성질은 크게 지용성 비타민(A, D, E, K, F), 즉 기름과 기름용매에 녹으며, 필요량 이상 섭취하면 체내의 간에 저장되어 체외로는 쉽게 방출되지 않는다. 결핍증세는 서서히 나타나며, 식사에 매일 공급할 필요는 없다. 수용성 비타민(B₁, B₂, B₆, B₁₂, 니아신, C)은 물에 용해되며, 필요량 이상 섭취하면 소변으로 쉽게 배설된다. 결핍증세는 비교적 빨리 나타나며, 필요량을 매일 공급해야 한다.

① **지용성 비타민**: 기름과 기름용매에 녹으며, 과잉 시 체외로 쉽게 방출되지 않는다.

비타민 종류	특성	급원식품	결핍증
비타민 A (레티놀)	상피세포를 보호하고, 눈의 작용을 좋게 함	간, 난황, 시금치, 당근 등	야맹증, 안구건조증
비타민 D (칼시페롤)	뼈 성장에 필수 자외선에 의해 인체 내에서 만들어짐 칼슘흡수를 촉진 전구물질 : 콜레스테롤, 에르고스테롤 등	건조식품 (버섯류, 생선류) 등	구루병, 발육부진
비타민 E (토코페롤)	천연항산화제로 불포화지방산에 대한 항산화 효과	곡물의 배아, 식물성유 등	노화촉진, 불임증
비타민 K (필로퀴논)	혈액응고에 관여 장내 세균에 의해 합성되기도 하나 양이 적음	녹황색 채소 등	혈액응고 지연
비타민 F	필수지방산(리놀레산, 리놀렌산, 아라키돈산)	식물성유	피부건조 및 피부염

Tip **칼슘 흡수방해** : 옥살산(수산)으로 신장에서 칼슘과 결합하여 결석을 만든다.

② **수용성 비타민**: 물에는 용해되나 유지에는 용해되지 않는다. 축적성이 적어 매일 섭취해야 하며, 결핍증세가 비교적 빨리 나타난다.

비타민 종류	특성	급원식품	결핍증
비타민 B₁ (티아민)	탄수화물 대사 작용에 필수적임 (포도당 소화에 필수) 마늘의 알리신에 의해 흡수 촉진	돼지고기, 곡류의 배아	각기병
비타민 B₂ (리보플라빈)	성장촉진, 피부나 점막을 보호	우유, 달걀, 간 등	설염, 구순구각염

비타민 종류	특성	급원식품	결핍증
니아신 (니코틴산)	세포의 정상적인 현상을 유지 필수아미노산인 트립토판으로 나 이아신 생성	간, 육류, 어류 등	펠라그라피부염
비타민 B₁₂ (코발라민)	Co와 P를 함유	간, 살코기, 내장 등	악성빈혈
비타민 C (아스코르브산)	산화가 잘되어 쉽게 파괴되므로 조리 시 손실이 가장 큰 비타민	채소류 등	괴혈병

Tip 아스코르비나아제(ascorbinase) : 비타민 C 파괴효소로 당근, 호박 등에 함유되어 있으며, 비타민 C가 풍부한 무와 섞어서 방치하면 비타민 C가 많이 파괴된다.

7 식품의 색

1) 식물성 색소

클로로필 (Chlorophyll)	엽록소로 일반 녹색채소의 색. Mg(마그네슘 함유) 산 : 녹황색(페오피틴)으로 색 변화 알칼리(소다, 중조 첨가) : 진한 녹색으로 변화
플라보노이드 (flavonoid)	연한 황색으로 주로 밀가루, 우엉, 연근, 옥수수, 무 등에 함유 산 : 흰색 유지 알칼리(소다, 중조 첨가) : 알칼리에 불안정하여 진한 황색으로 변화
안토시안 (anthocyan)	적색양배추(적채), 비트에 함유되어 있으며, 꽃, 과일 등의 적색, 자색 색소 산성 : 적색, 중성 : 자색(보라색), 알칼리성 : 청색
카로티노이드 (carotinoid)	적색, 등황색, 주황색 : 당근, 늙은 호박, 토마토, 수박의 색 • 성질 : 산이나 알칼리에 의해 변화되지 않으나 광선에 민감하다.

Tip 녹색채소를 데치면 색이 더욱 선명해지는 이유
- 가열 초기에 chlorophylase의 작용으로 chlorophylide가 생성되기 때문이다.
- 세포간이나 세포와 표피 사이에 존재하던 공기가 가열에 의해 빠져나가게 되어 밀착돼 있던 색소가 유출되기 때문이다(조직에서 공기가 제거되었기 때문).

Tip 녹색채소에 1%의 소금을 넣고 뚜껑을 열고 단시간에 데치는 이유
- 채소의 세포액과 농도를 같게 하여 수용성 성분의 용출을 적게 하기 위함이다.
- 뚜껑을 덮지 않고 식품이 함유한 유기산을 휘발시켜 클로로필의 변색을 방지하고 떫은맛을 제거하기 위함이다.

Tip 빵이 진한 황색을 띠는 이유는 밀가루 속의 플라본색소가 알칼리에 의해 변색했기 때문이다.

Tip 생강을 식초(산)에 절이면 적색으로 변하는 이유와 가지를 삶을 때 백반을 넣으면 자색(보라색)으로 변하는 이유 : 안토시안색소 때문이다.

2) 동물성 색소

미오글로빈	육류의 근육 속에 함유되어 있는 적자색 색소로 철분(Fe) 함유 *옥시미오글로빈 : 공기 중의 산소와 결합하여 적색으로 변화 메트미오글로빈 : 가열하면 갈색(회갈색)으로 변화 니트로소미오글로빈 : 발색제와 결합하면 선명한 적색으로 변화
헤모글로빈	동물의 혈액 속에 함유된 혈색소(적색)로 철분(Fe)을 함유하고 있으며, 인체 내에서 산소를 운반한다.
아스타산틴 (카로티노이드계)	갑각류의 껍질색이며, 익혔을 때 붉은색으로 변한다.
헤모시아닌	오징어, 문어 등의 연체류에 들어 있는 색소로 익혔을 때 적자색으로 변한다.

Tip 멜라닌 : 오징어 먹물, 사람의 피부에 들어 있는 색소

8 식품의 갈변

1) 효소적 갈변

감자(Tyrosinase), 사과, 복숭아, 바나나(Polyphenoloxidase) 등을 실내에 방치하면 효소에 의해 갈색으로 바뀌는 현상을 말한다.

Tip 감자에 있는 티로신(tyrosine)이 티로시나아제(tyrosinase)효소에 의해 산화되어 갈색 색소인 멜라닌을 형성하여 갈변

2) 갈변현상을 방지하는 방법

① **열처리** : 열은 효소활동을 억제 또는 파괴하므로 데치기(블랜칭 : Blanching) 등에 의해 채소의 갈변을 방지

② **진공처리** : 산소를 제거하고, 질소나 이산화탄산가스 주입으로 갈변 방지

③ **산 이용** : 효소의 최적활동을 방지할 수 있도록 pH를 3 이하로 낮춤

④ 금속 사용금지 : 구리나 철로 된 기구의 사용을 금지하여 갈변을 방지

⑤ 당 또는 염류 이용 : 당(설탕물)이나 염(소금물)류에 담가 보관함으로써 갈변 방지

⑥ 온도를 -10℃ 이하로 낮춰 효소의 작용 억제

3) 비효소적 갈변(당류와 단백질 반응에 의해 일어남)

① 아미노카보닐반응(Maillard 반응 = 마이야르 반응) : 식빵, 간장, 된장에서 일어나는 갈변현상

② 캐러멜 반응(Caramel) : 설탕을 160~180℃ 이상으로 가열하면 갈색으로 변하는 현상으로 간장, 소스, 합성청주 등의 가공에 이용된다.

③ 아스코르브산반응(Ascorbic) : 오렌지주스와 그 농축물에서 일어나는 갈변현상

9 식품의 맛과 냄새

1) 식품의 맛

식품의 맛은 상호 간에 적미성분의 상승작용, 억제작용, 맛의 대비, 식품의 온도 등의 여러 가지 조건과 먹는 사람의 기호에 따라 결정된다.

(1) 식품의 기본적인 맛

Henning이 분류한 4원미에는 단맛, 쓴맛, 신맛, 짠맛이 있다.

신맛과 쓴맛은 취미의 맛이라고도 하며, 단맛과 짠맛은 생리적으로 요구되는 맛으로 알려져 있다.

① 단맛(sweet taste) → 당도가 50% 이상 되면 저장성이 있다.
- 포도당 : 과일, 벌꿀, 산화당엿
- 과당 : 과일, 벌꿀
- 맥아당 : 물엿, 엿기름
- 유당(젖당) : 우유, 산양유, 모유

- 자당 : 설탕
- 만니트 : 해조류

② **신맛(sour taste)** : 해리된 수소의 맛 → 어떤 물질이 해리되어 수소이온(H^+)을 방출해서 그것이 미뢰에 접촉함으로써 신맛을 느끼게 한다.

- 식초산 : 식초
- 주석산 : 포도
- 구연산 : 살구, 감귤류
- 사과산 : 사과, 배
- 젖산(유산) : 유산음료, 요구르트
- 낙산 : 버터, 치즈
- 아스코르브산(vit C) : 과일, 채소류

③ **짠맛(saline taste)**

- 염화나트륨(NaCl), 염화칼륨(KCl) 등

④ **쓴맛(bitter taste)**

- 카페인 : 커피, 초콜릿
- 테인 : 차
- 호프 : 맥주
- 테오브로마인(theobromine) : 코코아
- 헤스페리딘(hesperidin)·나린진(naringin) : 귤 껍질
- 퀘르세틴(quercetin) : 양파 껍질
- 쿠쿠르비타신(cucurbitacin) : 오이꼭지

(2) 기타의 맛

① **맛난맛** : 최근 단맛, 쓴맛, 신맛, 짠맛과 함께 맛의 5미로 불리고 있으며 감칠맛이라고도 함(고기 국물에 다량 함유)

- 이노신산 : 육류, 생선, 멸치, 말린 가다랑어(가쓰오부시)
- 글루타민산 : 다시마, 된장, 간장
- 구아닌산 : 표고버섯

- 시스테인, 리신 : 어류, 육류
- 글리신 : 김
- 호박산 : 조개류

② **매운맛** : 음식 맛에 긴장감과 식욕을 높이고, 살균, 살충 효과가 있음
- 매운맛은 미각신경을 강하게 자극할 때 형성되는 감각으로 미각이 아닌 통각으로 분류함
- 고추의 매운맛은 고추 속에 함유되어 있는 캡사이신에 의한 것임

③ **아린맛** : 쓴맛에 떫은맛을 섞은 것 같은 불쾌한 맛
- 식품의 조리 시 냉수에 침수시키면 수용성의 아린맛을 제거할 수 있음
- 토란, 가지, 고사리, 고비, 우엉, 죽순 등이 있음

④ **떫은맛** : 불쾌맛으로서 단백질의 응고작용으로 일어나며, 미숙한 과일에서 경험할 수 있다.
- 떫은맛은 tannin류의 성분 때문임

(3) 혀의 미각

① 혀의 미각은 체온에 가까운 약 30℃ 전후에서 가장 예민하며, 온도 상승에 따라 매운맛은 증가하고, 온도 저하에 따라 쓴맛은 급격하게 감소된다.

＊맛을 느끼는 최적온도
- 단맛 : 20~50℃   - 신맛 : 25~50℃   - 짠맛 : 30~40℃
- 매운맛 : 50~60℃   - 쓴맛 : 40~50℃

---

(4) 맛의 현상

① **맛의 대비현상(강화현상)** : 서로 다른 맛성분이 몇 가지 혼합되었을 경우, 주된 맛성분이 증가하는 현상을 말한다.

예) 팥죽을 만들 때 설탕에 소량의 소금을 넣으면 단맛이 증가하고, 소금물에 유기산(구연산, 젖산 등)을 넣으면 짠맛이 증가한다.

② **맛의 억제현상** : 서로 다른 맛성분이 몇 가지 혼합되었을 경우, 주된 맛성분이 약화되

는 것을 말한다.

> 예) 커피에 설탕을 섞으면 쓴맛이 단맛에 의해 억제되고, 신맛이 강한 과일에 설탕을 섞으면 신맛이 억제된다.

③ **맛의 변조현상**: 한 가지 맛에 의해 다른 식품의 맛이 본래의 맛이 아닌 다른 맛을 느끼게 되는 현상을 말한다.

> 예) 설탕을 맛본 직후 물을 마시면 신맛이나 쓴맛이 난다거나, 오징어를 먹은 직후에 식초나 밀감을 먹으면 쓴맛을 느끼게 된다거나, 쓴 약을 먹은 직후에 물을 마시면 달게 느껴진다.

④ **맛의 상쇄**: 2가지 맛성분을 혼합함으로써 각각의 고유한 맛을 나타내지 못하고 약해지거나 없어지는 현상을 말한다.

> 예) 간장이나 된장에는 소금이 많이 들어 있으나, 맛난맛과 상쇄되어 짠맛이 약해진다. 그 외에도 김치맛은 짠맛과 신맛이 상쇄되어 조화된 맛이다.

⑤ **미맹현상**: PTC(phenylthiocarbamide)라는 물질에 대해 쓴맛을 못 느끼는 현상을 말한다.

⑥ **순응현상(피로현상)**: 동일한 음식의 맛을 계속 보면 혀의 미각기관이 둔화되어 맛을 알 수 없게 되거나 다르게 느끼는 현상

2) 식품의 냄새

식품의 냄새는 음식의 기호에 영향을 주는데, 쾌감을 주는 것을 향(香; odor)이라 하고 불쾌감을 주는 것을 취(臭; stink)라 한다.

① 식물성 식품의 냄새
- 알코올 및 알데히드류 : 주류, 감자, 찻잎, 복숭아, 오이 등
- 에스테르류 : 과일류
- 테르펜류 : 녹차, 찻잎, 레몬 등
- 유황화합물 : 마늘, 양파, 부추, 무, 파 등

② 동물성 식품의 냄새
- 카보닐화합물 및 지방산류 : 우유, 버터, 치즈, 유제품 등
- 아민류, 암모니아류 : 육류, 어류 등

3) 식품의 특수성분

① **생선 비린내** : 트리메틸아민(trimethylamine)

② **참기름** : 세사몰(sesamol) *천연항산화제

③ **마늘** : 알리신(allicin)

④ **고추** : 캡사이신(capsaicin)

⑤ **생강** : 진저롤(gingerol), 쇼가올(shogaol)

⑥ **후추** : 캬비신(chavicine), 피페린(piperine)

⑦ **겨자** : 시니그린(sinigrin)

⑧ **와사비** : 알릴이소티오시아네이트(allyl isothiocyanate)

🔟 식품의 물성

액체 또는 고체의 식품에 힘을 가하면 그 식품이 가지고 있는 구조나 성질에 의하여 유동하거나 변형되는 것을 의미한다.

① **점성** : 액체가 흐르는 정도를 나타내는 성질로 외부의 힘에 대한 저항을 의미한다.
   예) 물과 꿀의 점성 차이

② **탄성** : 외부 힘에 의하여 변형을 받고 있는 물체가 원래의 형태로 돌아가려는 성질을 탄성이라 한다.
   예) 젤리 등

③ **가소성** : 외부의 힘에 의해 변형된 물질이 변형된 후 외부 힘을 제거해도 원래의 형태대로 돌아가지 않는 성질
   예) 버터, 쇼트닝, 마가린 등

④ **점탄성** : 점성과 탄성의 성격을 동시에 보이는 것
   예) 껌, 밀가루반죽 등

⑤ **졸(Sol)** : 분산매가 액체이고, 분산질이 고체로 유동성이 있는 상태로 된장국, 수프, 소

스 등이 있다.

⑥ **겔(Gel)** : 졸이 냉각에 의하여 응고되거나 반고체화된 상태를 의미하고, 대표적으로 젤리, 묵, 두부, 양갱 등이 있다.

⑦ **현탁액** : 용해되지 않은 작은 알갱이들이 액체 속에 퍼져 있는 혼합물을 의미하고, 대표적으로 탕수육 소스를 들 수 있다.

11 식품의 유독성분

① **안티트립신** : 날콩 속에는 인체 내 트립신의 분비를 억제하는 안티트립신(Trypsin Inhibitor)이 함유되어 있지만 가열하면 파괴된다.

② **아미그달린** : 청매(어린 매실), 은행종자, 오색두, 미얀마콩 등에는 청산을 생성하는 아미그달린이 함유되어 있다.

③ **솔라닌** : 감자의 발아한 부분과 녹색부분에 함유되어 있는 독소로 예방하려면 녹색부위를 제거한 뒤에 섭취하고, 서늘한 곳에 보관한다.

④ **셉신** : 부패감자에서 생성되는 물질

⑤ **고시폴** : 목화씨(면실유)의 독성물질로 천연항산화제 성분이기도 하다.

⑥ **시큐톡신** : 독미나리의 유독물질

⑦ **테트로도톡신** : 복어의 독성물질로, 난소, 간, 내장, 피부 순으로 함유되어 있으며, 5~6월 산란기에 함량이 가장 많고, 치사율(60%)이 높다. 물에 녹지 않고 열에 안정하여 가열해도 파괴되지 않는 독소로 전문가(복어자격증 소지)만이 다룰 수 있다.

⑧ **베네루핀** : 모시조개, 굴, 바지락, 고동 등의 유독성분으로 유독플랑크톤을 섭취한 조개류에서 검출된다.

⑨ **삭시톡신** : 섭조개, 홍합, 대합 등의 유독성분으로 유독플랑크톤을 섭취한 조개류에서 검출된다.

⑩ **니트로소화합물(N-니트로소아민)** : 육가공품의 발색제 사용으로 인한 아질산과 아민의 반응 생성물로서 발암물질이다.

⑪ **다방향족탄화수소(PAH)** : 유기물을 고온으로 가열할 때 생성되는 단백질이나 지방의

분해생성물로 벤조피렌을 생성하며 육류의 직화구이나 훈연 중에 발생하는 발암물질
이다.

⑫ **아크릴아미드** : 전분식품 가열 시 아미노산과 당의 열에 의한 결합반응 생성물이다.

⑬ **에틸카바메이트** : 주류 제조 시 에탄올과 카바밀기의 반응에 의한 생성물이다.

⑭ **헤테로고리아민류** : 단백질이나 아미노산의 열분해에 의해 생성되는 물질이다.

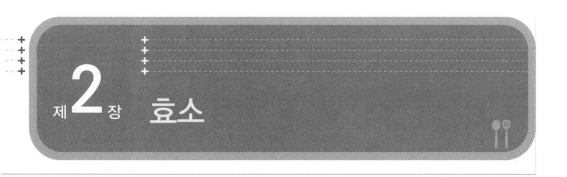

제**2**장 효소

1 식품과 효소

1) 효소와 소화

음식물이 소화기관을 통과하는 사이에 여러 가지 소화액이 분비되어 소화액 내의 효소에 의해 영양소들이 흡수되기 쉬운 상태로 분해되는 것을 소화라 한다.

소화에는 기계적인 소화와 화학적인 소화가 있으며 소화작용을 하는 기관으로는 입·위·소장·대장 등이 있다.

① 입에서의 소화효소(타액)

  ㉮ 프티알린 : 전분 → 맥아당으로 분해

  ㉯ 뮤신(mucin)의 점액에 의해 음식물을 삼키기 좋게 만든다.

② 위에서의 소화효소(위액)

  ㉮ 펩신 : 단백질 → 펩톤으로 분해

  ㉯ 레닌(rennin) : 우유 → 응고(치즈)

  ㉰ 리파아제 : 지방 → 지방산 + 글리세롤로 분해

  Tip 레닌 : 성인에게는 없으며, 젖먹이 소와 송아지의 위에 있는 효소

③ 장에서의 소화효소(췌액과 장액)

  ㉮ 췌액

    ㉠ 아밀롭신 : 전분 → 맥아당으로 분해

    ㉡ 트립신 : 단백질과 펩톤 → 아미노산으로 분해

ⓒ 스테압신 : 지방 → 지방 + 글리세롤로 분해

ⓔ 에렙신 : 단백질과 펩톤 → 아미노산으로 분해

ⓑ 장액

　　㉠ 에렙신 : 단백질과 펩톤 → 아미노산으로 분해

　　㉡ 수크라아제 : 자당(설탕, 서당, 수크로오스) → 포도당 + 과당으로 분해

　　㉢ 말타아제 : 맥아당(엿당, 말토오스) → 포도당 + 포도당으로 분해

　　㉣ 락타아제 : 젖당(유당, 락토오스) → 포도당 + 갈락토오스로 분해

　　㉤ 리파아제 : 지방 → 지방산 + 글리세롤로 분해

2) 흡수

소화된 음식물이 작은 영양소의 단위로 분해되어 각 기관에 의해 체내로 흡입하여 이용되는 것을 흡수라고 한다.

① **열량소의 흡수** : 열량소는 각기 분해과정을 마친 후, 작은창자(소장) 벽의 융모를 통해 대부분 흡수된다.

② **수용성 영양소** : 포도당, 아미노산, 글리세롤, 수용성 비타민 및 무기류는 융모의 모세관으로 흡수된다.

③ **지용성 영양소** : 지방산과 지용성 비타민은 융모의 림프관으로 흡수된다.

④ **물은 대장에서 흡수된다** : 대장에서는 소화효소가 분비되지 않고, 장내 세균에 의해 섬유소만 분해된다.

3) 담즙

담즙은 간에서 생성되어 이자에 저장되었다가 분비되며, 지방의 유화작용과 인체 내의 해독작용도 한다.

＊**탄수화물 분해효소** : 프티알린, 말타아제, 아밀라아제, 아밀롭신
＊**단백질 분해효소** : 펩신, 트립신
＊**지방 분해효소** : 리파아제, 스테압신
＊**인슐린** : 당의 분해

1 영양소의 기능 및 영양소 섭취기준

1) 식품의 성분
- 일반성분 : 수분·고형물·유기물·무기물·비타민 등
- 특수성분 : 색·향·맛·효소·유독성분 등

2) 식품에 존재하는 영양소 및 수분의 체내 역할

① **열량 영양소(열량소)** : 신체의 활동에 필요한 에너지를 공급하는 영양소로 체온유지, 생명유지, 활동에너지에 주로 쓰인다. – 탄수화물(4kcal), 단백질(4kcal), 지방(9kcal)

② **구성 영양소(구성소)** : 신체의 발육을 위해 신체의 조직 및 호르몬을 만드는 성분을 공급하는 영양소이다. – 단백질, 무기질 등

③ **조절 영양소(조절소)** : 체내의 생리작용을 조절하는 영양소이다. – 비타민류, 무기질 등

④ 이외에 수분(물)은 인간 체중의 2/3를 차지하고 영양소와 노폐물의 운반, 체온조절, 체내로부터의 모든 분비액의 주성분이 된다. 또한 체내 삼투압의 조절, 화학반응의 촉매 역할을 한다.

> **Tip** **3대 영양소** : 탄수화물, 지방, 단백질
> **5대 영양소** : 탄수화물, 지방, 단백질, 무기질, 비타민

3) 식품의 구비조건

식품은 사람에게 필요한 영양소를 공급하여 신체의 성장 및 대사에 필요한 영양을 공급하는 데 목적이 있으므로 ① 영양성, ② 안전성(위생), ③ 기호성, ④ 경제성의 조건을 갖추어야 한다.

4) 기초식품군

균형 잡힌 식생활을 위하여 영양소의 종류에 따른 섭취식품들을 구분하여 6가지 기초식품군을 정하고 있다.

① **곡류** : 탄수화물

② **고기, 생선, 달걀, 콩류** : 단백질

③ **채소류** : 비타민 및 무기질

④ **과일류** : 비타민 및 무기질

⑤ **우유 및 유제품** : 칼슘 및 무기질, 단백질

⑥ **유지 및 당류** : 지방 및 당질

> **Tip** **6가지 기초식품군 섭취비율** : 곡류 〉 채소류 〉 고기, 생선, 달걀, 콩류 〉 우유, 유제품류 〉 과일류 〉 유지, 당류

5) 식물성 식품

① **곡류(穀類)** : 탄수화물의 함량이 많고 수분과 단백질의 함량이 적어 비교적 장기간 저장할 수 있는 식품이라는 특징이 있다. 쌀, 맥류(보리, 밀), 잡곡류(조, 수수, 옥수수) 등이 이에 속한다.

② **두류(豆類)** : 단백질과 지방을 비교적 다량 함유하고 있으며, 칼륨, 인, 비타민 B 그룹의 영양소 및 리신(lysine) 함량이 많고, 칼슘 함량이 적다. 콩, 팥, 녹두, 완두, 강낭콩 등이 이에 속한다.

③ **감자류** : 전분과 수분의 함량이 많아, 장기 보관이 어려운 특징을 갖고 있다. 특히 비타민 C는 가열 시 손실량이 10~20%로 비교적 열에 안정하다. 고구마, 감자, 토란, 곤약 등이 이에 속한다.

④ **근채류(根菜類)** : 감자류를 제외한 뿌리에 해당하는 채소를 말한다. 무, 당근, 우엉, 연근 등이 이에 속한다.

⑤ **엽채류(葉菜類)** : 푸른 잎채소에 해당되며, 엽록소와 섬유질이 다량 함유되어 있다. 비타민 C가 특히 많고 칼륨, 칼슘이 많으며 알칼리성 식품이다. 배추, 양배추, 시금치, 셀러리 등이 이에 속한다.

⑥ **과실류(果實類)** : 사과산, 주석산, 구연산 등과 함께 비타민 C를 다량 함유하고 있어 상큼하고 달콤한 맛을 내는 특징이 있다. 대부분의 과일 등이 이에 속한다.

⑦ **과채류(果菜類)** : 채소의 열매를 식용하는 것으로 호박, 수박, 참외, 오이, 토마토, 가지 등이 이에 속한다.

⑧ **해조류(海藻類)** : 요오드(옥소)를 많이 함유한, 해양에 분포한 식용식물로 김, 미역, 다시마, 한천 등이 여기에 속하며, 부족 시 갑상선종을 유발할 수 있다.

⑨ **버섯류** : 칼륨이 가장 많고 섬유소도 많으며, 특이한 향미로 식욕을 증진시킨다.

⑩ **화채류** : 채소 중에서 꽃봉오리, 꽃잎 등을 식용으로 하는 것. 브로콜리, 콜리플라워 등이 이에 속한다.

6) 동물성 식품

① **육류** : 단백질이 주성분으로 고형물이 80%를 이루며, 당질은 주로 글리코겐으로 생육 중 0.5~1.0% 이하가 함유되어 있다. 가축류(소, 돼지, 양, 토끼 등)와 가금류(닭, 오리, 칠면조, 타조 등)가 이에 속한다.

② **어패류** : 결합조직과 육질의 함량은 수조육에 비해 적지만 엘라스틴은 콜라겐보다 많은 편이다. 해수어, 담수어, 갑각류, 연체동물 등이 이에 속한다.

③ **우유** : 영양소의 균형이 우수하며 특히 단백질과 칼슘의 공급원이다. 수분은 80% 이상이고, pH는 6.6이며 특히 무기질 중 칼슘 공급원으로 좋으며, 소화흡수율도 좋다.

④ **알류** : 단일식품으로 영양가가 매우 우수한 완전단백질식품에 속한다.

7) 유지류 식품

유지류는 상온에서 액체상태인 것을 유(油, oil)라 하고, 반대로 상온에서 고체상태인 것을 지(脂, fat)라 하며, 이 두 가지를 총칭하여 유지류 및 유지성 식품이라 한다.

(1) 식물성 유지

① **식물성 기름(油, oil)** : 상온에서 액체

㉮ 건성유(불포화도가 높은 지방산을 많이 가지고 있고 공기 중에 방치하면 단단해지는 기름) : 요오드가 130 이상
- 들기름, 아마인유, 호두유, 잣유 등

㉯ 반건성유 : 요오드가 100~130
- 콩기름, 고추씨유, 해바라기씨유, 면실유 등

㉰ 불건성유(포화지방산을 많이 가지고 있으며, 공기 중에 방치해도 건조해지지 않는 기름. 산소와 화합하지 않음) : 요오드가 100 이하
- 낙화생유(땅콩기름), 동백기름, 올리브유 등
- 식물성 지방(脂, fat) : 상온에서 고체(야자유, 코코아유, 팜유 등)

✽요오드가 : 유지 100g에 흡수되는 요오드의 g수

✽유지 품질 : 유리지방산이 좌우하며 유리지방산이 적을수록 품질이 좋음

✽산가 : 유지 1g 중의 유리지방산을 중화시키는 데 필요한 KOH의 mg수
 - 구리나 철로 된 용기에 넣어 끓이거나 산화촉진제인 망간, 철 등의 화합물을 가하면 산화가 촉진됨

✽필수지방산(비타민 F) : 체내에서 합성되지 않기 때문에 반드시 외부에서 음식물 형태로 섭취 → 불포화도가 높고, 신체의 성장 유지 및 생리적 과정의 정상적인 기능에 필요하며, 항피부병 인자로 특히 대두유에 많이 들어 있음

✽불포화지방산과 포화지방산의 구분
 - 이중결합(○) : 불포화지방산
 - 이중결합(×) : 포화지방산

---

(2) 동물성 유지

① 소의 지방(우지), 돼지의 지방(라드), 버터 등

(3) 가공유지(경화유) : 마가린, 쇼트닝

① 불포화지방산에 수소(H)를 첨가하여 포화지방산으로 만든 고체형의 기름 → 촉매제로는 니켈(Ni), 백금(Pt)이 있음

✽마가린과 쇼트닝
- 마가린 : 식물성 및 동물성 기름을 이용하여, 유화제인 레시틴을 첨가하여, 소금, 비타민, 베타카로틴(착색제)으로 25~35℃(원료유의 융점 온도)에서 유화시킨 것
  또는 식용유에 물을 넣은 후 식품이나 첨가물 등을 혼합하여 유화, 급랭, 연화하여 만든 고체상의 가공유지를 말하며, 일명 인조버터, 버터의 모조품이라고도 함
- 쇼트닝 : 제조 시 유지에 10~15%의 질소가스를 갖게 하여 가소성을 좋게 하며, 제품에 잘 부서지는 성질을 주어 촉감을 좋게 하고, 공기를 동반하여 조직을 좋게 함

8) 조미료 및 기호식품

영양소는 거의 없고 식품에 색, 냄새, 맛을 부여하고 식욕을 높이는 식품이다.

① **양조 조미료** : 세균, 효모, 곰팡이 등의 미생물을 배양시켜 이에 분비되는 효소의 작용을 이용하여 제조한 조미료를 말한다. 된장, 간장, 고추장, 식초 등이 해당된다.

② **화학조미료** : 화학적인 방법으로 조미료를 가공 및 제조한 것이다. 글루타민산나트륨, 이노신산나트륨, 사카린 등이 있다.

③ **천연조미료** : 천연의 재료를 이용하여 물리적인 방법으로 조미료를 가공 및 제조한 것이다. 설탕, 소금 등이 있다.

④ **알코올음료(1g당 7kcal)** : 주정이라 불리는 에탄올이 음용 알코올이다. 소주, 맥주, 위스키, 과실주 등이 있다.

⑤ **기호음료** : 식용 가능한 차(녹차, 홍차, 커피)와 청량음료(주스, 사이다, 콜라) 등의 기호에 따라 마실 수 있는 음료가 여기에 속한다.

2 식단작성

1) 식단작성의 의의

① 합리적인 영양섭취와 기호의 만족
② 바람직한 식습관 형성
③ 식품비의 조절 또는 절약

④ 시간과 노력 절약

• 식단작성 시 고려할 점 : 영양면, 경제면, 기호면, 능률면 등

2) 표준 식단작성의 순서

① **영양기준량의 산출** : 한국인 영양권장량을 기준으로 성별, 연령별, 노동강도에 따른 피급식자의 영양필요량을 산출

② **섭취식품량의 산출** : 식사구성안의 식품군 6가지를 기준으로 식품의 종류와 양을 산출

③ **3식의 배분 결정** : 주식의 단위는 1 : 1 : 1로 하고, 부식의 단위는 1 : 1 : 2(또는 3 : 4 : 5) 로 하여 요리 수 계획을 수립

④ **음식 수 및 요리명 결정** : 음식의 수와 섭취식품량을 고려하여 조리법을 결정

⑤ **식단작성 주기 결정** : 1개월, 10일, 1주일, 5일(학교급식) 등으로 식단작성 주기를 결정. 계절에 따라 식단메뉴 약간 변경

⑥ **식품배분 계획서** : 성인 남자 1인 1일 식사 구성량에 평균성인 환산치와 날짜를 곱하 여 식품량을 계산

⑦ **식단표 작성** : 요리명, 식품명, 중량, 대체식품, 단가 등을 잘 확인

제**4**장　저장관리

1 식품의 변질과 보존

1) 식품의 변질

① **부패** : 단백질 식품이 혐기성 세균에 의해 증식한 생물학적 요인에 의하여 분해되어 악취와 유해물질(NH_3, amine, 페놀, 황화수소, 트리메틸아민 등)이 생성되는 현상을 의미한다.

　• 후란(朽爛) : 단백질 식품이 호기성 세균에 의해 분해되는 것(무해)

② **변패** : 탄수화물 식품이 미생물에 의해 맛과 냄새가 변화되는 현상을 말한다.

③ **산패** : 지방이 산화되어 악취나 변색현상이 발생한다(유지를 방치하면 공기와 접촉하여 과산화물을 생성하여 향기, 색깔, 맛에 변화가 생겨 식용에 적합하지 못한 상태가 됨).

④ **발효** : 식품 중에 탄수화물이 미생물의 작용으로 분해되어 부패산물로 여러 가지 유기산 또는 알코올 등 사람에게 유익한 물질로 변화되는 현상을 말한다.

---

① 대장균 검사(E. coli) : 음식물, 물의 병원성 미생물 오염여부 판정. 분변오염의 지표
② 생균 수 검사의 목적 : 식품의 신선도 판정
　- 정상 : 식품 1g당 일반세균의 수가 10^5
　- 식품의 초기부패 : 식품 1g당 일반세균의 수가 $10^7{\sim}10^8$
　- 식품의 완전부패 : 식품 1g당 일반세균의 수가 $15{\times}10^8$
③ 식품의 세균학적 검사 시 검사의 채취량 : 고형물 200g 이상, 액체 200ml 이상

④ 식품 변질의 판정법
 - 휘발성 염기질소 : 30~40mg%(초기부패의 농도)
 - 히스타민 : 어육 중 4~100mg%(알레르기성 식중독을 일으키는 농도)
 ※ 식품이 부패해도 변하지 않는 것 : 형태(맛, 색, 냄새는 변함)

2) 식품의 보존 목적

① 부패, 변패, 산패 등으로 인한 식품의 변질을 줄일 수 있다.
② 신선한 양질의 원래 영양가를 그대로 유지시킬 수 있다.
③ 유통이 편리하여 생산되지 않는 지방과 계절에도 섭취가 가능하다.
④ 변질식품의 섭취로 인한 식중독을 예방할 수 있다.

3) 보존법의 종류

① 물리적 보존법

㉮ 건조법 : 일광건조(해산물, 건어물), 직화건조(배건법＝보리차, 커피, 잎담배), 냉동건조(한천, 당면), 분무건조(분유) 등의 방법으로 미생물 번식이 불가능하도록 수분을 최소화하는 방법이다.

• 직화건조 : 식품을 직접 불로 건조시키는 방법(장작 연기에 향기물질과 항산화물질이 있어서 독특한 향기를 내고, 유지의 산화가 방지됨)
• 수분 15% 이하 : 세균 번식이 어려운 수분의 범위
• 곰팡이 13% 이하 : 증식을 발육 억제할 수 있는 수분의 범위

㉯ 냉장법 : 일반적으로 10℃ 이하(0~4℃)의 생육온도보다 낮은 온도에서 활동이 불가능하도록 하여, 번식을 막을 수 있다. 움저장법(감자, 고구마), 냉장법(채소, 과일, 육류) 등이 있다.

• 움저장법(구덩이를 파고 짚단으로 입구를 조절하며, 대략 10℃ 정도에서 감자, 고구마, 채소 등을 저장하는 방법. 단, 바나나, 레몬, 파인애플, 토마토는 움 저장이 필요 없음).

㉰ 냉동법 : -40℃의 온도에서 급속냉동 후 -20℃의 저온에서 냉동 보존하여 미생물의 발육을 완전 차단하는 방법이다. 육류 및 어패류 등의 장기간 보존법에 사

용된다.

　㉱ 가열법 : 가열을 통해 미생물을 사멸시키는 방법으로 우유, 과즙, 통조림 등의 보존

　　에 이용된다.

　㉲ 조사살균법 : 자외선이나 방사선(Co60, 코발트60)을 이용하여 미생물을 사멸시키는

　　방법으로 곡류, 축산물, 청과물 등의 보존에 이용된다.

② 화학적 보존법

　㉮ 염장법 : 식품 보존 시 가장 손쉽고 안전한 방법으로 소금 10% 정도의 농도에서 발

　　육이 억제된다. 해산물, 채소, 생선, 육류 등의 저장에 이용된다.

　　• 젓갈(20~30%)

　㉯ 당장법 : 설탕에 담그는 방법으로 잼, 젤리, 과일류의 보존에 좋다. 당도가 50% 이상

　　되면 저장성이 있다.

　　• 잼(60%), 젤리(70%)

　㉰ 산 저장 : pH를 낮추어 미생물의 생육을 억제해서 저장하는 방법으로 마늘, 오이, 고

　　추의 보존에 이용된다. 식초(초산을 3~5% 함유, 피클 농도) 또한 살균력을 가진다.

　㉱ 화학물질 첨가 : 식품위생법상 식품첨가물의 법규 내의 필요에 의해 산화방지제, 합

　　성 보존제, 살균제, 피막제 등을 사용한다.

③ 종합적 방법의 보존법

　㉮ 염건법(염분 2%) : 염장법 처리 후 건조법을 이용한 방법으로 어패류의 보존에 주로

　　이용된다(굴비).

　㉯ 훈연법 : 수지(樹脂)가 적은 나무의 불완전연소 시에 발생하는 그을음을 이용하여

　　훈제하는 저장방법으로 훈연 중 건조법도 이용된다. 육류 및 어류의 보존에 이용된

　　다(햄, 베이컨, 소시지).

　　• 훈연법 : 나무를 태워 불완전연소의 연기(페놀성분)를 식품에 씌우면 강한 연기성분

　　　의 일부가 식품 내부에 침투되어 살균 및 방부 효과를 나타냄

　㉰ 조미법 : 소금, 설탕, 화학물질 등을 첨가한 후 건조시킨 것으로 육류 및 어류의 보

　　존에 이용된다.

　㉱ 밀봉법 : 수분증발, 미생물 번식, 공기의 침투 등을 막기 위해 공기를 완전 차단하는

　　방법으로 진공포장, 통조림 등에 사용된다.

＊식품의 기준과 규격
① 식품 내 세균 및 중금속 허용
　－우유의 대장균 수 : 2/ml 음성, 우유의 일반세균 수 : 20,000/ml 이하
② 표준온도 20℃, 미온 30~40℃, 찬 곳 0~15℃, 상온 15~25℃, 실온 1~35℃, 온탕 60~70℃,
　열탕 100℃

재료관리 예상문제

001 결합수의 특성이 아닌 것은?

　가. 미생물의 번식과 발달에 이용되지 못한다.

　나. 100℃ 이상 가열이나 압력을 가해도 제거
　　되지 않는다.

　다. 물보다 밀도가 낮다.

　라. 0℃에서는 물론 낮은 온도 - 20 ~ - 30℃
　　에서도 얼지 않는다.

해설 유리수와 결합수의 차이점

유리수(자유수)	결합수
• 용질에 대해 용매로 작용	• 용질에 대해 용매의 기능
• 건조로 쉽게 분리 제거	이 없다.
• 0℃ 이하에서 쉽게 동결	• 압력을 가해도 제거되지
• 미생물의 번식 및 발아	않는다.
에 이용	• 0℃ 이하의 낮은 온도에
• 융점, 비점이 높다.	서 잘 얼지 않는다.
• 4℃에서 비중이 제일	• 미생물의 번식에 이용하
높다.	지 못한다.
• 비열이 크다.	• 대기 중 100℃ 이상 가열
• 표면장력이 크다.	해도 제거되지 않는다.
• 점성이 크다.	• 유리수보다 밀도가 크다.

002 탄수화물의 조성으로 맞는 것은?

　가. 탄소, 수소로만 되어 있다.

　나. 탄소, 수소, 산소로 구성

　다. 탄소, 수소, 산소, 질소로 구성

　라. 탄소, 수소, 산소, 인, 질소로 구성

해설 탄소(C), 수소(H), 산소(O)의 3가지로 이루어진 유기화합물로 열량을 공급한다.

003 총 섭취열량 중 탄수화물로 몇 % 정도 섭취할 것을 권장하는가?

　가. 75%　　　　　나. 65%

　다. 40%　　　　　라. 25%

해설
• 탄수화물 : 소화율은 98%이며, 총열량의 65%를 섭취
• 지방 : 소화율은 95%이며, 총열량의 20%를 섭취
• 단백질 : 소화율은 92%이며, 총열량의 15%를 섭취

004 탄수화물의 체내기능이 잘못 연결된 것은?

　가. 덱스트린 - 해독작용

　나. 포도당 - 혈당유지

　다. 유당 - 정장작용

　라. 섬유소 - 배설작용

해설 간의 해독작용을 하는 것은 글리코겐이며, 덱스트린은 녹말이 엿당으로 분해되는 과정의 중간산물이다.

005 글리코겐을 가장 많이 함유하고 있는 조직은?

　　가. 근육　　　　　나. 간

　　다. 콩팥　　　　　라. 신경

> **해설** 글리코겐(glycogen)은 식물의 전분처럼 동물의 간과 근육에 저장되어 있는 물질

006 당류의 일반적인 성질이 아닌 것은?

　　가. 물에 잘 용해된다.

　　나. 일반적으로 단맛을 지닌다.

　　다. 발효성을 지닌다.

　　라. 알코올에 잘 용해된다.

> **해설** 당질은 일반적으로 물에 잘 용해되고, 단맛은 크게 단당류, 이당류, 다당류로 나뉘며, 식품 중에 탄수화물이 미생물의 작용으로 분해된 부패산물로서 여러 가지 유기산 또는 알코올 등 사람에게 유익한 물질로 변화되는 성질을 가지고 있다.

007 핵산의 구성성분이고 비효소 성분으로 되어 있으며 생리상 중요한 당은?

　　가. 글루코오스　　　나. 리보오스

　　다. 프록토오스　　　라. 미오신

> **해설** 리보오스는 핵산의 성분으로 비타민 B_2의 구성성분이며 5탄당이다.

008 탄수화물의 대사작용과 관계가 있는 비타민은?

　　가. 티아민(비타민 B_1)

　　나. 아스코르브산(비티민 C)

　　다. 코발라민(비타민 B_{12})

　　라. 니아신(niacin)

> **해설** 당질이 소화되면 포도당으로 되는데, 포도당이 분해될 때 비타민 B_1이 더욱 필요해진다. 이것은 곡류 등에 많이 함유되어 있는데 정백하면 비타민 B_1을 버리게 되므로 조심해야 한다.

009 단당류의 종류가 아닌 것은?

　　가. 포도당(glucose)

　　나. 과당(fructose)

　　다. 설탕(sucrose)

　　라. 갈락토오스(galactose)

> **해설**
> • 단당류 : 포도당(glucose), 과당(fructose), 갈락토오스(galactose), 만노스(mannose)
> • 이당류 : 자당(sucrose), 유당(lactose), 엿당(maltose)
> • 다당류 : 전분(starch), 섬유소(cellulose), 펙틴(pectin), 글리코겐(glycogen), 이눌린(inulin), 한천(agar)

010 식이섬유를 구성하는 성분에 대한 설명이 잘못된 것은?

　　가. 식품의 세포벽을 구성하는 성분으로 모두 단단한 질감을 가지며 물에는 용해되지 않는다.

　　나. 인체 내 소화효소로 가수분해되지 않는다.

　　다. 소화되지 않는 식물성 경질 다당류도 포함된다.

　　라. 소화되지 않는 동물성 점액질 다당류도 포함된다.

> **해설** **식이섬유(cellulose)** : 식물체의 중요한 골격물질 및 식물 세포막의 주요 성분으로 인체 내에서는 소화되지 않지만 소화운동을 촉진하므로 변비를 예방하고 비타민 B군의 합성을 촉진한다. 해조류, 채소류, 두류에 많이 함유되어 있다.

011 가장 감미가 큰 당류는?

　가. 포도당　　　　　나. 과당
　다. 갈락토오스　　　라. 맥아당

해설 단맛의 강도 순서 : 과당＞전화당＞설탕＞포도당＞
맥아당＞락토오스＞젖당

**012 다음 탄수화물 중 이당류로서 단맛이 가장 강하며
효율적인 에너지원으로 사용되는 것은?**

　가. 과당(fructose)
　나. 락토오스(galactose)
　다. 서당(sucrose)
　라. 포도당(glucose)

해설 단당류 2분자가 결합한 형태로 자당(설탕), 유당(젖
당), 엿당(맥아당)이 있다.

**013 다음 중 가수분해하여 포도당(glucose) 2분자를
생성하는 당은?**

　가. 설탕(sucrose)　　나. 맥아당(maltose)
　다. 젖당(lactose)　　라. 이눌린(inulin)

해설
• 설탕(sucrose) : 포도당과 과당을 생성
• 맥아당(maltose) : 2분자의 포도당이 결합
• 젖당(lactose) : 포도당과 갈락토오스로 가수분해
• 이눌린(inulin) : 다당류에 포함

014 지질의 화학적인 구성은?

　가. 탄소와 수소
　나. 아미노산
　다. 지방산과 글리세린
　라. 포도당과 지방산

해설 지질은 C, H, O의 화합물로 최종분해 산물은 지방
산과 글리세린으로 구성되어 있다.

015 다음 중 불포화지방산이 아닌 것은?

　가. 올레인산　　　　나. 팔미틱산
　다. 리놀레산　　　　라. 아라키돈산

해설
• 포화지방산 : 스테아린산, 팔미틱산
• 불포화지방산 : 올레인산, 리놀레산, 리놀렌산, 아라키
  돈산
• 필수지방산 : 비타민 F라고도 한다. 불포화지방산 중
  리놀레산, 리놀렌산, 아라키돈산은 음식으로 반드시
  섭취해야 하는 지방산이다.

**016 다음 지질의 화학적 성질에 대한 설명 중 잘못된
것은?**

　가. 검화가(비누화가)란 유지가 수산화칼륨, 수
　　　산화나트륨 등의 알칼리에 의해 가수분해
　　　되는 반응을 말한다.
　나. 산가(acid value)란 유지 1g 중에 함유되
　　　어 있는 유리지방산을 중화하는 데 필요
　　　한 KOH의 mg수로 유지의 산패도를 알
　　　아보는 방법이다.
　다. 과산화물가(peroxide value)란 지방산의
　　　불포화도를 나타내는 값으로 유지 100g 중
　　　에 첨가되는 요오드의 g수를 말한다.
　라. 가수소화 : 유지에 H(수소)를 첨가하여 경
　　　화유로 만드는 현상이다.

해설 화학적 성질 : 과산화물가(peroxide value)란
유지의 산패 정도와 유도기간을 알 수 있는 방법으로,
유지의 산패에 의해 생성된 과산화물에 요오드칼륨을
반응시켰을 때 유지 1kg에 대한 당량수로 표시한다.

017 필수지방산에 대한 설명 중 올바른 것은?

　　가. 포화지방산보다 더 좋은 에너지의 급원이다.

　　나. 포화지방산으로 C, H, O로 이루어져 있다.

　　다. 동물성 식품에만 존재한다.

　　라. 부족 시에는 체내에서 합성되지 않으므로
　　　　반드시 식품으로부터 섭취해야 한다.

> **해설 필수지방산** : 비타민 F라고도 한다. 불포화지방산 중 리놀레산, 리놀렌산, 아라키돈산으로 식사로 반드시 섭취하여야 하는 지방산이다. 대두유, 옥수수유 등에 많이 함유되어 있다.

018 단백질에만 특히 구성되어 있는 원소는?

　　가. 탄소(C)　　　　　나. 수소(H)

　　다. 질소(N)　　　　　라. 산소(O)

> **해설** 단백질은 생물체의 생명유지에 가장 중요하며 평균 16%의 질소를 함유하고 있다.

019 콩, 쇠고기, 달걀 중에 공통적으로 들어 있는 급원 영양소는?

　　가. 당질　　　　　　나. 단백질

　　다. 비타민　　　　　라. 무기질

> **해설** 완전단백질 식품이란 동물의 성장에 필요한 모든 필수아미노산이 들어 있는 단백질로 달걀, 우유 등이 이에 속한다.

020 카세인은 무슨 단백질인가?

　　가. 인단백질　　　　나. 당단백질

　　다. 지단백질　　　　라. 유도단백질

021 단백질의 변성요인과 거리가 먼 것은?

　　가. 산소　　　　　　나. 가열

　　다. 동결　　　　　　라. 알칼리

> **해설** 변성을 일으키는 물리적인 원인으로는 열, 압력, 건조, 알칼리, 자외선, X선, 음파, 진탕, 동결 등을 들 수 있다.

022 조단백질을 정량할 때 질소함량에 얼마를 곱해 주어야 하는가?

　　가. 2.85　　　　　　나. 3.25

　　다. 6.25　　　　　　라. 9.25

> **해설** 질소함량(16%) 조단백질로 정량하면 $6.25 \times 100\% = 6.25$

023 어린이에게만 필요한 아미노산은?

　　가. 이소루신　　　　나. 히스티딘

　　다. 리신　　　　　　라. 발린

> **해설 필수아미노산** : 체내에서 합성할 수 없으므로 반드시 음식물로 섭취해 주어야 한다. 성인의 경우에는 루신(leucine), 이소루신(isoleucine), 리신(lysine), 메티오닌(methionine), 페닐알라닌(phenylalanine), 트레오닌(threonine), 트립토판(tryptophan), 발린(valine)이 있으며, 어린이의 경우에는 아르기닌(arginine)과 히스티딘(histidine)을 추가하여 10가지이다.

024 열량원이 아닌 영양소는?

　　가. 풋고추　　　　　나. 감자

　　다. 쌀　　　　　　　라. 아이스크림

> **해설 조절식품(調節食品)** : 몸의 생리기능을 조절하고 질병을 예방한다(비타민, 무기질).

025 일반적으로 식품의 가공과 저장 중 손실이 가장 큰
비타민은?

　가. 비타민 C　　　　나. 비타민 D
　다. 비타민 B₁₂　　　라. 비타민 A

해설 조리과정 중 비타민의 손실이 가장 큰 것은 비타민
C이고, 가장 안정적인 것은 비타민 E(토코페롤)이다.

026 다음 영양소와 결핍증의 연결이 부적당한 것은?

　가. 비타민 B₁ - 각기병
　나. 비타민 B₂ - 구각염
　다. 니아신 - 각막건조증
　라. 비타민 C - 괴혈증

해설
• 니아신 : 펠라그라증
• 비타민 A : 각막건조증, 야맹증

027 지용성 비타민의 결핍증이 틀린 것은?

　가. 비타민 A - 안구건조증, 안염, 각막연화증
　나. 비타민 F - 피부염, 성장정지
　다. 비타민 K - 불임증, 근육위축증
　라. 비타민 D - 골연화증, 유아발육 부족

해설 비타민 K 결핍 시 근육이완, 발육부진, 혈액응고가
잘 되지 않아 지혈이 지연될 수 있다.

028 다음 중 비타민 B₁의 함량이 가장 풍부한 식품은?

　가. 쇠고기　　　　　나. 돼지고기
　다. 양고기　　　　　라. 닭고기

해설 육류 비타민의 비타민 B₁ 함량(100g당)
쇠고기 0.06mg, 돼지고기 0.9mg, 양고기 0.06mg,
토끼고기 0.07mg

029 다음 혈액의 응고성과 관계있는 비타민은?

　가. 비타민 B₁　　　　나. 비타민 C
　다. 비타민 K　　　　라. 비타민 E

해설 혈액응고에 관여하는 영양소는 비타민 K, Ca이다.

030 무기질의 생리작용이 틀린 것은?

　가. 인 - 골격이나 치아의 형성, 에너지 대사에
　　　관여
　나. 아연 - 인슐린 성분
　다. 황 - 비타민 B₁₂의 구성성분, 함유황 아미
　　　노산의 구성성분
　라. 요오드 - 갑상선 호르몬의 구성성분

해설 비타민 B₁₂의 구성성분은 코발트이다.

031 Ca의 흡수를 방해하는 요인이 되는 것은?

　가. 초산　　　　　　나. 수산
　다. 호박산　　　　　라. 질산

해설 칼슘의 흡수를 방해하는 인자는 수산(옥살산)이고,
칼슘의 흡수를 촉진시키는 인자는 비타민 D이다.

032 무기질의 기능과 무관한 것은?

　가. 체내조직의 pH 조절
　나. 혈액응고에 관여
　다. 효소작용의 촉진
　라. 열량 급원

해설 체내의 적절한 pH 유지, 신경자극, 근육수축, 체액
의 삼투압 유지, 체내 여러 가지 반응의 촉매작용, 심장
의 규칙적 박동, 혈액응고, 신경안정 등 체내의 많은 대
사과정에서 조절기능을 한다.

033 혈액을 산성화시키는 무기질은?

가. Ca 나. Fe
다. Cl 라. Na

해설
- 산성 식품 : P, S, Cl 등의 무기질을 함유한 식품으로 주로 곡류, 어류, 육류 등이 해당된다.
- 알칼리성 식품 : K, Ca, Na, Mg, Fe 등의 무기질을 함유한 식품으로 주로 과일류, 채소류, 해조류, 우유 등이 해당된다.

034 헤모글로빈이라는 혈색소를 만드는 주성분으로 산소를 운반하는 역할을 하는 무기질은?

가. Ca 나. Fe
다. Mg 라. P

해설
- 미오글로빈(육색소 = 근육색소) : 육류의 근육 속에 함유되어 있으며 적자색이다.
- 헤모글로빈(혈색소 − Fe을 함유) : 육류의 혈액 속에 함유되어 있으며 적색이다.
  - 헤모글로빈은 Fe을 만들며, 이때 구리가 보조역할을 한다.
  - Fe : 헤모글로빈의 성분으로 신체 각 조직에 산소를 운반한다.

035 요오드(I)는 어떤 호르몬과 관계가 있는가?

가. 신장호르몬 나. 성호르몬
다. 갑상선호르몬 라. 부신호르몬

해설 요오드(I) : 갑상선호르몬의 필수적 요소로서, 기초 대사를 촉진하고 지능발달과 유즙 분비에 관여하며, 식품으로는 미역, 김, 다시마 등의 해조류와 요오드, 강화 식염 등의 식품에 함유되어 있고, 결핍증으로는 갑상선 기능부전증, 갑상선부종, 성장과 지능의 발달 부진(크레틴증) 등이 나타난다.

036 다음 중 요오드 함량이 많은 식품은?

가. 미역 나. 쇠고기
다. 감자 라. 우유

해설 요오드의 함량이 많은 식품으로는 미역, 김, 다시마 등의 해조류와 요오드, 강화식염 등이 있다.

037 체내에서 영양소나 노폐물을 운반하여 주는 것은?

가. 혈액 나. 내분비액
다. 물 라. 핵

해설 물은 인간 체중의 2/3를 차지하고 영양소와 노폐물의 운반, 체온조절, 체내로부터의 모든 분비액의 주성분이 된다. 또한 체내 삼투압의 조절, 화학반응의 촉매 역할을 한다.

038 식품은 화학적 조성(일반조성)과 특수성분으로 크게 분류한다. 다음 중 특수성분은?

가. 단백질 나. 빛깔
다. 비타민 라. 탄수화물

해설
- 일반성분 : 수분, 고형물, 비타민
- 특수성분 : 색, 향, 맛, 효소, 유독성분

039 무기염류에 의한 단백질 변성을 이용한 식품은?

가. 두부 나. 버터
다. 요구르트 라. 간장

해설 두류 중 대두는 단백질 함량 글리시닌(Glycinin)이 40% 정도로 질적으로도 우수한 고단백식품으로 두부 제조에 적합하다.

040 다음과 같은 성질의 색소는?

보기	• 고등식물 중 잎, 줄기의 초록색 • 산에 의한 갈색의 페오피틴으로 됨 • 알칼리에 의해 선명한 녹색이 됨

가. 안토시아닌

나. 카로티노이드

다. 클로로필

라. 탄닌(타닌)

해설 클로로필 색소(엽록소 : 일반 녹색채소의 색깔-Mg 함유)
• 성질 : 열과 산에 불안정하다.

041 샐러드에 사용하기 위해 적자색 양배추를 채썰어 물에 장시간 담가두었더니 탈색되었다. 가장 관계 깊은 것은?

가. 플라보노이드계 색소 : 수용성

나. 클로로필계 색소 : 지용성

다. 안토시아닌계 색소 : 수용성

라. 카로티노이드계 색소 : 지용성

해설
• 클로로필 색소(엽록소 : 일반 녹색채소의 색깔-Mg 함유)
  성질 : 열과 산에 불안정하다.
• 카로티노이드 색소 : 적색(등황색 = 카로틴 크산토필 색소), 주황색(당근·늙은 호박·토마토의 색)
  성질 : 산이나 알칼리에 의하여 변화하지 않으나 광선에 민감하다.
• 플라보노이드 색소 : 주로 연한 황색(옥수수, 밀감 껍질, 연근, 감자)
  성질 : 산에 대해서는 안정하나 알칼리에 대해서는 불안정하다.
• 안토시아닌 색소 : 적색(산성), 자색(중성), 청색(알칼리) – 사과, 딸기, 포도, 가지
  성질 : 수용성 색소로 가공 중에 쉽게 변색된다.

042 카로틴이란 어떤 비타민의 효능을 가진 것인가?

가. 비타민 E

나. 비타민 D

다. 비타민 A

라. 비타민 C

해설 식품 섭취 시 식물성 식품에는 비타민 A가 함유되어 있지 않으나 같은 작용을 하는 카로틴이 포함되어 있는데, 이것이 동물의 몸에 들어오면 비타민 A로 이용된다. 그러나 흡수율이 낮아 효과는 대체로 1/3 정도밖에 되지 않는다.

043 토마토의 붉은색은 주로 무슨 색소에 의해 나타나는가?

가. 카로티노이드

나. 헤모글로빈

다. 엽록소

라. 안토시안

해설 카로티노이드 계열 색소에는 카로틴, 리코펜, 크산토필이 있으며, 토마토나 수박의 색소는 리코펜으로, 천연항산화제 효과가 있다.

044 당근에 함유된 색소로서 체내에서 비타민 A의 효력을 갖는 것은?

가. β - 카로틴

나. 클로로필

다. 안토시안

라. 플라본

해설 식물성 식품에는 비타민 A가 함유되어 있지 않으나 비타민 A와 같은 작용을 하는 카로틴이라는 것이 들어 있다. 특히 당근, 시금치 등 녹황색 채소에 많이 들어 있다.

045 새우, 게, 가재(갑각류)를 삶으면 붉은색을 나타내는 색소는?

가. 안토시안계 색소

나. 헤모글로빈 색소

다. 아스타산틴 색소

라. 카로틴 색소

046 다음 중 동물의 색소성분인 것은?

　가. 클로로필　　　　나. 플라보노이드
　다. 헤모글로빈　　　라. 안토시안

047 생육의 환원형 미오글로빈은 신선한 고기의 표면이 공기와 접촉하면 분자상의 산소와 결합하여 옥시미오글로빈으로 된다. 이 옥시미오글로빈의 색은?

　가. 분홍색　　　　　나. 회갈색
　다. 적자색　　　　　라. 선명한 적색

048 녹색채소를 짧은 시간 조리하였을 때 더욱 선명해지는 원인은?

　가. 가열에 의하여 조직의 변화가 일어나지 않았기 때문에
　나. 조직에서 공기가 제거되었기 때문에
　다. 엽록소 내에 포함된 단백질이 완충작용을 하지 않았기 때문에
　라. 끓는 물에 의하여 엽록소가 고정되었기 때문에

049 사과를 깎아 방치했을 때 나타나는 갈변현상과 관계없는 것은?

　가. 산화효소　　　　나. 산소
　다. 페놀류　　　　　라. 섬유소

050 과일의 갈변을 방지하는 방법으로 바람직하지 않은 것은?

　가. 레몬즙에 담가둔다.
　나. 희석된 소금물에 담가둔다.
　다. -10℃ 온도에서 동결시킨다.
　라. 설탕물에 담가둔다.

051 효소적 갈변 반응을 방지하기 위한 방법이 아닌 것은?

　가. 가열하여 효소를 불활성화시킨다.

　나. 효소의 최적조건을 변화시키기 위해 pH를 낮춘다.

　다. 아황산가스 처리를 한다.

　라. 산화제를 첨가한다.

해설 산화제는 갈변을 촉진시킨다.

052 감자는 껍질을 벗겨 두면 색이 변화되는데 이를 막기 위한 방법은?

　가. 물에 담근다.

　나. 냉장고에 보관한다.

　다. 냉동시킨다.

　라. 공기 중에 방치한다.

해설 감자는 티로시나아제라는 효소에 의해 갈변되므로 공기와의 접촉을 차단하면 방지할 수 있다.

053 식품의 갈변 현상 중 성질이 다른 것은?

　가. 감자 절단면의 갈색

　나. 홍차의 적색

　다. 된장의 갈색

　라. 다진 양송이의 갈색

해설 된장의 갈색은 아미노 카르보닐 반응에 의한 비효소적 갈변 현상이다.

054 아미노 카르보닐 반응에 대한 설명 중 틀린 것은?

　가. 마이야르반응(Maillard reaction)이라고도 한다.

　나. 당의 카르보닐 화합물과 단백질 등의 아미노기가 관여하는 반응이다.

　다. 갈색 색소인 캐러멜을 형성하는 반응이다.

　라. 비효소적 갈변반응이다.

해설 캐러멜화는 당류를 180℃로 가열하면 점조성을 띠는 갈색물질로 변하는 현상이다.

055 간장, 된장의 제조 시 일어나는 갈변의 주된 원인과 같은 것은?

　가. 새우, 게의 가열 변색

　나. 감자의 절단면 변색

　다. 빵, 비스킷의 가열 변색

　라. 사과의 절단면 변색

해설
• 효소적 갈변은 과실이나 채소에 함유되어 있는 탄닌 등의 폴리페놀 성분이 산화효소의 작용에 의해 산화되고 중합하여 갈변하는 것으로 감자와 사과 등의 갈변이 해당된다.
• 비효소적 갈변반응을 이용한 식품에는 된장, 간장, 고추장, 빵을 구울 때 등이 있고, 비효소적 갈변에는 당류·아미노산·펩티드·단백질 등 거의 모든 주요 식품 성분이 해당된다.

056 간장이나 된장의 착색은 다음 어느 반응에서 기인되는가?

　가. 아미노카보닐(amino-carbonyl) 반응

　나. 캐러멜(caramel) 반응

　다. 아스코르브산(ascorbic acid) 산화반응

　라. 페놀(phenol) 산화반응

해설
• 아미노카보닐(amino-carbonyl) 반응 : 비효소적 갈변의 주된 반응. 식품의 가공저장 또는 조리과정에서 함유되어 있는 여러 가지 성분이 반응하여 착색
• 캐러멜(caramel) 반응 : 당이 열에 의해 변화
• 페놀(phenol) 산화반응 : 효소적 갈변. 식품(사과, 홍차) 중에 존재하는 폴리페놀화합물이 산소의 존재하에서 산화효소의 작용으로 산화 중합하여 갈색의 멜라닌(melanin) 색소를 생성시키는 반응

057 식품의 조리 · 가공 시 일어나는 비효소적 갈색반
응은 어떤 성분의 작용에 의한 것인가?

가. 당류와 단백질　　나. 수분과 단백질
다. 지방과 단백질　　라. 당류와 지방

058 혀의 미각은 섭씨 몇 ℃에서 가장 예민하게 느껴지
는가?

가. 20℃ 전후　　　나. 30℃ 전후
다. 40℃ 전후　　　라. 55℃ 전후

해설 **맛을 느끼는 최적온도** : 단맛(20~50℃), 신맛(25~
50℃), 짠맛(30~40℃), 매운맛(50~60℃), 쓴맛(40~
50℃)에서 각각 느낄 수 있으며, 가장 예민한 음식의 온
도는 체온을 중심으로 30℃ 전후이다.

059 4원미의 구성으로 맞는 것은?

가. 단맛, 쓴맛, 신맛, 매운맛
나. 단맛, 쓴맛, 신맛, 짠맛
다. 단맛, 쓴맛, 신맛, 아린맛
라. 떫은맛, 쓴맛, 신맛, 짠맛

해설
• Henning이 분류한 4원미에는 단맛, 쓴맛, 신맛, 짠
맛이 있다.
• 신맛과 쓴맛은 취미의 맛이라고도 하며, 단맛과 짠맛
은 생리적으로 요구되는 맛으로 알려져 있다.

060 해리된 수소이온이 내는 맛은?

가. 신맛　　　　　나. 단맛
다. 매운맛　　　　라. 짠맛

해설 수소이온이 내는 대부분의 신맛은 수소이온의 농도
에 비례한다.

061 떫은맛과 관계 깊은 현상은?

가. 지방 응고　　　나. 단백질 응고
다. 당질 응고　　　라. 배당체 현상

해설 떫은맛은 표면에 있는 점성 단백질이 일시적으로
응고되고 미각신경이 마비되어 일어나는 감각이다.

062 마늘의 자극성 냄새와 매운맛의 성분은?

가. 알린
나. 알리신
다. 시니그린
라. 알릴이소티오시아네이트

해설 **식품의 특수 성분**
• 생선 비린내 : 트리메틸아민(trimethylamine)
• 참기름 : 세사몰(sesamol)
• 마늘 : 알리신(allicin)
• 고추 : 캡사이신(capsaicin)
• 생강 : 진저롤(gingerol), 쇼가올(shogaol)
• 후추 : 캬비신(chavicine), 피페린(piperine)
• 겨자 : 시니그린(sinigrin)
• 와사비 : 알릴이소티오시아네이트(allyl isothiocya-
nate)

063 간장, 된장, 다시마의 주된 정미성분은?

가. 글리신　　　　나. 알리신
다. 알기닌　　　　라. 글루타민산

해설
• 구아닌산: 표고버섯
• 시스테인, 리신: 어류, 육류
• 글리신: 김
• 호박산: 조개류
• 이노신산: 육류, 생선, 말린 가다랑어(멸치)
• 글루타민산: 다시마, 된장, 간장

064 말린 다시마의 표면에 붙은 흰 가루는 무엇인가?

가. 만니톨   나. 리비톨

다. 소르비톨   라. 알기닌

해설
- 소르비톨 : 화학적 감미료
- 알기닌(아르기닌) : 어린이에게 필요한 필수아미노산

065 다음 중 육류와 어류의 구수한 맛을 내는 성분은?

가. 이노신산   나. 글루타민산

다. 마늘   라. 나린진

해설
- 글루타민산 : 다시마, 된장, 간장
- 마늘 : 알리신
- 감귤류 껍질 : 나린진(naringin)

066 코코아에 함유된 성분은?

가. 데오브로마인   나. 사포닌

다. 캡사이신   라. 알리신

해설
- 사포닌 : 팥에 들어 있는 용혈물질
- 캡사이신 : 고추의 매운맛
- 알리신 : 마늘의 매운맛

067 다음 중 서로 관련 있는 것끼리 연결되지 않은
것은?

가. 포도 - 주석산   나. 감귤 - 구연산

다. 사과 - 능금산   라. 요구르트 - 호박산

해설
- 식초산 : 식초
- 주석산 : 포도
- 구연산 : 살구, 감귤류
- 사과산 : 사과, 배
- 젖산(유산) : 유산균음료, 요구르트
- 낙산 : 버터, 치즈

- 아스코르브산(비타민 C) : 과일, 채소류

068 매운맛을 내는 성분의 연결이 바른 것은?

가. 겨자 - 캡사이신(capsaicin)

나. 생강 - 호박산

다. 마늘 - 알리신(allicin)

라. 고추 - 진저롤(gingerol)

해설
- 생강 : 진저롤(gingerol), 쇼가올(shogaol)
- 겨자 : 시니그린(sinigrin)
- 마늘 : 알리신(allicin)
- 고추 : 캡사이신(capsaicin)

069 조개류가 내는 독특한 맛성분은?

가. 글루타민산   나. 크리아틴

다. 호박산   라. 이노신산

해설
- 글루타민산 : 간장, 다시마, 간장
- 이노신산 : 가다랑어에서 느낄 수 있는 만난맛

070 유황 화합물을 가지고 있는 채소 중 초기에는 매운
맛이 강하지만 일단 가열하여 조리하면 매운맛이
감소되는 것과 가장 관계가 적은 것은?

가. 파   나. 양배추

다. 마늘   라. 양파

해설 유황 화합물을 가지고 있는 마늘, 양파, 부추, 무,
파 등은 가열하면 매운맛이 감소한다.

071 양배추를 삶았을 때 증가되는 단맛의 성분은?

가. 아크롤레인(acrolein)

나. 트리메틸아민(trimethylamine)

다. 프로필 메르캅탄(propyl mercaptan)

라. 디메틸 설파이드(dimethyl sulfide)

> **해설**
> 가. 유지의 자극적인 악취
> 나. 생선 비린내의 주성분
> 라. 식품에서 부패 냄새의 원인 중 하나인 황함유 화합물의 일종

072 식혜를 당화시켜 끓일 때 설탕과 함께 소금을 조금 넣어 단맛을 강하게 느끼게 했다면 어떤 현상과 관계가 깊은가?

가. 미맹현상   나. 소실현상

다. 강화현상   라. 변조현상

> **해설**
> • 미맹현상 : PTC(phenylthiocarbamide)라는 물질에 의해 쓴맛을 못 느끼는 현상
> • 강화현상 : 서로 다른 맛성분이 몇 가지 혼합되었을 경우, 주된 맛성분이 증가하는 현상
> • 변조현상 : 한 가지 맛에 의해 다른 식품의 맛이 본래의 맛이 아닌 다른 맛을 느끼게 되는 현상

073 단것을 먹은 후에 곧 사과를 먹었더니 신맛을 느끼게 되었다. 이러한 현상은?

가. 맛의 대비   나. 맛의 상쇄

다. 맛의 억제   라. 맛의 변조

> **해설** 한 가지 맛에 의해 다른 식품의 맛이 본래의 맛이 아닌 다른 맛을 느끼게 되는 현상을 말한다. 예를 들어, 설탕을 맛본 직후 물을 마시면 신맛이나 쓴맛이 난다거나, 오징어를 먹은 직후에 식초나 밀감을 먹으면 쓴맛을 느끼게 된다거나, 쓴 약을 먹은 직후에 물을 마시면 달게 느껴지는 것 등이다.

074 식품에 따른 독성분이 잘못 연결된 것은?

가. 독미나리 - 시큐톡신(cicutoxin)

나. 감자 - 솔라닌(solanine)

다. 모시조개 - 베네루핀(venerupin)

라. 복어 - 무스카린(muscarine)

> **해설** 복어 : 테트로도톡신(tetrodotoxin), 독버섯 : 무스카린

075 독버섯 감별 방법 중 가장 부적당한 것은?

가. 악취(냄새)

나. 색

다. 형태

라. 맛

> **해설 독버섯 감별법**
> • 세로로 쪼개지지 않는 것
> • 표면에 점액이 있는 것
> • 색이 선명하고 아름다운 것
> • 줄기부분이 거친 것
> • 악취가 나거나, 쓴맛, 신맛, 매운맛이 나는 것
> • 은수저 등으로 문질렀을 때 검게 보이는 것은 유독하다.

076 밀감 통조림의 백탁의 원인물질은?

가. 비타민 C

나. 헤스페리딘(hesperidin)

다. 포도당

라. 나린진(naringin)

> **해설** 밀감, 귤, 오렌지, 유자, 레몬의 쓴맛 성분은 나린진(naringin), 과즙 추출 시 백탁의 원인이 되는 것은 헤스페리딘(hesperidin)이다.

정답   071 **다**   072 **다**   073 **라**   074 **라**   075 **라**   076 **나**

077 합성 플라스틱 용기에서 용출될 수 있는 유독물질과 가장 거리가 먼 것은?

　가. 포르말린　　　　　나. 유기주석화합물
　다. 에탄올　　　　　　라. 페놀

> **해설** 플라스틱에서 용출되는 유독물질은 포르말린, 페놀, 유기주석화합물 등이 있다.

078 맥각중독을 일으키는 원인 물질은?

　가. ergotoxin(에르고톡신)
　나. ochratoxin(오크라톡신)
　다. patulin(파툴린)
　라. rubratoxin(루브라톡신)

> **해설**
> • ochratoxin(오크라톡신) : 얇게 깎은 가다랑어, 옥수수, 땅콩 등이나 저장곡류 등에 기생하는 균
> • patulin(파툴린) : 사과의 상한 부분에서 가장 흔히 발견되며 배, 포도 등 과일의 상한 부분이 함유된 주스와 과실의 가공품
> • rubratoxin(루브라톡신) : 가축에 중독을 일으키는 Pen. rubrum 오염사료에서 분리된 독소

079 주로 부패한 감자에서 생성되어 중독을 일으키는 물질은?

　가. 셉신(sepsin)
　나. 아미그달린(amygdalin)
　다. 시큐톡신(cicutoxin)
　라. 마이코톡신(mycotoxin)

> **해설**
> • 아미그달린(amygdalin) : 청매
> • 시큐톡신(cicutoxin) : 미나리
> • 마이코톡신(mycotoxin) : 간장독을 유발시키는 곰팡이

080 홍어를 먹으면 코를 찌르는 냄새가 나는데, 이 냄새는 어떤 성분에서 기인하는가?

　가. 트리메틸아민　　　나. 암모니아
　다. 알데히드　　　　　라. 알코올

> **해설** 암모니아는 어류가 부패하면 나는 냄새지만, 다른 어류에서 암모니아는 단백질 분해과정에서 발생한다. 홍어는 요소로부터 암모니아가 생성되기 때문에 씹을수록 더 맛이 난다.

081 다음 소화효소에 대한 연결이 바르게 된 것은?

　가. 감자 - 라파아제
　나. 닭고기 - 펩신, 트립신
　다. 땅콩 - 말타아제
　라. 달걀 - 아밀라아제

> **해설**
> 라파아제 : 지방분해효소
> 펩신 : 단백질 분해효소
> 말티아제 : 맥아당 분해효소

082 침 속에 들어 있으며 녹말을 분해하여 엿당(맥아당)으로 만드는 효소는 무엇인가?

　가. 라파아제　　　　　나. 펩신
　다. 펩티다아제　　　　라. 프티알린

083 펩신에 의해 소화되지 않는 것은?

　가. 알부민　　　　　　나. 전분
　다. 미오신　　　　　　라. 인지질

084 효소의 주요 구성성분은?

　가. 단백질　　　　　　나. 칼슘
　다. 지방　　　　　　　라. 탄수화물

085 다음은 담즙의 기능을 설명한 것이다. 관계 없는 것은?

　가. 지방의 유화작용
　나. 산의 중화작용
　다. 당질의 소화
　라. 약물, 독소들의 배설작용

086 다음 영양에 대한 설명이 틀린 것은?

　가. 영양은 건강과 밀접한 관계가 있다.
　나. 신체는 여러 가지 생리기능을 조절하기 위해 영양소를 필요로 한다.
　다. 5대 영양소란 탄수화물, 단백질, 지방, 수분, 무기질을 말한다.
　라. 영양가가 높은 식품을 한 가지만 먹는 것보다 영양가가 낮은 식품을 여러 가지 섞어서 섭취하는 것이 영양상 좋다.

해설 영양소의 종류는 다음과 같이 단백질, 탄수화물, 지방, 무기질, 비타민류의 5대 영양소로 구분한다.

087 다음 식품의 구비조건에 해당하지 않는 것은?

　가. 영양성　　　나. 심미성
　다. 기호성　　　라. 위생성

해설 식품의 구비조건은 영양성, 위생성(안전성), 경제성, 기호성이다.

088 식품의 일반성분이 아닌 것은?

　가. 비타민　　　나. 조섬유
　다. 수분　　　라. 효소

해설 식품의 성분은 크게 일반성분(수분, 고형물, 비타민)과 특수성분(색, 향, 맛, 효소, 유독성분) 등으로 나뉜다.

089 영양소는 거의 함유하지 않으나 식품에 색, 냄새, 맛을 부여하여 식욕을 증진시키는 식품은?

　가. 단백질식품　　　나. 기호식품
　다. 인스턴트식품　　　라. 건강식품

해설 식품에 색, 냄새, 맛을 부여하여 식욕을 증진시키는 것을 말한다.

090 다음 중 열량을 내지 않는 영양소로만 짝지어진 것은?

　가. 단백질, 당질　　　나. 당질, 무기질
　다. 비타민, 무기질　　　라. 지질, 비타민

해설 열량을 내는 열량소는 당질, 지질, 단백질이다.

091 신체의 근육이나 혈액을 합성하는 구성영양소는?

　가. 단백질　　　나. 무기질
　다. 물　　　라. 비타민

해설 구성영양소는 단백질과 무기질이며 이 중 근육이나 혈액 등을 합성하는 구성영양소는 단백질이다.

092 다음은 대체식품끼리 짝지어 놓은 것이다. 틀린 것은?

　가. 생선 - 쇠고기 - 두부
　나. 우유 - 버터 - 치즈
　다. 밥 - 국수 - 빵
　라. 시금치 - 아욱 - 쑥갓

해설 우유-2군(칼슘), 버터-5군(지방), 치즈-1군(단백질)으로 대체식품은 같은 식품군에서만 가능하다.

정답　085 다　086 다　087 나　088 라　089 나　090 다　091 가　092 나

093 다음 식단 작성의 순서가 바르게 된 것은?

보기	㉠ 영양기준량의 산출
	㉡ 3식의 배분 결정
	㉢ 섭취 식품량 산출
	㉣ 음식 수 결정
	㉤ 식단작성 주기 결정

가. ㉠ - ㉢ - ㉣ - ㉡ - ㉤

나. ㉠ - ㉡ - ㉢ - ㉣ - ㉤

다. ㉠ - ㉢ - ㉡ - ㉣ - ㉤

라. ㉠ - ㉡ - ㉢ - ㉤ - ㉣

해설
- 영양기준량의 산출 : 한국인 영양권장량을 기준으로 성별, 연령별, 노동강도에 따른 피급식자의 영양필요량을 산출한다.
- 섭취 식품량의 산출 : 식사 구성안의 식품군 6가지를 기준으로 식품의 종류와 양을 산출한다.
- 3식의 배분 결정 : 주식의 단위는 1 : 1 : 1로 하고, 부식의 단위는 1 : 1 : 2(또는 3 : 4 : 5)로 하여 요리 수 계획을 수립한다.
- 음식 수 및 요리명 결정 : 음식의 수와 섭취 식품량을 고려하여 조리법을 결정한다.
- 식단작성 주기 결정 : 1개월, 10일, 1주일, 5일(학교급식) 등으로 식단작성 주기를 결정한다. 계절에 따라 식단메뉴가 약간 변경될 수 있다.
- 식품배분 계획서 : 성인 남자 1인 1일 식사 구성량에 평균성인 환산치와 날짜를 곱하여 식품량을 계산한다.
- 식단표 작성 : 요리명, 식품명, 중량, 대체식품, 단가 등을 잘 확인한다.

094 우유 100g 중에 당질 5g, 단백질 3.5g, 지방 3.7g이 함유되어 있다면 총 몇 kcal의 열량을 섭취한 것인가?

가. 50.3kcal 나. 73.3kcal

다. 67.3kcal 라. 82.3kcal

해설 당질 1g당 4kcal, 단백질 1g당 4kcal, 지방 1g당 9kcal
㉠ 당질 : 5 × 4 = 20kcal
㉡ 단백질 : 3.5 × 4 = 14kcal
㉢ 지방 : 3.7 × 9 = 33.3kcal
총열량 = ㉠ + ㉡ + ㉢ = 67.3kcal

095 감자 150g을 보리쌀로 대치할 때 필요한 보리쌀의 양은 몇 g인가?(단, 감자의 당질함량은 14.4g, 보리쌀의 당질함량은 68.4g이다.)

가. 20.9g 나. 27.6g

다. 31.5g 라. 46.3g

해설 150g × 14.4g ÷ 68.4g = 약 31.5g

096 우리나라의 3첩 반상에 포함되지 않는 것은?

가. 냉채 나. 숙채

다. 회 라. 구이

해설 상차림의 종류
- 3첩 반상 : 밥, 탕, 김치, 종지 1개, 반찬 3가지(생채, 조림 혹은 구이, 마른반찬이나 장과 또는 젓갈 중 1종)
- 5첩 반상 : 밥, 탕, 김치, 종지 2개, 조치, 반찬 5가지 (생채 또는 숙채, 구이, 조림, 전, 마른반찬이나 장과 또는 젓갈 중 1종)
- 7첩 반상 : 밥, 탕, 김치, 종지 3개, 조치 2가지, 반찬 7가지(생채, 숙채, 구이, 조림, 전, 마른반찬이나 장과 또는 젓갈 중 1종)
- 9첩 반상 : 밥, 탕, 김치, 종지 3개, 조치 2가지, 반찬 9가지(생채 2그릇, 숙채, 조림, 구이 2그릇, 마른반찬, 전, 회류)

097 식품이 미생물의 작용을 받아 분해되는 현상과 거리가 먼 것은?

가. 부패(putrefaction)

나. 발효(fermentation)

다. 변향(flavor reversion)

라. 변패(deterioration)

해설 정제한 식용유를 실온에 방치하면 수일 이내에 좋지 않은 냄새를 내는 경우가 있는데, 이 현상을 되돌아감(reversion)이라고 하며 이 냄새를 변향(變香) 또는 변취(變臭)라고 부른다.

098 어육을 염장법으로 저장 시 나타나는 주된 현상은?

가. 어육 단백질이 염에 의한 변성으로 불용성이 된다.

나. 어육 단백질이 산에 의한 변성으로 불용성이 된다.

다. 어육 단백질이 염에 의한 변성으로 가용성이 높다.

라. 어육 단백질이 산에 의한 변성으로 가용성이 된다.

해설 어육 단백질인 미오신(Myosin)은 염용성 단백질이 염에 의한 변성으로 불용성이 된다.

099 채소와 과일의 가스 저장(CA저장) 시 필수 요건이 아닌 것은?

가. pH조절   나. 기체의 조절

다. 냉장온도 유지   라. 습도 유지

해설 채소와 과일류는 냉장과 병행하여 호흡억제를 위한 가스저장법을 실시. O_2 제거, N_2, CO_2 등 주입, 습도 유지, 냉장온도 유지가 필요하다.

100 냉동시켰던 쇠고기를 해동하니 드립(drip)이 많이 발생했다. 다음 중 가장 관계 깊은 것은?

가. 지방의 산패   나. 탄수화물의 호화

다. 단백질의 변성   라. 무기질의 분해

해설 **드립(drip)현상** : 높은 온도에서 해동하면 조직이 상해서 육즙이 많이 나와 맛과 영양소의 손실이 크다.

101 김치 저장 중 김치조직의 연부현상이 나타났다. 그 이유에 대한 설명으로 가장 거리가 먼 것은?

가. 조직을 구성하고 있는 펙틴질이 분해되기 때문에

나. 김치가 국물에 잠겨 수분을 흡수하기 때문에

다. 미생물이 펙틴분해효소를 생성하기 때문에

라. 용기에 꼭 눌러 담지 않아 내부에 공기가 존재하여 호기성 미생물이 성장번식하기 때문에

해설 발효 후기에 김치조직이 연하게 되는 연부현상은 채소조직에 있는 펙틴물질이 폴리갈락튜로나제라는 효소에 의하여 분해될 때 일어난다.

102 식품의 냉장 효과를 바르게 설명한 것은?

가. 식품의 오염세균을 사멸시킨다.

나. 식품의 기생충을 사멸시킨다.

다. 식품 중 미생물의 생육을 억제시킬 수 있다.

라. 식품 중 세균의 생육을 중단시킨다.

해설 냉장고는 미생물의 생육을 억제시키는 기능을 하며, 내부 온도가 5℃ 내외로 유지되어야 신선도를 유지할 수 있다.

103 냉장고에 식품을 저장하는 설명으로 옳은 것은?

가. 생선과 버터는 가까이 두는 것이 좋다.

나. 식품을 냉장고에 저장하면 세균이 완전히 사멸된다.

다. 조리하지 않은 식품과 조리한 식품은 분리해서 저장한다.

라. 오랫동안 저장해야 할 식품은 냉장고 중에서 가장 온도가 높은 곳에 저장한다.

해설 생식품과 조리한 식품 외에도 재료는 각각 분리하여 보관하는 것이 위생적이며 영양상으로도 좋다.

104 계란이 장기간 저장되었을 때 일어나는 변화가 아닌 것은?

가. pH가 낮다.

나. CO_2와 수분이 증발되어 비중이 가벼워진다.

다. 난백계수가 낮아진다.

라. 계란껍질에 광택이 난다.

해설 난백의 신선도 측정 방법으로 계란을 할란하여 평판상에 놓았을 때 농후난백의 높이가 높고 면적이 좁을수록 좋은 계란이다.

105 육가공품에 이용되는 훈연의 효과를 설명한 것 중 부적당한 것은?

가. 훈연육은 알칼리성이 되어 보존성이 증가된다.

나. 제품의 색이나 기호적인 풍미를 좋게 한다.

다. 산화방지제의 작용을 갖는 연기성분은 페놀, 포름알데히드 등이다.

라. 지방의 산화방지, 미생물의 번식을 방지하여 보존성을 향상시킨다.

해설 훈연육은 산성이며, 보존성이 증가된다.

106 훈연법에서의 나무로 적당하지 않은 것은?

가. 전나무

나. 참나무

다. 벚나무

라. 떡갈나무

해설
• 훈연법 : 수지(진액)가 적은 나무(참나무, 벚나무, 떡갈나무)가 효과적이고, 방부효과, 풍미효과가 뛰어나다.
• 제품 : 소시지, 햄, 베이컨

107 식품에 있어서 간접적인 변질 현상은?

가. 건조나 흡습 등의 물리적 변화

나. 온도나 일광에 의한 분해

다. 미생물의 번식에 따른 부패

라. 공기 중 산소에 의한 산화현상

해설 식품의 직접적 변질 현상으로는 영양소, 수분, 온도, 산소, pH(수소이온농도) 등을 들 수 있고, 간접적 변질 현상으로는 건조나 흡습 등의 물리적인 변화로 볼 수 있다.

108 단백질 식품이 미생물에 의해 분해되어, 악취와 유해물질을 생성하는 현상인 부패의 물리, 화학적 현상에 이용되기 어려운 것은?

가. 탄성

나. 점도

다. pH

라. 결정크기

해설 식품이 부패하면 점도⇧, 탄성⇩, 휘발성 염기질소⇧, pH의 변화 등이 생긴다.

109 과일, 채소 중 특히 사과, 배, 바나나 등의 호흡작용을 억제하는 방법은?

가. 냉장법

나. 냉동법

다. 산저장

라. CA저장

해설 가스저장법(CA법) : CO_2, N_2를 주입하여 호흡을 억제시키는 저장법으로 과일, 채소 등을 저장한다.

110 장마가 지난 후 저장되었던 쌀이 적홍색 또는 황색으로 착색되어 있었다. 이러한 현상의 설명으로 틀린 것은?

가. 수분함량이 15% 이상 되는 조건에서 저장할 때 특히 문제가 된다.

나. 기후조건 때문에 동남아시아 지역에서 곡류 저장 시 특히 문제가 된다.

다. 저장된 쌀에 곰팡이류가 오염되어 그 대사산물에 의해 쌀이 황색으로 변한 것이다.

라. 황변미는 일시적인 현상이므로 위생적으로 무해하다.

해설 황변미 중독
푸른곰팡이(penicillium)가 저장미에 번식하여 시트리닌(신장독), 시트리오비리딘(신경독), 아이슬랜디톡신(간장독) 등을 일으킨다.

111 통조림의 탈기 부족 시 일어나는 변질현상은 무엇인가?

가. 스프링거(springer)

나. 플리퍼(flipper)

다. 리커(leaker)

라. 스웰(swell)

해설 통조림 권체의 파손으로 인해 손으로 누르면 원상복구가 되지 않는 것을 말한다.

112 통조림 제조의 주요 4대 공정과정으로 맞는 것은?

가. 자숙 - 탈기 - 밀봉 - 냉각

나. 냉각 - 탈기 - 밀봉 - 살균

다. 탈기 - 밀봉 - 살균 - 냉각

라. 탈기 - 살균 - 밀봉 - 냉각

해설 통조림의 4대 공정과정은 탈기 - 밀봉 - 살균 - 냉각의 순서이다.

113 다음 중 수중유적형의 유화식품은?

가. 버터

나. 마가린

다. 아이스크림

라. 쇼트닝

해설 유화의 종류
• 수중유적형(Oil in Water, O/W) : 이는 수중에 유적(기름방울)이 가용화(녹을 수 있도록 하는 것)에 의해 떠 있는 상태이다. 우유, 아이스크림, 마요네즈 등이 해당된다.
• 유중수적형(Water in Oil, W/O) : 기름 속에 수적(물방울)이 분산된 상태이다. 버터, 마가린 등이 해당된다.

114 식물성유를 요오드가로 분류한 내용 중 옳은 것은?

가. 건성유 - 올리브유, 호두유, 땅콩기름

나. 반건성유 - 참기름, 대두유, 면실유

다. 경화유 - 미강유, 야자유, 옥수수유

라. 불건성유 - 아마인유, 해바라기유, 농유

해설
• 건성유 : 들기름, 아마인유, 호두유, 잣유 등
• 반건성유 : 대두유, 참기름, 고추씨유, 해바라기씨유, 면실유 등
• 불건성유 : 낙화생유(땅콩기름), 동백기름, 올리브유 등

정답   110 라   111 가   112 다   113 다   114 나

한식조리기능사 **필기**

1 시장조사

1) 시장조사의 의의

구매활동에 필요한 자료의 수집과 분석을 통하여 얻어진 구매방법으로 비용절감과 이익 증대를 도모하기 위하여 실시하며, 가격변동과 수급현황, 공급업자와 업계의 동향을 파악하기 위한 매우 중요한 활동이다.

2) 시장조사의 목적

① 식재료의 구매예정가격 결정
② 시장조사를 통한 합리적인 구매계획의 수립
③ 신메뉴의 설계
④ 제품의 개선 및 개량

> **Tip** 시장조사의 내용 : 품목, 품질, 수량, 가격, 시기, 거래처, 거래조건

3) 시장조사의 내용

① **품목** : 대체식품과 제조회사
② **품질** : 식자재의 품질과 가격의 가치
③ **수량** : 원가절감을 위한 대량구매와 보관기간

④ **가격과 시기**: 식자재의 가치와 조건 등에 따른 적정한 가격과 시장시세에 따른 구매 시기

⑤ **구매거래처**: 수급량과 기후조건에 따라 저장성이 변동되므로 다수의 거래처 확보

⑥ **거래조건**

4) 시장조사의 종류

① **일반 기본 시장조사**: 경제계와 관련업계의 동향, 기초자재의 시가, 관련업체의 수급변 동상황, 대금결제조건 등에 대한 조사

② **품목별 시장조사**: 물품의 수급 및 가격변동에 대한 조사. 가격산정과 기초자료, 구매 수량의 결정을 위한 기초자료로 활용

③ **구매거래처 업태조사**: 안정적인 거래를 유지하기 위해 주거래업체의 상황 등에 대하 여 조사

④ **유통경로의 조사**: 물품의 유통경로를 조사

5) 시장조사의 원칙

① **비용 경제성의 원칙**: 시장조사에 사용되는 비용이 최소가 되도록 하는 원칙

② **조사 적시성의 원칙**: 구매업무를 수행하는 소정의 기간에 끝내도록 하는 원칙

③ **조사 탄력성의 원칙**: 시장수급상황 및 가격변동에 탄력적으로 대응할 수 있도록 조사 하는 원칙

④ **조사 계획성의 원칙**: 사전계획을 철저히 세워 정확한 조사가 될 수 있도록 하는 원칙

⑤ **조사 정확성의 원칙**: 조사하는 내용이 정확할 수 있도록 하는 원칙

2 식품 구매관리

1) 식품 구매 시 고려사항

① **식품 구입 시 고려사항**: 식품의 가격과 출회표

② 쇠고기 구입 시 고려사항 : 중량과 부위(1주일분 한꺼번에 구입)

③ 과일 구입 시 고려사항 : 산지, 상자당 개수, 품종

④ 곡류 · 건어물 구입 시 고려사항 : 1개월분을 한꺼번에 구입

⑤ 생선 · 과채류 구입 시 고려사항 : 수시로 구입

3 식품 재고관리

1) 재고의 중요성

① 재고 부족으로 인한 생산계획의 차질 방지

② 적정재고 유지로 유지비용 감소

③ 낮은 가격으로 최상 품질품목의 구매 가능 및 구매비용 절감

④ 도난 및 부주의로 인한 손실 방지 및 원가절감

제2장 검수관리

1 검수관리의 의의

검수는 발주(구입)한 상품에 대한 품질을 확인하는 단계로 납품된 식재료를 전부 검사하는 전수검수와 납품한 식재료의 샘플을 뽑아 검사하는 발췌(샘플)검수가 있다. 전수검수는 정확한 검사가 가능하나 시간과 경비가 많이 소요되는 반면, 발췌검수는 시간과 경비가 적게 소요되지만, 정확한 검사가 불가능한 특징이 있다.

따라서 효과적인 검수가 이루어지기 위해서는 무엇보다 검수 지식과 풍부한 경험이 있는 검수원의 역할이 중요하다.

2 식재료의 품질 확인 및 선별

1) 농산물과 가공품

(1) 쌀

① 건조상태가 좋아야 한다.
② 깨물었을 때 딱 소리가 나는 것이 좋다.
③ 외형이 윤기가 나고 타원형이며 굵고 입자가 균일한 것이 좋다.
④ 냄새가 있는 것은 좋지 않다.
⑤ 쌀 이외의 다른 물질이 혼입되어 있는 것은 좋지 않다.

(2) 소맥분

① 가루의 결정이 미세한 것이 좋다.

② 손으로 만졌을 때 끈끈한 감이 없는 것이 좋다.

③ 색이 흰 것이 좋고 밀가루 이외의 물질이 혼입되어 있는 것은 좋지 않다.

④ 잘 건조되어 있고 냄새가 없는 것이 좋다.

(3) 채소 및 과실류

① 특유의 형태와 색이 잘 갖추어진 것이 좋다.

② 상처가 없는 것이 좋다.

③ 수분을 상실하지 않고 건조시키지 않은 것이 좋다.

2) 수산식품과 가공품

(1) 어류

① 색이 선명하고 광택이 있는 것이 좋다.

② 비늘이 고르게 밀착되어 있는 것이 좋다.

③ 고기가 연하고 탄력성이 있어야 한다.

④ 신선한 것은 물에 가라앉고, 오래된 것은 물에 뜬다.

⑤ 눈이 투명하고 아가미가 선홍색인 것이 좋다.

(2) 어육연제품

① 손으로 비벼서 벗겨지는 것은 부패된 것이다.

② 표면에 점액이 나오는 것이나, 20%의 염산수에 연제품을 살짝 댔을 때 흰 연기가 나오는 것은 오래된 것이다.

③ 절단면의 결이 고른 것이 좋다.

④ 이취가 나지 않는 것이어야 한다.

3) 축산물과 가공품

(1) 육류

① 색이 곱고 습기가 있으며, 광택이 있는 것이 신선한 것이다.

② 오래된 것은 암갈색을 띠고 건조해 보이며 탄력성이 없다.

③ 쇠고기는 선홍색, 돼지고기는 담홍색이 좋다.

④ 부패한 고기는 녹색으로 변하고, 점액이 나오며 악취가 난다.

⑤ 고기를 얇게 저며 빛에 비췄을 때 반점이 있는 것은 기생충이 있는 경우가 많다.

⑥ 야간에 식육이 불빛에 의해 형광색이 나는 것은 오래된 것이다.

(2) 달걀

① 빛을 쬐었을 때 밝고 투명해 보이며, 기포가 크지 않은 것이 좋다(투시법).

② 알을 깨뜨렸을 때 노른자가 터지지 않고, 흰자가 퍼지지 않는 것이 좋다(농후난백).
   (난황계수(0.36~0.44) 및 난백계수가 높을수록 신선하다.)

$$난황계수 = \frac{난황의\ 높이}{난황의\ 직경} \quad, \quad 난백계수 = \frac{농후난백의\ 높이}{농후난백의\ 직경}$$

③ 껍질이 까칠한 것은 신선하고, 매끄럽고 광택이 있는 것은 오래된 것이다(외관법).

④ 물에 넣었을 때 누워 있는 것은 신선하고, 서 있는 것은 오래된 것이다.

⑤ 6%의 식염수에 넣었을 때 뜨는 것은 오래된 것이다.

⑥ 흔들어보았을 때 잘 흔들리지 않고 소리가 나지 않는 것이 좋은 것이다(진음법).

⑦ 혀를 대보아서 둥근 부분은 따뜻하고 뾰족한 부분은 찬 것이 좋다.

(3) 우유

① 용기나 뚜껑이 위생적으로 처리되어 있어야 한다.

② 제조일자 및 유통기한을 반드시 확인한다.

③ 이물질이나 침전물이 있는 것은 좋지 않다.

④ 물속에 우유를 한 방울 떨어뜨렸을 때 구름과 같이 퍼지면서 강하하는 것이 좋다.

⑤ 비중이 1.028 이상인 것이 신선하다.(1.028 이하인 것은 물이 섞인 우유이다.)

(4) 버터

① 외관이 균일한 것이 좋다.

② 곰팡이의 흔적이나 반점 또는 무늬가 생긴 것은 좋지 않다.

③ 입에 넣었을 때 패유취가 나지 않고, 자극미가 없는 것이 신선한 것이다.

④ 50~60℃에서 가열 시 거품이 생기는 것이 좋은 것이다.

(5) 치즈

① 특유의 풍미를 함유하고 있는 것이 좋다.

② 곰팡이의 흔적이나 건조하지 않은 것이 좋다.

③ 입에 넣었을 때 부드러운 느낌으로 서서히 녹아야 한다.

④ 입안에 이물질이 남지 않아야 한다.

(6) 통조림

① 외관이 정상으로 완전한 것이 좋다.

② 내용물의 액즙이 스며 나오지 않은 것이 좋다.

③ 라벨에 있는 내용물과 제조자명, 제조연월일 및 첨가물을 확인하고 구입한다.

④ 개관하였을 때 내용물이 표기의 상태로 완전하여야 하고, 관의 내면이 변색 및 변질되지 않은 것이어야 한다.

3 조리기구 및 설비 특성과 품질 확인

1) 조리기구 및 설비 선정 시 유의사항

① **처리능력** : 급식수를 고려하여 적정량을 처리할 수 있는 능력을 고려한다.

② **내구성 및 관리** : 기구의 수명과 관리방법이 용이한 것을 선정한다.

③ **경제성** : 작업의 목적에 맞으며, 사용빈도와 인력절감, 시간단축 등의 경제성이 있는 제품을 선정한다.

④ **안정성 및 위생성** : 제품에 사용되는 재질 등이 '인체에 위해하지 않다' 라는 안정성을 보증하는 제품을 선정한다.

2) 조리업무에 따른 조리기구 및 설비

① **구매 및 검수** : 검수대, 운반차, 온도계, 저울, 손소독기

② **저장** : 냉장·냉동고, 저장창고, 선반

③ **전처리** : 싱크대, 작업대, 박피기, 절단기, 블렌더, 세미기 등

④ **조리** : 취반기, 회전솥, 튀김기, 브로일러, 그리들, 가스레인지, 오븐 등

⑤ **배식** : 보온고, 보냉고, 배선차, 운반차 등

⑥ **세척** : 세정대, 선반, 식기세척기, 소독보관기, 칼·도마 소독기 등

3) 조리기구의 종류와 용도

① **컨벡션 오븐** : 전기와 가스를 이용하여 뜨거운 열을 발생시키고, 내부에 부착된 팬(송풍기)을 이용하여 공기를 순환시켜 조리하는 오븐

② **틸팅팬** : 브레이징팬으로도 불리며, 주방에서 다용도로 사용된다. 주로 굽기, 튀기기, 삶기, 조리기, 끓이기 등에 사용할 수 있다.

③ **전자레인지** : 초단파를 이용하여 음식물을 빠르게 조리할 수 있다. 법랑냄비, 크리스털 제품, 금속이 함유된 조리기구는 사용을 금한다.

④ **블렌더** : 믹서기라고도 하며, 재료를 혼합하고 다지는 데 사용하는 기구이다.

⑤ **취반기** : 밥을 대량으로 조리할 수 있는 기구로, 가스와 전기를 열원으로 하는 기구이다.

⑥ **필러(Peeler)** : 감자, 당근 등의 근채류나 채소의 껍질을 벗기는 기구

⑦ **슬라이서(Slicer)** : 육류를 얇게 저며내는 기구

⑧ **초퍼(Chopper)** : 식품을 다져내는 기구

⑨ **커터(Cutter)** : 식품을 자르는 기구

⑩ **믹서(Mixer)** : 모든 재료를 혼합하는 기구

⑪ **샐러맨더(Salamander)** : 가스 또는 전기를 열원으로 하는 하향식 구이용 기구

⑫ **그리들(Griddle)** : 두꺼운 철판 밑으로 열을 가열하여 철판을 뜨겁게 한 후 음식을 조리하는 기구

⑬ **세미기** : 쌀을 세척하는 기구

⑭ **그라인더(Grinder)** : 쇠고기를 갈 때 사용하는 기구

⑮ **브로일러(Broiler)** : 복사열의 직·간접인 열원을 이용하여 스테이크 등의 구운 모양을 시각적으로 나타내는 기구

⑯ **인덕션(Induction)** : 유도코일에 의하여 자기전류가 발생하는데 이때 일어나는 자기마찰에 의해 가열되는 원리를 이용하는 기구

4 검수를 위한 설비 및 장비 활용방법

① 검수를 위한 설비 및 장비는 급배수 시설을 용이하게 갖추고, 유해 해충 및 유해 동물이 유입되지 않도록 방충방서를 철저히 한다.

② 검수대(선반)는 위생적으로 관리하고, 검수에 필요한 저울, 온도계, 계산기 등을 비치한다.

③ 검수실의 조도는 540Lux 이상을 유지하고, 식재료명, 품질, 온도, 이물질 혼입, 포장상태, 유통기한, 수량 및 원산지 표시 등을 확인하여 기록한다.

제 **3** 장　**원가**

1 원가의 의의 및 종류

1) 원가의 개념

원가란 기업이 특정제품의 제조, 판매, 서비스의 제공을 위하여 소비된 경제가치, 즉 소비된 경제가치를 화폐의 가치로 나타낸 것이라고 할 수 있다.

2) 원가계산의 목적

기업의 경제실제를 계수적으로 파악하여, 적정한 판매가격을 결정하고 동시에 경영능률을 증진시키고자 하는 것을 말한다. 따라서 기업의 손익을 계산하는 데 필수적 요소로 원가를 효율적으로 관리하기 위한 정보 제공, 계획수립에 있어서 빼놓을 수 없는 역할을 한다.
① 가격결정의 목적
② 원가관리의 목적
③ 예산편성의 목적
④ 재무제표 작성의 목적

3) 원가구성의 3요소

(1) 재료비

제품의 제조를 위하여 소비되는 물품의 원가로 일정한 기간에 소비한 재료의 수량에 단가를 곱하여 소비된 재료의 금액을 계산하는 것이며, 여기에는 직접재료비, 간접재료비가 해당된다.

(2) 노무비

제품의 제조를 위하여 소비된 노동의 가치로 임금, 잡금 등으로 구분되며, 직접노무비, 간접노무비가 해당된다.

(3) 경비

제품의 제조를 위하여 소비된 재료비, 노무비 이외의 가치로 계속적으로 소비되는 비용이며, 수도광열비, 전력비, 보험료, 감가상각비가 해당된다. 직접경비와 간접경비로 구분된다.

4) 직접원가, 제조원가, 총원가

각 원가요소가 어떠한 범위까지 원가계산에 집계되는가의 관점에서 분류한 것으로 내용은 다음과 같다.

			이익
		판매관리비	
	제조간접비		
직접재료비		제조원가	총원가
직접노무비	직접원가		
직접경비			
직접원가	제조원가	총원가	판매원가

5) 직접비, 간접비

① 직접비는 특정제품에 직접 부담시킬 수 있는 것으로 여러 가지 제품이 생산되는 경우에 한 제품의 제조에 직접적으로 발생하는 원가이며, 직접원가라고도 한다.
② 간접비는 여러 제품에 공통적으로 또는 간접적으로 소비되는 것으로 여러 가지 제품 제조에 공통적으로 발생하는 원가이며, 제품별로 부담시키기 위해 인위적으로 적당하게 배분해야 하는 비용이다.

6) 실제원가, 예정원가, 표준원가

① **실제원가** : 제품이 제조된 후에 실제로 소비된 원가를 산출하는 것으로 사후계산에 의해 산출되므로, 확정원가 또는 현실원가라 한다.

② **예정원가** : 제품의 제조 이전에 제품 제조에 소비될 것으로 예상되는 원가를 산출한 것으로 사전원가 또는 견적원가라 한다.

③ **표준원가** : 가장 이상적, 과학적, 통계적, 확률적인 원가로 실제원가를 통제하는 기능을 가진다.

7) 원가계산 기간

1개월(원가계산 실시의 시간적 단위)에 한 번씩 실시하는 것이 원칙(단, 경우에 따라 3개월 또는 1년에 한 번씩 실시하기도 함)이다.

8) 원가요소

① **급식재료비** : 급식에 사용된 조리식품, 반제품, 급식원재료 또는 조미료 등 그 식품에 소요되는 모든 재료에 대한 비용을 말한다.

② **노무비** : 급식업무에 종사하는 모든 사람들에게 노동력의 대가로 지불하는 비용을 말한다(임금, 상여금 및 퇴직 적립금, 제 수당, 복리후생비 등).

③ **시설사용료** : 급식시설의 사용에 대해서 지불하는 비용을 말한다(건물, 설비, 기기류의 수선비, 감가상각비, 청소비 등).

④ **수도 · 광열비** : 가스, 전기, 수도, 연료비 등의 비용을 말한다.

⑤ **소모품비** : 급식업무에 소요되는 각종 소모품 비용을 말한다.

⑥ **관리비** : 그 시설의 직접경비 외에 별도의 간접경비와 판매에 필요한 비용을 말한다.

⑦ **기타 경비** : 위생비, 여비교통비, 통신비, 피복비 · 기타 잡비 등이 있다.

9) 원가계산의 원칙

① 진실성의 원칙

② 발생기준의 원칙

③ 계산경제성의 원칙

④ 확실성의 원칙

⑤ 정상성의 원칙

⑥ 비교성의 원칙

⑦ 상호관리의 원칙

2 원가분석 및 계산

1) 원가계산의 구조

① 제1단계 요소별(비목별) 원가계산 : 제품의 원가를 재료비, 노무비, 경비의 3가지로 분류하여 계산하는 방식

② 제2단계 부문별 원가계산 : 전 단계에서 파악된 원가요소를 원가 부문별로 분류, 집계하여 계산하는 방식

③ 제3단계 제품별 원가계산 : 제품별로 배분하여 최종적으로 각 제품의 제조원가를 계산하는 방식

✻ 제조원가
• 직접비(= 직접원가. 직접적, 개별적으로 부담시킬 수 있는 원가)
① 직접재료비 : 주요 재료비(급식시설에서는 급식원 제출)
② 직접노무비 : 임금 등
③ 직접경비 : 특허권 사용료, 외주 가공비 등
• 간접비(= 간접원가. 공통적, 간접적으로 부담시킬 수 있는 원가)
① 간접재료비 : 보조재료비(급식시설에서는 조미료 등)
② 간접노무비 : 급료, 수당 등
③ 간접경비 : 감가상각비, 보험료, 수선비, 전력비, 가스비, 수도광열비 등

2) 재료비의 계산

(1) 재료비의 개념

제품의 제조과정에서 실제로 소비되는 재료의 가치를 화폐액수로 표시한 금액을 재료비라고 한다. 재료비는 제품원가의 중요한 요소가 되며, 산출 공식은 다음과 같다.

> 재료비 = 재료소비량 × 재료소비단가

(2) 재료소비량의 계산

① **계속기록법** : 재료의 입고와 출고가 이루어질 때마다 장부에 그 사실을 기록함으로써, 장부기록에 의하여 당월의 재료소비량을 파악하는 방법이다.

② **재고조사법** : 재료의 입고량만 기입하였다가, 기말에 실제 재고량을 파악하고, 전기이월량과 당기구입량의 합계에서 기말재고량을 차감함으로써 재료소비량을 파악하는 방법이다.

> (전기이월량 + 당기구입량) − 월말재고량 = 당기소비량

③ **역계산법** : 일정 단위를 생산하는 데 소요되는 재료의 소비량을 정하고, 그것에 제품수량을 곱하여 전체 소비량을 산출하는 것이다.

> 제품 단위당 표준소비량 × 생산량 = 재료소비량

(3) 재료소비 가격의 계산

① **개별법** : 재료를 구입단가별로 가격표를 붙여서 보관하다가 출고할 때, 그 가격표에 표시된 구입단가를 재료의 소비가격으로 하는 방법이다.

② **선입선출법(매입순법)** : 재료의 구입순서에 따라 먼저 구입한 재료를 먼저 소비한다는 가정 아래에서 소비가격을 계산하는 방법이다.

③ **후입선출법(매입역법)** : 최근에 구입된 재료부터 먼저 사용한다는 가정 아래에서 재료의 소비가격을 계산하는 방법이다.

④ **단순평균법**: 일정기간 동안의 구입단가를 구입횟수로 나눈 구입단가의 평균을 재료소비단가로 하는 방법이다.

⑤ **이동평균법**: 구입단가가 다른 재료를 구입할 때마다 재료량과의 가중평균가를 산출하여, 이를 소비재료의 가격으로 하는 방법이다.

3) 손익분석

① **손익분기점**: 수익과 총비용(고정비＋변동비)이 일치하는 점(이익도 손실도 발생하지 않는 점)을 말한다.

② **손익계산**: 원가, 조업도, 이익의 상호관계를 조사 분석하여 이로부터 경영계획을 수립하는 데 유용한 정보를 얻기 위해서 실시되는 기법이다.

4) 감가상각

(1) 감가상각의 개념

기업의 자산은 고정자산(토지, 건물, 기계 등), 유동자산(현금, 예금, 원재료 등) 및 기타 자산으로 구분된다. 이 중에서 고정자산은 대부분이 그 사용과 시일의 경과에 따라 그 가치가 감가된다. 감가상각이란 이 같은 고정자산의 감가를 일정한 내용연수에 일정한 비율로 할당하여 비용으로 계산하는 절차를 말하며, 이때 감가된 비용을 감가상각비라 한다.

(2) 감가상각의 3대 요소

① **기초가격**: 취득원가, 구입가격

② **내용연수**: 취득한 고정자산의 유효 가능한 추산기간

③ **잔존가격**: 구입가격의 10%로 고정자산이 내용연수에 도달하였을 때 매각하여 얻는 추정가격

(3) 감가상각의 계산방법

① **정률법**: 기초가격에서 감가상각비 누계를 차감한 미상각액에 대하여 매년 일정률을

곱하여 산출(초년도 상각액이 제일 크고, 연수가 경과함에 따라 상각액은 줄어듦)

② **정액법** : 고정자산의 감가총액을 내용연수로 균등하게 할당하는 방법

$$\text{매년의 감가상각액} = \frac{\text{기초가격} - \text{잔존가격}}{\text{내용연수}}$$

구매관리 예상문제

001 시장조사의 목적과 거리가 먼 것은?

가. 시장조사를 통해 합리적인 구매계획을 수립할 수 있다.

나. 식재료의 구매예정가격을 수립할 수 있다.

다. 시장조사는 효율적인 재고관리를 하기 위한 목적이 있다.

라. 시장조사를 통해 신메뉴개발을 계획할 수 있다.

002 재고관리 시 주의점이 아닌 것은?

가. 재고회전율 계산은 주로 한 달에 1회 산출한다.

나. 재고회전율이 표준치보다 낮으면 재고가 과잉임을 나타내는 것이다.

다. 재고회전율이 표준치보다 높으면 생산지연 등이 발생할 수 있다.

라. 재고회전율이 표준치보다 높으면 생산비용이 낮아진다.

> **해설** 재고회전율이 높아지면 재고와 관련한 이자비용과 재고 취급 및 보관비용을 줄일 수 있다.

003 재고회전율에 대한 설명이 맞는 것은?

가. 수요량과 재고회전율의 관계는 반비례한다.

나. 재고량과 재고회전율의 관계는 정비례한다.

다. 일정기간 동안 재고가 몇 번이고 '0'에 도달하였다가 보충되었는가를 측정하는 것이다.

라. 재고회전율이 표준보다 높을 때는 재고가 많다는 뜻이다.

> **해설** 재고회전율이란 일정기간 동안 재고가 0에 도달하였다가 보충되었는가를 측정하는 것이다.

004 급식소 재고관리의 의의가 아닌 것은?

가. 물품부족으로 인한 급식생산 계획의 차질을 미연에 방지할 수 있다.

나. 도난과 부주의로 인한 식품재료의 손실을 최소화할 수 있다.

다. 재고도 자산인 만큼 가능한 많이 보유하고 있어 유사시에 대비하도록 한다.

라. 급식생산에 요구되는 식품재료와 일치하는 최소한의 재고량이 유지되도록 한다.

> **해설** 급식소의 재고관리는 선입선출, 각 식품에 적당한 재고기간 파악, 재고량의 결과 차이 발생 시 오차의 원인 분석을 가능케 함

005 식품을 구매하는 방법으로 옳지 않은 것은?

가. 가공식품은 제조일과 유통기한에 영향을 받지 않으므로 한번에 많이 구입한다.

나. 과채류 및 어패류는 신선도를 확인하여 필요에 따라 수시로 구입한다.

다. 곡류, 건어물, 조미료 등 장기 보관이 가능한 식품은 1개월분을 한번에 구입한다.

라. 비가식부와 폐기율을 고려하여 필요량만 구입한다.

> 해설 가공식품은 상대적으로 제조일과 유통기한이 긴 편이지만 항상 확인하고 구입한다.

006 식품구입 시의 감별방법으로 틀린 것은?

가. 육류가공품인 소시지의 색은 담홍색이며 탄력성이 없는 것

나. 밀가루는 잘 건조되고 덩어리가 없으며 냄새가 없는 것

다. 감자는 굵고 상처가 없으며 발아되지 않은 것

라. 생선은 탄력이 있고 아가미는 선홍색이며 눈알이 맑은 것

> 해설 육류가공품인 소시지의 색은 담홍색이며 탄력성이 있는 것이 신선하다.

007 식품과 감별 항목의 연결이 옳지 않은 것은?

가. 수산물 - 신선도, 색과 광택

나. 육류 - 부위등급, 중량

다. 채소류 - 성숙도, 중량, 색과 광택

라. 달걀 - 투시, 난백, 난황의 상태

> 해설 채소류는 신선도, 폐기율, 색과 광택, 잔류 농약 등을 감별 항목으로 한다.

008 식재료를 검수하는 순서로 옳은 것은?

가. 냉장식품 → 공산품 → 냉동식품 → 공산품

나. 냉장식품 → 냉동식품 → 신선식품 → 공산품

다. 공산품 → 냉동식품 → 냉장식품 → 신선식품

라. 냉동식품 → 냉장식품 → 공산품 → 신선식품

> 해설 식재료 검수 시 냉장식품 → 냉동식품 → 신선식품 (과일, 채소) → 공산품 순으로 한다.

009 식품 검수 시 유의할 점으로 잘못된 것은?

가. 정확한 검수를 위해 식품은 맨손으로 만져보고, 직접 맛을 본다.

나. 검수 시 식품은 검수대 바닥에서 60cm 이상 높이에서 진행한다.

다. 검수는 식품이 도착하자마자 바로 진행한다.

라. 검수 후 규격에 맞지 않는 식품은 반드시 반품처리한다.

> 해설 검수 시 식품을 맨손으로 만지거나 직접 맛보지 않는다.

010 어류의 신선도에 대한 설명으로 틀린 것은?

가. 어류는 사후경직 전 또는 경직 중이 신선하다.

나. 신선한 생선은 비늘이 밀착되고 아가미는 담홍색이다.

다. 신선한 어류는 살이 단단하고 비린내가 적다.

라. 어류는 신선도가 다소 떨어지면 조림이나 튀김조리가 좋다.

해설 신선한 생선은 눈알이 돌출되어 있으며 아가미의 색은 선홍색이어야 한다. 비늘은 고르게 잘 밀착되어 있어야 하며, 광택이 있고 눌렀을 때 탄력이 있으며 냄새가 나지 않아야 한다.

011 어류의 선택 및 보관방법에 있어서의 설명으로 가장 알맞은 것은?

가. 어육은 수조육보다 수분함량이 많고 불포화지방산이 많아 산패가 잘 안 되기 때문에 취급방식이 수조육과 다르다.

나. 냉동한 것은 -18℃ 이하에서 저장하면 6개월 이상 저장이 가능하다.

다. 어패류의 근육은 수조육에 비해 결합조직이 많아서 살이 쉽게 부패하므로 구입 후 바로 조리한다.

라. 생선을 손으로 여러 번 만지면 세균의 오염이 심해지므로 바로 냉동 또는 냉장하는 것이 좋다.

해설 생선은 어획 직후부터 선도가 저하되므로 바로 냉장 보관해야 한다.

012 다음 중 신선한 계란은?

가. 난황이 깨진 계란
나. 물 같은 난백이 많이 넓게 퍼진 계란
다. 난황은 둥글고 주위에 농후난백이 많은 계란
라. 작은 혈액 덩어리가 있는 계란

해설 신선도 판정법
• 난황계수(0.36~0.44) 및 난백계수가 높을수록 신선하다.

$$난황계수 = \frac{난황의 높이}{난황의 직경},$$

$$난백계수 = \frac{농후난백의 높이}{농후난백의 직경}$$

• 6%의 소금물에서 비중 측정: 가라앉으면 신선한 달걀이다.
• 외관이 까칠까칠하고, 깨뜨려서 흰자와 노른자의 높이가 높을 때 신선하다.
• 흔들어보아 잘 흔들리지 않아야 신선하다.

013 사과나 배 등의 과일을 구입할 때 알아야 할 가장 중요한 것은?

가. 상자형태, 포장, 중량
나. 산지, 상자당 개수, 품종
다. 산지, 포장, 색깔
라. 상자형태, 개수, 색깔

해설
• 과일 구입 시 고려사항은 산지, 상자당 개수, 품종
• 곡류·건어물 구입 시 고려사항은 1개월분을 한꺼번에 구입
• 생선, 과채류 구입 시 고려사항은 수시로 구입하는 것

014 다음 중 구매해도 좋은 것은?

가. 오이 - 색이 좋고 가시가 없다.
나. 오징어 - 몸통이 원형으로 붉은색을 띠고 탄력성이 없다.
다. 우유 - 독특한 향기가 나며 물속에서 퍼지면서 내려간다.
라. 당근 - 둥글고 살찐 것으로 내부에 심이 없다.

해설
• 오이: 녹색이 짙고 가시가 있으며 탄력과 광택이 있어야 한다. 또 굵기가 고르고 꼭지의 단면이 싱싱한 것이 좋다.
• 오징어: 색깔이 푸르고 짙은 회색이 돌고 광택이 나는 것이 좋으며, 몸에 검붉은빛이 나고, 껍질이 질기고, 살은 눌렀을 때 탄력이 있는 것이 좋다.

- 우유 : 물컵에 우유를 떨어뜨릴 때 구름과 같이 퍼지면서 강하하는 것이 좋고, 비중은 1.028 이상인 것이 좋다.
- 당근 : 색이 일정하고 진한 광택을 띠며 표면이 매끄럽고 형태가 바른 것이 좋다. 단단하고 뿌리 끝이 가늘수록 심이 적고 조직이 연하다.

015 식품 감별능력에서 가장 중요한 것은?

가. 경험자의 의견　　나. 풍부한 경험
다. 검사방법　　　　라. 문헌상의 지식

해설 식품 감별능력에서 가장 중요한 것은 풍부한 경험이고, 식품 감별 목적은 식중독 미연 방지 및 불량식품의 적발가능. 위생상 유해성분의 검출, 구분을 통하여 식생활을 안정. 불분명한 식품의 이화학적 방법 등에 의한 가능성 때문이다.

016 다음 중 쇠고기 구입 시 가장 유의해야 할 것은?

가. 중량, 부위　　나. 색깔, 부위
다. 중량, 부피　　라. 색깔, 부피

해설
- 식품 구입 시 고려사항은 식품의 가격과 출회표
- 쇠고기 구입 시 고려사항은 중량과 부위(1주일분 한꺼번에 구입)이다.

017 쇠고기 100kg의 손질 결과가 다음과 같이 산출되었다.(가식부분 : 70kg, 지방 : 25kg, 힘줄 및 핏물 : 5kg) 위의 고기로 500명분의 불고기를 만들려면 쇠고기를 약 몇 kg 주문해야 하겠는가?(단, 1인분의 쇠고기 양은 120g으로 하였다.)

가. 56kg　　나. 60kg
다. 70kg　　라. 86kg

해설
- 500명 × 120g = 60kg
- 60kg × 100 ÷ 70 = 86kg

018 다음 식품 중 폐기율이 가장 높은 것은?

가. 게　　　　나. 동태
다. 미나리　　라. 수박

해설 폐기량(廢棄量)이란 조리 시 식품에 있어서 버려지는 부분이고, 폐기율은 식품의 전체 중량에 대한 폐기량을 %로 표시하는 것이다.

019 식단 작성 시 영양 면으로 볼 때 가장 중요한 것은?

가. 값이 싼 것으로 한다.
나. 모든 영양소가 골고루 들어 있어야 한다.
다. 맛이 좋아야 한다.
라. 계절식품을 이용한다.

해설 식단 작성 시 고려해야 할 사항은 모든 영양소가 골고루 들어 있어야 하고 맛이 좋아야 하며, 계절식품을 이용하는 것이 중요하다. 또한 단백질량의 1/3은 양질의 단백질(두부, 고기 등)에서 섭취해야 한다.

020 집단급식시설에서 조리기기를 선택할 때 우선적으로 고려할 사항과 가장 거리가 먼 것은?

가. 위생적일 것
나. 심미성이 있을 것
다. 경제적일 것
라. 능률적일 것

해설 위생성(제일 먼저 고려해야 함), 능률성, 경제성의 순서로 고려한다.

021 일정기간 내에 기업의 경영활동으로 발생한 경제가치의 소비액을 의미하는 것은?

가. 급부
나. 원가
다. 비용
라. 수익

해설 원가란 기업이 특정제품의 제조, 판매, 서비스의 제공을 위하여 소비된 경제가치, 즉 소비된 경제가치를 화폐의 가치로 나타낸 것이라고 할 수 있다.

022 다음 중 원가의 3요소에 해당되지 않는 것은?

가. 직접비
나. 경비
다. 재료비
라. 노무비

해설 **원가구성의 3요소** : 재료비, 노무비, 경비

023 조리기계류는 사용빈도, 설치장소 등에 따라 소모도에 차이가 생기므로 이들 시설에 대한 가치감소를 일정한 방법으로 원가관리에서 고려한 것은?

가. 한계이익률
나. 손익분기점
다. 감가상각비
라. 식품수불부

해설 감가상각이란 고정자산의 감가를 일정한 내용연수에 일정한 비율로 할당하여 비용으로 계산하는 절차를 말하며, 이때 감가된 비용을 감가상각비라 한다.

024 다음은 재료의 소비단가를 정하는 방법들이다. 이중 매입한 날짜가 빠른 것부터 먼저 출고되는 것으로 간주하여 소비단가를 결정하는 방법은?

가. 선입선출법
나. 총평균법
다. 이동평균법
라. 후입선출법

해설 **선입선출법(매입순법)** : 재료의 구입순서에 따라 먼저 구입한 재료를 먼저 소비한다는 가정 아래 소비가격을 계산하는 방법이다.

025 원가계산의 원칙에 속하지 않는 것은?

가. 발생기준의 원칙
나. 상호관리의 원칙
다. 진실성의 원칙
라. 예상성의 원칙

해설 **원가계산의 원칙** : 진실성의 원칙, 발생기준의 원칙, 계산경제성의 원칙, 확실성의 원칙, 정상성의 원칙, 비교성의 원칙, 상호관리의 원칙

026 제품 1단위당 원가계산의 일반적인 과정을 잘 나타낸 것은?

가. 요소별 원가계산 → 제품별 원가계산 → 부문별 원가계산
나. 요소별 원가계산 → 부문별 원가계산 → 제품별 원가계산
다. 제품별 원가계산 → 부문별 원가계산 → 요소별 원가계산
라. 부문별 원가계산 → 제품별 원가계산 → 요소별 원가계산

해설
• 제1단계 요소별(비목별) 원가계산
• 제2단계 부문별 원가계산
• 제3단계 제품별 원가계산

027 식당 운영 시 발생하는 경비항목은?

가. 영양사의 임금
나. 소모품비
다. 급식재료비
라. 조리사의 임금

해설 경비란 제품의 제조를 위하여 소비된 재료비, 노무비 이외의 가치로 계속적으로 소비되는 비용이며, 수도광열비, 전력비, 보험료, 감가상각비가 해당된다. 직접경비와 간접경비로 구분된다.

028 다음 중에서 원가계산의 목적이 아닌 것은?

　가. 기말재고량 측정

　나. 판매가격 결정

　다. 원가관리

　라. 재무제표 작성

해설 **원가계산의 목적** 가격결정의 목적, 원가관리의 목적, 예산편성의 목적, 재무제표 작성의 목적

029 월중 소비액을 파악하기 쉬운 계산법은?

　가. 월중 매입액 - 월말 재고액

　나. 월초 재고액 - 월중 매입액 - 월말 재고액

　다. 월말 재고액 + 월중 매입액 - 월말 소비액

　라. 월초 재고액 + 월중 매입액 - 월말 재고액

해설 월초 재고액 + 월중 매입액 - 월말 재고액 = 당기 소비량

030 제품이 제조된 후에 실제로 발생한 소비액을 기초로 하여 산출하는 원가계산 방법은?

　가. 표준 원가계산

　나. 추산 원가계산

　다. 예정 원가계산

　라. 실제 원가계산

해설 **실제 원가** : 제품이 제조된 후에 실제로 소비된 원가를 산출하는 것으로 사후계산에 의해 산출되므로, 확정원가 또는 현실원가라 한다.

031 감가상각의 대상인 고정자산에 속하는 것은?

　가. 현금　　　　　나. 기계

　다. 예금　　　　　라. 통장

해설 감가상각에서 기업의 자산은 고정자산(토지, 건물, 기계 등), 유동자산(현금, 예금, 원재료 등) 및 기타 자산으로 구분된다.

032 경영활동을 합리적으로 통제 관리하기 위한 목적으로 하는 원가계산은?

　가. 예정 원가계산

　나. 추산 원가계산

　다. 사전 원가계산

　라. 표준 원가계산

해설 **표준 원가** : 가장 이상적, 과학적, 통계적, 확률적인 원가로 실제원가를 통제하는 기능을 가진다.

033 다음 자료에 의해 총원가를 산출하면 얼마인가?

보기	• 직접 재료비	150,000	• 간접 재료비	50,000
	• 직접 노무비	100,000	• 간접 노무비	20,000
	• 직접 경비	5,000	• 간접 경비	100,000
	• 판매 및 일반 관리비			10,000

　가. 435,000　　　　나. 365,000

　다. 265,000　　　　라. 180,000

해설

• 총원가

　= 직접원가(직접재료비, 직접노무비, 직접경비) + 제조간접비(간접재료비, 간접노무비, 간접경비) + 판매관리비

• 직접원가(150,000 + 100,000 + 5,000) + 제조간접비(50,000 + 20,000 + 100,000) + 판매관리비(10,000) = 435,000

034 미역국을 끓일 때 1인분에 사용되는 재료와 필요량, 가격이 아래와 같다면, 미역국 10인분에 필요한 재료비는?(단, 총조미료의 가격 70원은 1인분 기준임)

보기	재료	필요량(g)	가격(원/100g당)
	미역	20	150
	쇠고기	60	850
	총조미료	–	70(1인분)

가. 610원   나. 6,100원
다. 870원   라. 8,700원

해설
• 미역 : 20 × 150 ÷ 100 = 30원
• 쇠고기 : 60 × 850 ÷ 100 = 510원
• 조미료 : 70원
• 총재료비 : 30 + 510 + 70 = 610원 × 10인분 = 6,100원

035 원가 구성요소 중 가장 높은 비율을 차지하는 식재료비의 비율은 전체 매출액 중 식재료비가 차지하는 비율로 계산한다. 1일 총매출액이 1,200,000원, 식재료비가 780,000원인 경우의 식재료비 비율은?

가. 55%   나. 60%
다. 65%   라. 70%

해설 780,000 ÷ 1,200,000 × 100 = 65%

036 재료 소비가격을 계산하는 방법은?

가. 계속기록법
나. 재고조사법
다. 역계산법
라. 단순평균법

해설 재료 소비가격의 계산방법
개별법, 선입선출법(매입순법), 후입선출법(매입역법), 단순평균법, 이동평균법이다.

037 다음 자료를 가지고 재고조사법에 의하여 재료의 소비량을 산출하면 얼마인가?

보기
• 전월이월량 : 200kg
• 당월매입량 : 800kg
• 기말재고량 : 300kg

가. 880kg   나. 700kg
다. 420kg   라. 120kg

해설 재고조사법
(전기 이월량 + 당기구입량) − 기말재고량 = 당기소비량
(200 + 800) − 300 = 700kg

038 급식인원이 1,000명인 단체급식소에서 점심급식으로 닭조림을 하려고 한다. 닭조림에 들어가는 닭 1인 분량은 50g이며, 닭의 폐기율이 15%일 때 발주량은 약 얼마인가?

가. 50kg   나. 60kg
다. 70kg   라. 80kg

해설
$$총발주량 = \frac{정미중량}{100 - 폐기율} × 100 × 인원수$$
$$= \frac{50}{100 - 15} × 100 × 1,000명$$
$$= 50 ÷ 85 × 100 × 1,000 = 58,823 ≒ 60kg$$

039 잔치국수 100그릇을 만드는 재료내역이 다음 표와 같을 때 한 그릇의 재료비는 얼마인가?(단, 폐기율은 0%로 가정하고 총양념비는 100그릇에 필요한 양념의 총액을 의미한다.)

보기	구분	100그릇의 양(g)	100g당 가격(원)
	건국수	8,000	200
	소고기	5,000	1,400
	애호박	5,000	80
	달걀	7,000	90
	총양념비	–	

가. 1,000원

나. 1,125원

다. 1,033원

라. 1,200원

해설 (80×2)+(50×14)+(50×0.8)+(70×0.9)+70 = 1,033원

040 수입소고기 두 근을 30,000원에 구입하여 50명에게 식사를 공급하였다. 식단 가격을 2,500원으로 정한다면 식품의 원가율은 몇 %인가?

가. 83% 나. 42%

다. 24% 라. 12%

해설 식재료비율(%) = 식재료비 ÷ 매출액 × 100
= [(30,000 ÷ 50) ÷ 2,500] × 100 = 24%

041 고기 20kg으로 닭강정 100인분을 판매한 매출액이 1,000,000원이다. 닭고기는 kg당 12,000원이고 총양념비용으로 80,000원이 들었다면 식재료의 원가비율은?

가. 24% 나. 28%

다. 32% 라. 40%

해설 식재료비율(%) = 식재료비 ÷ 매출액 × 100
= [(20 × 12000) + 80000] ÷ 1,000,000 × 100
= 32%

042 다음은 간장의 재고 대상이다. 간장의 재고가 10병일 때 선입선출법에 의한 간장의 재고자산은 얼마인가?

보기	입고일자	수량	단가
	5일	5병	3,500원
	12일	10병	3,500원
	20일	7병	3,000원
	27일	5병	3,500원

가. 30,000원 나. 31,500원

다. 32,500원 라. 35,000원

해설 선입선출법 먼저 들어온 것을 먼저 사용한다.
재고는 27일(5병 × 3,500원)
　　20일(5병 × 3,000원)
(5 × 3,500) + (5 × 3,000) = 32,500원

043 오징어 12kg을 25,000원에 구입하였다. 모두 손질한 후의 폐기율이 35%였다면 실사용량의 kg당 단가는 얼마인가?

가. 5,556원 나. 3,205원

다. 2,083원 라. 714원

해설 정미중량 = 전체중량 × (100 − 폐기율(%))
= 12 × (100 − 35) = 7.8kg
kg당 단가는 25,000원 ÷ 7.8kg = 3,205원

044 고등어 150g을 돼지고기로 대체하려고 한다. 고등어의 단백질 함량을 고려했을 때 돼지고기는 약 몇 g 필요한가?(단, 고등어 100g당 단백질함량 : 20.0g, 지질 : 18.5g, 돼지고기 100당 단백질함량 : 18.5g, 지질 : 13.9g)

가. 137g　　　　　　나. 152g
다. 164g　　　　　　라. 178g

해설 (원래식품성분 ÷ 대체식품성분) × 원래식품량
= (20.0 ÷ 18.5) × 150g = 164g

045 감자 100g이 72kcal의 열량을 낼 때 감자 450g은 얼마의 열량을 공급하는가?

가. 234kcal　　　　　나. 284kcal
다. 324kcal　　　　　라. 384kcal

해설 100 : 72 = 450 : x
(72 × 450) ÷ 100 = 324kcal

046 식품을 구입하였는데 포장에 아래와 같은 표시가 있었다. 어떤 종류의 식품 표시인가?

가. 방사선조사식품
나. 녹색신고식품
다. 자진회수식품
라. 유기농법제조식품

해설 유기농 원료 95% 이상을 사용했을 경우에 주어지는 마크

제 **5** 편

한식 기초조리실무

제 **1** 장 조리 준비

1 조리의 개념 및 기본 조리조작

1) 조리의 정의

조리란 식품에 물리·화학적 조작을 가하여 합리적인 음식물로 만드는 과정, 즉 식품을 위생적으로 적합하게 처리한 후 맛있고, 보기 좋고 소화되기 쉽게 하여 식욕이 나도록 하는 과정

2) 조리의 목적

① **안전성**: 식품의 유해성분을 살균하여 위생적으로 안전한 음식물로 만드는 것
② **영양성**: 소화를 용이하게 하며 식품의 영양효율을 높이는 것
③ **기호성**: 식품의 맛, 색깔, 모양을 좋게 하여 먹는 사람의 기호에 맞게 하는 것
④ **저장성**: 조리를 함으로써 저장성을 용이하게 하는 것

3) 조리의 방법

조리의 내용을 정리하면 다음 3가지로 분류할 수 있다.

(1) 기계적 조리

저울에 계량하기, 재료 씻기, 담그기, 저미기, 다지기, 치대기, 내리기, 무치기, 채썰기, 담기 등

(2) 가열적 조리

① **습열(濕熱)에 의한 조리** : 삶기, 찌기, 끓이기, 데치기 등
- Blanching(블랜칭) : 데치기, Boilling(보일링) : 끓이기, Simmering(시머링) : 약한 불로 끓이기, Steaming(스티밍) : 찌기, Poaching(포칭) : 삶기

② **건열(乾熱)에 의한 조리** : 굽기, 볶기, 튀기기, 부치기 등
- Broilling(브로일링) : 굽기, Sauteing(소테) : 센 불에 굽기, Deep Fat fry : 튀기기

③ **전자레인지에 의한 조리** : 초단파(마이크로웨이브) 이용

④ **복합조리에 의한 조리** : 습열과 건열에 의한 조리법
- Braising(브레이징) : 습열건열을 이용한 복합조리방법으로 질긴 육류의 조직을 부드럽게 조리

(3) 화학적 조리

효소(분해), 알칼리 물질(연화와 표백), 알코올(탈취, 방부), 금속염(金屬鹽 : 응고) 조미, 빵, 술, 된장 등은 위 세 가지 조리조작을 통해 만들어진 것이다.

4) 조리의 조작

(1) 조리의 온도

조리기술에는 조리의 온도와 맛있게 먹을 수 있는 적온 등을 알아야 하는데, 대개 음식의 온도는 체온을 중심으로 해서 25~30℃의 범위가 적당하다.

(2) 각 조리법에 따른 온도

① **끓이기** : 물속에서 열이 가해지는 조작으로 국이나 찌개, 탕을 만들 때 하는 조리를 말하며, 찌개와 국은 100℃에서 가열하는 것이 적당

② **찌기** : 수증기의 잠열에 의해 조리되는 방법을 말하며, 수증기 속의 온도가 85~90℃가 되도록 가열

③ **굽기** : 방사열 또는 달군 금속판을 이용하여 되도록 고온에서 가열하는 조리법을 말하

며, 식품을 오븐에 굽는 간접구이와 그릴이나 석쇠에 굽는 직화구이가 있다. 식품의 종류에 따라 200℃를 넘는 온도에서 굽는 경우도 있다.

④ 튀김 : 적당한 온도는 보통 160~180℃이지만, 수분이 많은 식품은 150℃, 튀김껍질이 없는 것은 130~140℃, 고로케와 같이 속재료가 미리 가열되어 있는 것은 180~190℃에서 재빨리 튀겨낸다.

2 기본조리법 및 대량 조리기술

1) 조리의 기본기술

(1) 가열 조리

① 가열의 목적은 식품을 가열함으로써 위생적으로 완전하게 하고 소화, 흡수를 잘할 수 있게 하기 위해서이다.

② 가열 조리의 중요성은 가열온도 조절, 가열시간 조절, 온도분포의 균일화에 있다.

③ 열원의 효율적인 사용을 위한 주의사항은 다음과 같다.

- 최소량의 공기로 완전 연소시킬 것
- 화력을 조절할 것
- 열을 효율적으로 받아들이도록 할 것
- 여열(餘熱)을 이용할 것

④ 밥 지을 때의 평균 열효율 : 전력 50~60%, 가스 45~55%, 장작 25~45%, 연탄 30~40%

(2) 생식품 조리

① 생식의 목적은 식품 자체가 가지고 있는 풍미나 미각을 그대로 살려서 먹을 수 있도록 하기 위해서이다.

② 생식품 조리 시 주의사항은 다음과 같다.

- 위생적으로 취급할 것
- 항상 신선미를 갖도록 할 것
- 식품 그대로의 감촉과 맛을 느끼게 할 것

2) 조리의 특징

(1) 삶기의 특징

① 섬유소 조직(과채류, 곡류, 두류)의 연화로 맛이 증가
② 단백질 응고(수조어육류)
③ 색의 고정(채소류, 갑각류, 근채류)
④ 이물질 및 불미성분 제거
⑤ 어육류 등의 지방량 감소 및 제거
⑥ 살균(미생물 및 효소 제거)
⑦ 소량의 물(재료의 5~6배)로 뚜껑을 열고 단시간에 삶는다.
⑧ 식소다, 중조 : 조직연화 및 이물질 및 불미성분 제거 효과
⑨ 죽순, 무, 배추 등은 쌀뜨물과 함께 삶으면 불미성분이 제거된다.

(2) 끓이기의 특징

① 어떤 열원이라도 가능하다.
② 조미하는 데 편리하다.
③ 식품을 끓이는 동안 재료에 맛이 스며들고, 조직이 연화되어 소화율도 높아지고 풍미가 증가한다.
④ 식품의 조미를 자유자재로 하며, 위생적이고 안전한 음식이 가능하다.
⑤ 한번에 대량의 음식을 만들 수 있다.
⑥ 다량의 물 사용으로 수용성 성분의 용출이 심하다.
⑦ 국을 끓일 때 건더기는 국물의 1/3, 국물은 2/3가 적당하다.
⑧ 찌개나 편육을 조리할 경우 어육류는 물이 끓은 다음에 넣는다.

✱ 국 끓이는 시간
- 감자, 당근 : 15~20분
- 호박 : 7분
- 무 : 15분
- 미역, 콩나물 : 5분
- 배추 : 5~8분

(3) 찜의 특징

① 수증기가 갖고 있는 잠열(1g당 539cal)을 이용하여 재료를 가열 조리하는 방법이다.
② 시간은 많이 걸리지만 영양소의 손실이 적다.
③ 식품의 모양이 흐트러지지 않고 탈 염려가 없다.
④ 가급적 찌기 전에 조미와 양념을 하는 것이 효과적이다.
⑤ 삶는 것에 비해 수용성 단백질, 비타민, 무기질의 성분이 용출되지 않으므로 영양소의
   손실이 적다. 또한 단백질이 서서히 응고되어 표면이 부드러워져 소화흡수에 좋다.
⑥ 수용성 물질의 용출이 끓이는 조작보다 적다.

(4) 굽기(구이)의 특징

① 재료에 수분을 가하지 않고 굽는 것을 말한다.
② 재료 중의 당질은 캐러멜화되고, 지방은 분해되고, 단백질은 응고되며, 전분은 호화된
   다. 또한 세포조직도 익게 되어 재료의 조직이 연화되어 소화율과 풍미가 증가한다.
③ **직접구이(직화구이)** : 식품에 직접적으로 열원을 닿게 하여 복사열이나 전도열을 이용
   하여 조리하는 방법을 말하며, 주로 석쇠구이, 바비큐가 해당된다.
④ **간접구이** : 프라이팬이나 오븐, 그릴 등의 금속매체 및 열풍순환을 이용하여 간접적인
   열로 조리하는 것으로 로스팅, 베이킹 등이 있다.

(5) 튀김의 특징

① 고온의 기름에서 식품을 가열 조리하는 방법이다.
② 조리방법 중 가열시간이 짧아 영양소의 손실이 가장 적다.
③ 비열은 0.47이며 온도변화가 심하다(튀김의 적정 온도는 160~180℃로 유지하는 것이
   좋다).
④ 튀김용 기름은 발연점이 높은 식물성 기름이 좋다(대두유, 옥수수유).
⑤ 튀김기름의 양은 재료의 6~10배가 적당하다.
⑥ 영업장 튀김용 기름온도는 93~121℃를 유지하는 게 좋다.
⑦ 오래된 기름은 산패도와 점조도가 높다.

⑧ 튀김옷은 박력분(중력분＋전분 10~30%)을 사용하는 것이 적당하며, 물의 온도는 낮을수록 좋다.

⑨ 0.2%의 중탄산소다를 넣으면 수분이 증발되어 더욱 바삭거린다.

재료의 튀김온도와 시간

종류	온도(℃)	시간(분)
생선튀김	170~190	1~3
채소튀김	160~180	2~4
닭, 소, 돼지고기	160~190	7~10
도넛	160~180	3~4
크로켓	180~200	1~2
감자튀김	160~180	3~4
다시마	160~170	1.5
커틀릿	160~180	3~5

(6) 볶음의 특징

① 식재료들을 강한 불에 볶는 요리로 튀김과 구이의 중간형태이다.

② 영양소의 손실이 적고 지용성 비타민의 흡수가 좋다.

③ 식물성 식품은 부드러워지고, 동물성 식품은 단단해진다.

④ 수분이 감소하여 부피가 작아지며 기름의 향이 증가한다.

(7) 무침의 특징

① 생선, 고기, 채소, 건어물류 등에 조미료와 양념하여 버무려내는 것을 말한다.

② 열에 불안정한 비타민류의 손실을 막을 수 있다.

음식의 적당한 온도

음식의 종류	온도	음식의 종류	온도
청량음료	2~5℃	겨자	40~45℃
맥주·냉수	7~10℃	식혜 발효	55~60℃
빵 발효	25~30℃	커피·국	65~75℃
밥	40~45℃	전골·찌개	95~98℃

✽ 조미의 순서
• 설탕 → 소금 → 간장 → 식초의 순서로 한다.
우리가 사용하는 양념은 분자량의 크기가 다르기 때문에 잘 알아보고 순서에 맞게 넣어주는 것이 좋다. 분자량이 제일 큰 양념은 바로 설탕이며 설탕은 소금보다 약 6배 정도 크기 때문에 상대적으로 설탕을 먼저 넣는 것이 좋다. 분자량이 작은 소금을 먼저 넣고, 분자량이 큰 설탕을 넣으면 소금이 먼저 음식 사이사이에 스며들어 나중에 넣은 설탕이 스며들지 못해 짠맛만 강한 음식이 될 수밖에 없기 때문이다.

✽ 식품의 구입기술 및 관리
• 식품 구입 시 고려사항 : 식품의 가격과 출회표
• 쇠고기 구입 시 고려사항 : 중량과 부위(1주일분 한꺼번에 구입)
• 과일 구입 시 고려사항 : 산지, 상자당 개수, 품종
• 곡류, 건어물 구입 시 고려사항 : 1개월분을 한꺼번에 구입
• 생선, 과채류 구입 시 고려사항 : 수시로 구입

✽ 식품 감별의 목적
• 불량식품 또는 유해식품을 가려내어 식중독 미연 방지
• 위생상 유해성분의 검출로 식생활 안정
• 불분명한 식품을 이화학적 방법 등에 의한 감별로 경제적 손실을 미연에 방지할 수 있다.

③ 기본칼 기술 습득

1) 칼의 종류와 용도

조리작업에는 25~35cm 길이의 칼을 사용하며, 스테인리스와 니켈 및 크롬 등의 재료를 혼합하여 가공한다.

Low Tip (아시아형)	칼날 길이를 기준으로 18cm 정도이며, 칼등은 곡선처리, 칼날은 직선인 안정적인 모양으로 칼이 부드럽고, 똑바로 자르기에 좋다. 채썰기 등에 적당하며, 우리나라와 일본, 아시아에서 주로 사용된다.
Center Tip (서구형)	칼날 길이 기준으로 20cm 정도이며, 칼등과 칼날이 곡선처리되어 자르기에 편하며 힘이 들지 않는 장점이 있다.
High Tip (다용도)	칼날 길이 기준으로 16cm 정도이며, 칼등은 곧게 뻗어 있고, 칼날은 둥글게 곡선처리된 칼로 다양한 작업을 할 때 사용된다.

2) 숫돌의 종류

숫돌의 입자크기를 측정하는 단위를 입도라고 하며 기호로 "#"으로 표시하고, 숫자가 높을수록 입자가 고운 것을 의미한다.

거친 숫돌 (400#, 연마)	칼의 형상을 조절하고, 형태가 망가진 칼의 형태를 조정하기 위하여 사용. 칼날이 두껍고 이가 많이 빠진 칼을 초벌로 가는 데 사용 거친 숫돌로 연마한 후 칼끝에 톱니형태의 요철이 많이 생기므로 중간 숫돌과 마무리 숫돌을 사용
고운 숫돌 (1000#, 연마+마무리)	굵은 숫돌로 간 다음 잘리는 칼의 면을 부드럽게 만들기 위하여 사용하며, 연마와 마무리를 할 수 있어 일반적인 칼 갈기에 많이 사용
마무리숫돌 (4000~6000#, 마무리)	숫돌의 입자가 고운 것이 특징으로 손질된 칼을 광이 나게 하고, 재료를 썰 때 마찰력을 줄여 마찰로 인한 재료의 손실을 적게 할 수 있다.

※ 숫돌은 천연석과 가공석이 있으며, 가공석은 미세한 입자를 뭉쳐 만든 것으로 사용하기 전에 미리 물에 담가서 사용해야 칼을 부드럽게 갈 수 있으며, 칼에 불필요한 열을 전달하지 않는다.

3) 재료썰기 용어

편썰기 (얄팍썰기)	생밤이나 고기를 모양 그대로 얇게 썰 때 이용하는 방법으로 재료를 원하는 길이로 자른 후 얄팍하게 썰거나 원하는 두께로 고르게 얇게 써는 방법
채썰기	재료를 원하는 길이로 자른 후 편썰기한 뒤 일정한 두께로 가늘게 써는 방법으로 생채 및 회조리와 구절판의 재료를 써는 방법
다지기	파, 마늘 등의 양념류를 잘게 써는 방법으로 크기를 일정하게 써는 것이 좋다.
막대썰기	재료를 원하는 길이로 토막을 낸 후 알맞은 굵기의 막대모양으로 써는 것으로 무장과나 오이장과 등을 만들 때 사용하는 방법
골패썰기	무, 당근 등의 재료를 직사각형으로 만들어 얇게 써는 방법
나박썰기	무, 당근 등의 재료를 가로세로가 비슷한 사각형으로 만들어 얇게 써는 방법
깍둑썰기	깍두기, 찌개, 조림 등에 이용되며, 무나 감자 등을 막대썰기한 후 같은 크기로 주사위 모양처럼 썬다.
둥글려깎기	각이 진 모서리를 둥글게 만드는 방법으로 오랫동안 끓이거나 졸여도 재료의 모양이 뭉그러지지 않게 하는 방법이다.
반달썰기	호박이나 감자, 당근, 무 등을 통으로 썰기에 큰 재료들을 길이로 반을 갈라 사용하는 방법이다.
은행잎썰기	조림, 찌개 등에 사용되며, 감자, 당근, 호박 등을 십자로 4등분으로 자른 후 얇게 써는 방법으로 은행잎모양처럼 써는 방법이다.
통썰기	볶음, 절임 등에 사용되며, 모양이 둥근 오이, 당근, 연근 등을 통째로 둥글게 써는 방법이다.
어슷썰기	오이, 파, 당근, 고추 등의 가늘고 길쭉한 재료를 사선으로 써는 방법으로 주로 볶음, 찌개 등에 이용된다.
깎아썰기	우엉 등의 재료를 얇게 써는 방법으로 재료를 칼날의 끝부분으로 연필깎듯이 돌려가면서 얇게 써는 방법이다.
저며썰기	표고버섯이나 고기 또는 생선을 포 뜰 때 사용하는 방법으로 칼을 뉘어서 재료를 안쪽으로 당기듯이 한번에 썬다.
돌려깎기	호박, 오이, 당근 등을 일정한 크기로 토막을 낸 후 껍질에 칼집을 넣어 칼을 위 · 아래로 움직이며 돌려가며 깎아 썬다.
솔방울썰기	오징어를 볶거나 데쳐서 조리할 때 사용하는 방법으로 오징어 안쪽(내장 쪽)에 사선으로 칼집을 넣은 후 다시 엇갈려 비스듬히 칼집을 넣은 후에 써는 방법이다.

4 조리기구의 종류와 용도

프라이팬	알루미늄 재질: 가볍고 열전도율이 높다. 스테인리스 재질: 무거우나 열보존력이 좋다. 조리 시 금속기구 등의 사용에 주의하며, 코팅이나 재질이 상처가 나지 않도록 한다. 사용 후 바로 세척해야 기름때가 눌어붙는 것을 방지할 수 있다.
냄비	법랑 재질: 금속 위에 유리질을 씌운 기구로 열전도율이 높으며, 음식이 빨리 익는 장점이 있으나 코팅이 잘 벗겨지므로 사용 시 주의한다. 알루미늄 재질: 보편적으로 사용되는 재질로 열전도율이 높다는 장점이 있다. 스테인리스 재질: 녹이 슬지 않고 흠집이 잘 나지 않고, 내구성이 좋은 장점이 있으나 무겁고, 음식물이 잘 들러붙는 단점이 있다.
번철	그리들이라고도 하며, 철판볶음, 달걀부침, 전 등을 대량으로 조리할 때 주로 사용한다. 철판에 식품이 달라붙지 않도록 조리를 시작하기 전에 반드시 예열하여 사용한다.
석쇠	석쇠는 직화로 식품을 익힐 때 사용하는 조리기구로 예열하여 기름을 바른 후 재료를 올려야 달라붙지 않는다.
브로일러	석쇠의 아래에 열원이 위치하여 직·간접으로 열을 식품에 줄 수 있는 조리기구이다.
살라만더	열원이 위에 위치하여 생선이나 스테이크를 알맞은 굽기로 구울 때 적합한 조리기기이다.
취반기	주방에서 밥을 짓는 기구로 가스나 전기 등을 열원으로 이용한다.
세미기	주방에서 사용하는 취사 기기의 일종으로 쌀을 세척하는 기계이다.
인덕션 레인지	인덕션 레인지는 자기장을 이용하여 가열하는 방식으로 열효율이 높고, 폐가스가 발생하지 않는 장점이 있다.

5 식재료 계량방법

1) 계량

주방에는 계량컵, 계량스푼, 저울, 온도계, 시계 등을 반드시 비치하여 정확한 식품 및 조미료의 양, 조리의 온도와 시간 등을 알아야 편리하다. 식재료가 남지 않게 하고, 항상 같은 맛의 요리를 만드는 경우 재료의 분량에 세심한 주의를 기울여야 한다. 계량컵을 사용할 경우 가루 재료는 계량컵에 수북이 담아 흔들지 않고 가볍게 담아 스패출러(Spatula) 또는 칼 등으로 위를 밀어 계량한다. 흑설탕 등 점성이 있는 재료를 계량컵을 이용하여 계량할 경우 빈 공간이 없게 눌러 담아 계량하고, 버터와 마가린 등은 실온에서 부드럽게 한 후 계량컵에 가볍게 눌러 담아 계량한다.

저울에는 분동저울, 용수철저울, 접시저울 등이 있고, 온도계는 고온을 재는 경우에는 수은 온도계, 저온을 재는 경우에는 알코올 온도계가 좋다.

- 1ts = 5cc(ml) → ts(티스푼, 작은술)
- 1Ts = 15cc(ml) (1Ts = 3ts) → Ts(테이블스푼, 큰술)
※ 단, 우리나라의 경우는 200cc이다.
- 1C = 240cc(ml) (1C = 16Ts)
1C(컵) = 8온스(oz)
- 1국자 = 100cc(ml)
- 1gallon(갤런) = 4quarts = 16컵 = 128온스(oz)
- 1quart(쿼트) = 4컵 = 32온스(oz)
- 1lb(파운드) = 453.6g = 16oz(온스)
- 1oz(온스) = 28.4g = 약 30cc
- 1되 = 1.8L = 1800ml
- 1ℓ = 1000ml(cc)
- C : 컵(cup), Ts : Table spoon(큰술), oz : ounce(온스)
- LB : pound(파운드), ts : tea spoon(작은술)

2) 폐기량(廢棄量)과 정미량(正味量)

① 폐기량(廢棄量)이란, 조리 시 식품에서 버려지는 부분이고, 폐기율은 식품의 전체 중량에 대한 폐기량을 퍼센트로 표시하는 것이다.

② 정미량(正味量)이란, 식품에서 폐기량을 제외한 부분으로 가식부위(먹을 수 있는 부위)를 중량으로 나타낸 것이다.

③ 총발주량 = $\dfrac{순사용량(정미중량)}{100 - 폐기율} \times 100 \times$ 인원수(식수)로 한다.

④ 가식부율 = 100 - 폐기율

⑤ 폐기율 = 100 - 가식부율 = $\dfrac{\text{폐기량}}{\text{전체중량}} \times 100$

⑥ 필요비용 = 필요량 $\times \dfrac{100}{\text{가식부율}} \times$ 단가

＊ 식품에 따른 가식부율

닭·달걀 87%, 파 85%, 콩나물 80%, 꽃게 39%, 참외 80%, 감자 94%, 두부·육류 100%

---

6 조리장의 시설 및 설비관리

1) 조리장의 기본조건

① 위생성(제일 먼저 고려해야 함), ② 능률성, ③ 경제성

2) 조리장의 위치

통풍, 채광, 급수, 배수 등이 용이하고 위생조건이 좋아야 한다.

3) 조리장의 면적 및 구조

① 식당 넓이의 1/3이 적당하고, 직사각형의 형태가 효율적이다.

② 구조는 충분한 내구력을 갖추어야 한다.

③ 객실 및 객석은 구분이 확실해야 한다. 단, 객실면적 33m² (10평 미만) 미만의 대중식당, 찻집, 간이주점은 이러한 요구사항을 갖추지 않아도 된다.

④ 바닥과 바닥으로부터 1m까지의 내벽은 타일, 콘크리트 등의 내수성 자재여야 한다. (단, 대중식당, 인삼찻집, 주점, 일반 유흥접객소, 외국인 전용 유흥업소는 타일로 된 구조여야 함)

⑤ 객실과 객석은 구획의 구분이 분명해야 한다.

⑥ 통풍, 채광, 배수 및 청소가 쉬운 구조여야 한다.

⑦ 통로는 1.0~1.5m가 적당하다.

⑧ 그리스트랩을 만들어 지방이 하수구로 흘러 내려가는 것을 방지해야 한다.

4) 조리장의 관리

① **작업대의 높이** : 80~85cm 정도로, 뒷선반과의 간격은 80cm 이상, ㄷ자형이 좋다.

② **환기시설** : 후드장치는 4방 개방형이 좋다.

③ **조명** : 50럭스(Lux) 이상 되어야 한다.

④ **방충, 방서시설** : 30메시(Mesh) 이상 되어야 한다.

⑤ 냉장고는 내부 온도가 5℃ 내외로 유지되어야 하며, 냉동고는 최소한 −18℃ 이상 유지해야 한다.

⑥ 일반급식소에서 급식수 1식당 주방면적은 0.1m² 정도가 적당하다.

⑦ 일반급식소에서 급수설비 용량 환산 시 1식당 사용물량은 6.0~10ℓ 정도이다.

⑧ 식당의 면적은 취식자 1인당 1.0m² 정도이다.

⑨ 식기회수 공간은 취식면적의 10%이다.

⑩ 작업대의 배치순서는 '준비대 – 개수대 – 조리대 – 가열대 – 배선대'로 한다.

- 학교급식이 물 사용량이 가장 적으며, 병원급식은 물 사용량이 가장 많다.

  학교급식 : 1식당 4~6ℓ, 평균 5ℓ

  병원급식 : 1식당 10~20ℓ, 평균 15ℓ

- Mesh : 가로와 세로의 1인치 공간에 뚫린 구멍의 수

5) 작업대의 종류

ㄷ자형	동선이 가장 짧으며, 조리장이 넓은 경우에 적합하다.
ㄴ자형	조리장이 좁은 경우에 사용하며, 동선이 짧다.
병렬형	180° 회전을 요하므로 쉽게 피로해지는 단점이 있다.
일렬형	작업동선이 길어 비능률적이지만 조리장이 좁은 경우에 사용한다.
아일랜드형	실내에 개수대나 가열대 또는 조리대가 섬처럼 벽에서 독립하여 설치되어 있는 형태로 환풍기나 후두의 수를 최소화할 수 있고, 공간 활용이 자유롭고, 동선을 단축시킬 수 있다.

제 **2** 장 식품의 조리원리

1 농산물의 조리 및 가공 · 저장

1) 곡류의 가공 및 저장

(1) 쌀의 가공

① **쌀의 구조** : 벼의 낱알의 비율은 현미 80%, 왕겨층 20%로서 현미는 벼를 탈곡하여 왕겨층을 벗겨낸 것으로 과피, 종피, 호분층과 배유, 배아로 구성

② **쌀 가공의 종류**

- 강화미 : 백미를 비타민 B_1 용액에 침지시킨 후 건조시켜 도정한 쌀이다.
- 알파미(α) : 건조쌀이라고도 하며, 알파(α)미라고도 한다. 쌀을 호화시켜 고온에서 급격히 탈수 및 건조시켜 알파(α)전분의 상태로 만든 쌀로서, 소화시키기 좋다는 장점이 있다.
- parboiled rice : 찐쌀이라고 많이 알려져 있다. 벼를 통째로 물에 침지시킨 다음 쪄서 말린 후 도정시킨 것이다.
- 건조쌀(alpha rice) : 호화된 쌀을 고온 건조시킨 것이다.
- 팽화미(puffed rice) : 고압으로 가열하여 압출한 것이다(튀밥).

③ **쌀의 저장** : 쌀은 저장하는 데 벼의 상태가 가장 좋으며, 저장에 유리한 순서는 벼 – 현미 – 백미 순이다.

④ **쌀의 조리** : 쌀의 식생활 이용형태는 가루로 가공하지 않고 대부분 밥쌀로써 사용되며, 쌀의 종류에 따른 물의 분량은 다음과 같다. 쌀의 수분함량은 13~15% 정도이며, 불린

쌀의 최대 수분흡수율은 20~30% 정도이고, 밥을 지었을 때의 수분함량은 65% 정도이 며, 쌀로 밥을 지었을 경우 중량은 2.5배이다.

쌀의 종류에 따른 물의 분량

쌀의 종류	쌀의 중량에 대한 물의 분량	체적(부피)에 대한 물의 분량
백미(보통)	쌀 중량의 1.5배	쌀 용량의 1.2배
햅쌀	쌀 중량의 1.4배	쌀 용량의 1.1배
찹쌀	쌀 중량의 1.1~1.2배	쌀 용량의 0.9~1배
불린 쌀(침수)	쌀 중량의 1.2배	쌀 용량과 동량(1.0배)

⑤ 밥맛의 구성요소

- 밥물은 pH 7~8 정도일 때 맛이나 외관이 가장 좋다(산성이 높아질수록 밥맛이 나 빠진다).
- 약간의 소금(0.03%)을 넣으면 밥맛이 좋아진다.
- 수확 후 오래된 것이나 변질된 것은 밥맛이 나쁘다.
- 지나치게 건조된 쌀은 밥맛이 나쁘다.

(2) 보리(정맥)의 종류 및 가공

- 압맥(누른 보리, 납작보리) : 정맥의 소화율을 높이기 위해 조직에 약간의 변화를 준 후 2개의 롤러 사이로 통과시켜 눌린 형태의 보리로 가공된 것
- 할맥(절단보리) : 보리의 섬유소를 제거한 것으로 조리가 간편하고 소화율이 높음
- 맥아 : 고온에서 발아시켜 싹이 짧은 단맥아와 저온에서 발아시켜 싹이 긴 장맥아가 있다. 단맥아는 맥주의 양조에 사용되고 장맥아는 식혜나 물엿 제조에 사용

(3) 밀(소맥)의 가공

① **제분** : 주로 제분하여 입자를 작아지게 만들어 조리에 사용하며, 수분함량은 13% 정도 이다. 일반적으로 곡물을 제분하면 입자가 작아지며 표면적이 넓어져서 소화율이 높아 진다.

② **숙성**: 만들어진 제분을 일정기간 숙성시키면 흰빛을 띠게 되며, 숙성은 제빵에도 영향을 미친다.
- 소맥분 개량제 : 밀가루에 첨가되어 표백, 숙성기간의 단축, 제빵효과, 저해물질의 파괴, 살균 등의 역할을 하는 식품 첨가물이다.

---

* 소맥분 개량제

종류 : 과산화벤조일, 브롬산칼륨, 이산화염소, 과황산암모늄, 과붕산나트륨

---

③ **글루텐(gluten) 함량에 따른 소맥분의 종류** : 밀가루를 물로 반죽하면 점탄성이 강한 글루텐(gluten)이 형성되는데, 이런 성질을 이용하여 빵, 국수, 케이크 등을 만든다.

종류	글루텐 함량	용도
강력분	13% 이상	식빵, 마카로니, 스파게티
중력분	10~13%	국수류(면류), 만두피
박력분	10% 이하	케이크, 카스텔라, 과자류, 튀김옷

④ **글루텐 형성에 영향을 미치는 식품**
- 달걀 : 달걀 단백질의 응고에 의해 글루텐 형성이 촉진된다.
- 설탕 : 글루텐 형성보다는 표면의 갈색화(캐러멜화)를 돕는다.
- 지방 : 빵을 부드럽게 하는 성질이 있지만, 다량 투입될 경우 지방의 막이 글루텐의 표면을 에워싸서 글루텐 형성을 방해한다.
- 소금 : 소금의 양이 적당할 경우 글루텐 형성을 강화시킨다.

⑤ **빵 만들기**
㉮ 빵의 종류
㉠ 발효빵 : 이스트의 포도당 발효(25~30℃의 온도, 75%의 습도, 2~3시간 발효 후 가스를 빼고 재발효시킴)로 CO_2를 생성시켜 만든 빵이다.
㉡ 무발효빵 : 베이킹파우더 같은 팽창제에 의해 생긴 ammonia와 CO_2를 이용하여 만든 빵이다.

ⓒ 빵의 재료 : 글루텐 함량이 많은 밀가루(강력분), 팽창제, 소금, 설탕(단맛, 효모의 영양원, 빛과 향기 부여), 달걀, 유지 등이 있다.

 ㉯ 빵의 원료

  ㉠ 밀가루 : 글루텐, L글리아딘 등이 많으면 반죽의 점탄성이 증가, CO_2의 보유력이 커서 제빵의 부피가 증가된다.

  ㉡ 효모(Saccharomyces Cerevisiae) : 포도당을 발효시킬 때 CO_2로 반죽을 부풀어오르게 한다(30℃에서 3~4시간 보온 시 CO_2 발생).

  ㉢ 베이킹파우더(B.P) : 빵의 팽창제로서 가열 시 CO_2, NH_3를 발생시키는데, 알칼리성을 띤다.

  ㉣ 설탕 : 제빵의 단맛, 빛깔, 향기를 좋게 하며(사용량 : 밀가루의 3~4%), 효모의 영양원이 된다. 또한 노화방지 및 저장성을 증가시킨다.

  ㉤ 소금 : 단맛을 상승시키고 점탄성을 증가시키며, 빵의 풍미, 글루텐의 탄력, 효모의 발육을 촉진한다.

  ㉥ 지방 : 버터, 마가린, 쇼트닝 등은 빵을 부드럽게 하고, 향기, 영양을 좋게 한다.

  ㉦ 달걀 : 영양가를 높이고, 빛깔, 향기, 풍미를 증가시킨다.

⑥ 면 만들기

 ㉮ 제면의 원료

  ㉠ 재료 : 일반적인 국수는 중력분, 소금, 약간의 식용유가 주재료이나 최근에는 메밀, 전분가루 등을 이용하여 메밀국수, 냉면, 당면 등 다양하다.

  ㉡ 제면법 : 일반적으로 반죽 후 면대 제조를 거쳐 절단 후 건조시켜 제품을 완성한다.

  ㉢ 마카로니제법 : 강력분 밀가루를 국수보다 약간 굵게 해서 만들며 밀가루, 달걀, 올리브유, 소금을 재료로 한다.

  ㉣ 당면(동면)제법 : 주로 고구마를 사용해서 만들며, 묽게 반죽하여 선상으로 하여 끓는 물에 넣어 삶은 다음 동결한다.

⑦ 전분의 제법

 ㉮ 제조과정 : 원료를 마쇄시킨 후, 입자를 분리시켜 정제한 뒤 건조시켜 제품화한다.

 ㉯ 입자의 크기 : 감자(5~200$\mu\ell$), 고구마(20~40$\mu\ell$), 옥수수(6~21$\mu\ell$), 쌀(2~10$\mu\ell$), 보리(25~50$\mu\ell$)

  ㉰ 전분의 가공식품 : 조리용 전분가루, 당면, 감자떡, 국수 및 만두피의 부재료로 사용
    된다.

  ㉱ 전분의 이용

   ㉠ 효소당화법 : 보리(맥아)를 발아시켜 제조하며, 보리를 20~25℃로 8일간 발아시
     켜 보리의 1.7배가 되도록 한다.

   ㉡ 맥아엿 제조 : 맥아당 50~60%, 덱스트린 10~20%를 함유하고 있어, 엿의 제조에
     쓰인다.

   ㉢ 산당화법 : 산으로 가수분해하여 당화시킨다.

   ㉣ 전분정제 포도당 : 염산, 황산, 수산법으로 만든다.

(4) 두류의 가공

① **두류의 성분** : 두류 중 대두는 콩단백질인 글리시닌(Glycinin)의 함량이 40% 정도로 질
 적으로도 우수한 고단백 식품이며 두부 제조에 적합하다. 땅콩의 경우는 지방함량이
 높기 때문에 땅콩(낙화생)버터를 제조할 수 있다. 기타 두류(팥, 녹두, 완두, 강낭콩)는
 탄수화물 함량이 높으므로 쪄서 사용하는 경우가 많다.

② **두류의 가열 시 변화**

 • 두류를 가열하면 독성물질이 파괴된다.

 • 단백질 이용률이 증가한다.

 • 대두와 팥성분 중 거품을 내며 용혈작용을 하는 사포닌성분은 가열 시 파괴된다.

 Tip 날콩 속에는 단백질의 소화효소인 트립신의 분비를 억제하는 안티트립신이 함유되어 있어 단백질
  의 체내 이용률을 저해하나 가열 시 파괴되면서 소화율이 높아진다.

 • 대두를 삶을 때 식용소다를 사용하면 빨리 무르지만, 비타민 B_1이 손실된다.

③ **두부의 제조** : 두부는 콩을 물에 불려 갈아서 끓인 뒤, 단백질 이외의 가용성분을 추출
 한 후 약 70~80℃ 온도에서 황산칼슘이나 염화칼슘 등의 두부 응고제를 넣어 응고시킨
 후 형틀에 헝겊을 깔고 눌러 굳혀서 만든다. 두부를 부드럽게 할 때에는 두부를 끓일
 때 중조 0.2%, 전분 1%, 식염수 0.5% 등을 넣고 삶으면 표면이 부드러워지고 감촉이 좋
 아진다.

> **＊두류의 흡습성**
> 흰콩 > 검은콩 > 강낭콩 > 팥의 순서이다.

(5) 장류의 가공

① **장류** : 우리나라의 주요 조미료인 된장, 청국장, 간장 등은 콩의 단백질을 주원료로 하여 만든 발효식품이다.

② **장류의 제조방법**
- 재래식 : 메주를 띄워서 만든 것
- 개량식 : 황곡의 번식으로 된 속성개량메주로 간장, 된장, 고추장, 막장을 만드는 것

> **＊간장을 달이는 목적**
> • 살균 및 단백질 응고
> • 장을 맑게 하고 잡냄새를 제거
> • 약간의 농도조절을 하기 위함

③ **고추장 제조법**
- 쌀이나 콩을 쪄서 누룩을 살포한다.
- 흰색의 균사가 황색이 될 때까지 2~3일간 25~35℃를 유지한다.
- 이것을 건조시켜 가루로 만들어 고춧가루 및 엿기름, 따뜻한 물을 넣어서 당화(2~3시간 동안 55~60℃로 가열)시킨다.
- 먼저 절반을 넣고 하루가 지난 후, 다시 나머지를 넣고 잘 섞어 저온에서 농축시킨다.

④ **청국장 제조법** : 콩을 삶아서 60℃까지 식힌 후 납두균(natto균)을 번식시켜 콩의 단백질을 분해하고 마늘, 파, 고춧가루, 소금을 첨가하여 만든 것으로 최적 번식온도는 40~45℃이다.

2) 전분의 구조

전분은 탄수화물의 주요 공급원으로 서로 다른 두 개의 성분으로 구성된 고분자 물질로 포

도당이 결합되어 형성된 분자를 말한다.

보통 아밀로오스(amylose)와 아밀로펙틴(amylopectin)으로 구성되어 있는데, 그 비율은 20 : 80이다.

(1) 전분의 호화(gelatinization α화)

식품에 포함되어 있는 많은 탄수화물은 전분이다. 쌀, 보리, 감자, 좁쌀 등과 같이 전분이 주성분으로 된 식품은 가열하지 않으면 먹지 못한다. 이와 같이 날것인 상태의 전분을 베타(β)전분이라 한다. 이 베타(β)전분을 물에 끓이면 그 분자에 금이 가서 전분 속에 물 분자가 들어가 팽윤상태가 된다. 이 현상을 호화(糊化)라 한다. 즉 이것을 전분의 α화라 하며 익은 전분을 α전분이라 한다.

$$β전분(날전분) + 물 \xrightarrow{\text{가열}} α전분(익은 전분 = 높은 수분과 온도에 의해 익은 상태)$$

(2) 전분의 호화에 영향을 미치는 인자

① **전분의 종류** : 전분의 입자가 클수록 호화가 빨라진다.
② **수분** : 수분함량이 많을수록 빨리 호화된다.
③ **온도** : 온도가 높을수록 빨리 호화된다.
④ **설탕** : 설탕의 농도가 높을수록 호화가 지연된다.
⑤ **pH** : 산을 넣으면 점도가 낮아진다.
⑥ **침수시간** : 침수시간이 길수록 호화가 잘된다.
⑦ **젓는 속도와 양** : 지나치게 저으면 점성이 감소된다.
⑧ **호화를 방해하는 물질** : 달걀, 지방, 분유, 소금 등

(3) 전분의 노화(Retrogradation β화 = 베타화)

호화된 전분을 실온에 오래 방치하면 β전분에 가까운 상태로 되는 현상을 말한다. 떡이 굳어지는 것은 노화(老化)의 한 예가 된다.

노화한 것을 다시 가열하면 α형으로 된다. 떡을 굽거나 찬밥을 찌거나 하는 것이 노화된 전분을 다시 α형으로 만드는 것이다.

α전분의 β형으로의 현상은 수분 15% 이하의 경우에는 일어나지 않으므로 α화했을 때 갑자기 탈수하면 오랫동안 α형을 유지할 수 있다.

$$\alpha\text{전분(익은 전분)} \xrightarrow{\text{실온에서 방치}} \beta\text{전분(날전분)}$$

(4) 전분의 노화촉진에 영향을 주는 요인

① **전분분자의 종류** : 아밀로오스의 함량이 많을수록
② **수분함량** : 수분함량이 30~70%일 때 가장 빨리 일어나고, 15% 이하일 때는 노화가 잘 일어나지 않으며 10% 이하일 때는 노화가 거의 일어나지 않는다.
③ **온도** : 0~4℃의 냉장온도에서 가장 쉽게 일어나며, 60℃ 이상과 −20℃ 이하에서는 노화가 잘 되지 않는다.
④ **pH** : 수소이온이 많을수록, 산도가 높을수록
⑤ **설탕** : 설탕 첨가 시 노화가 억제된다(탈수작용 및 삼투현상).

(5) 전분의 호정화(덱스트린화)

호정화는 전분을 160~170℃에서 물 없이 건열을 가했을 때 여러 단계의 가용성 전분을 거쳐 덱스트린(호정)으로 분해되는 것을 말한다. 호화에 비해 물에 잘 녹고 소화가 용이하며, 용해성은 높아지고 점성은 낮아지는 것이 특징이다.

$$\beta\text{전분(날전분)} \xrightarrow[\text{물 사용 안 함}]{\text{가열}} \text{호정(텍스트린)}$$

2 축산물의 조리 및 가공 · 저장

1) 우유의 가공품

근래에 우유 소비가 늘면서 우유의 생산량도 증가하고 있다. 따라서 가공과 저장의 필요성이 절실히 요구된다. 저장에는 건조유와 동결유의 방법이 있고, 살균방법으로는 저온살균법, 고온단시간살균법, 초고온순간살균법 등이 있다.

① **시유** : 원유에 다른 유제품이나 영양소를 첨가하지 않고 그대로 균질화하거나, 살균 또는 멸균 처리하여 시판하는 것이다.

② **크림** : 우유를 장시간 방치하거나 원심력을 이용하여 분리할 때 유지방 18% 이상을 크림이라 하고, 조리용 및 버터, 아이스크림 등의 원료로 사용된다.

③ **버터** : 지방함량이 80% 이상이며 크림을 교반시켜 중화시킨 후 살균과 발효과정을 거쳐 가염연압한 것을 말한다(우유의 지방을 모아 고체화시킨 것).

④ **아이스크림** : 우유 및 유제품을 주원료로 하여 첨가물을 넣고 교반, 동결시켜 조직을 부드럽게 한 동결 유제품이다.

⑤ **발효유** : 우유를 젖산균이나 효모로 발효하여 호상 또는 액상으로 만든 것이다.

⑥ **치즈** : 우유 중의 카세인과 지방에 젖산균, 효소(rennin, rennet = 유단백질의 응고), 산 등을 작용시켜 응고시킨 후 유청을 제거하여 가온, 가압 등의 처리과정을 거쳐 얻어진 응고물에 첨가물을 넣고 세균이나 곰팡이 등의 작용으로 숙성시킨 발효제품이다.

　• 곰팡이에 의해 제조되는 것 : Roquefort cheese

✻ 치즈 제조과정
우유의 살균과 제균 → curd 형성 → 가염 → 숙성

---

⑦ **분유** : 농축, 건조시킨 우유를 수분함량 5% 이하의 분말상으로 만들어, 저장과 수송이 편리하도록 분무살균법을 이용하여 살균한 유제품이다.

⑧ **연유** : 우유의 수분을 증발시켜 농축한 것으로 설탕의 첨가 유무에 따라 가당과 무당으로 나뉜다.

2) 육류의 가공과 저장

(1) 육류의 조직

육류는 근육조직, 결합조직, 지방조직으로 구성되어 있다. 근육조직에는 주된 섬유상 단백질(20%)인 미오신, 액틴과 구상 단백질인 미오겐, 미오알부민 등이 있고 특히 곡류에 부족되기 쉬운 리신 등의 필수아미노산의 함량이 높다. 결합조직으로는 콜라겐과 엘라스틴의 두 종류가 결합되어 있으며, 신선한 육류에는 조지방조직이 약 10%가량 함유되어 있다.

(2) 사후강직과 숙성

동물은 도살하여 방치하면 근육이 단단해지는데, 이 현상을 사후경직이라 한다. 이 기간이 지나면 체내의 효소에 의해 자가소화 현상이 일어나면서 고기는 연해지고 풍미도 좋고 소화도 잘되게 되는데 이 현상을 숙성이라 한다.

- 자가소화 : 사후강직(사후경직) → 숙성(자기소화) → 부패

(3) 가열에 의한 변화

① 고기 단백질이 응고되며 고기가 수축되고 분해된다.
② 콜라겐이 젤라틴으로 되어 결합조직이 연화된다.
③ 중량, 보수성이 감소된다.
④ 색과 풍미의 변화가 생긴다.
⑤ 지방이 용해된다.

(4) 고기의 연화

① **기계적 방법** : 칼로 얇게 저미거나, 망치로 두들기거나, 기계로 갈아내는 방법
② **냉동법(동결)** : 고기를 냉동하면 고기 속의 수분이 단백질보다 먼저 얼기 때문에 용적이 팽창되면서 조직이 파괴되어 연화된다.
③ **가열법** : 사태육을 오래 끓이면 콜라겐이 젤라틴으로 변하기 때문에 연해진다.
④ **효소첨가법** : 고기 단백질을 분해하는 효소를 이용하는 방법으로 단백질 분해효소로는

파인애플(브로멜린), 무화과(피신), 파파야(파파인), 배즙(프로테아제), 키위(액티니딘) 등이 있다.

⑤ **수소이온농도** : 보통 고기는 pH가 5~6인데, 가장 질긴 범위의 pH를 조절하여 연화시킬 수 있다.

⑥ **기타 첨가물질** : 설탕, 식초, 레몬 등

(5) 부위별 조리용도

① 소의 부위별 명칭 및 조리용도와 특징

번호	명칭	조리용도	특징
1	쇠머리	찜, 편육, 설렁탕, 곰탕	육질에 결합조직이 많아 질기며, 지방 분포도가 적다.
2	장정육	조림, 편육, 민스(간 고기)	
3	양지육	탕류, 설렁탕, 곰국	
4	등심	볶음, 구이, 전골, 샤부샤부	대리석 무늬처럼 얼룩지방이 있고, 질이 좋다.
5	갈비	구이, 볶음, 찜	
6	쇠악지	볶음, 구이	
7	채끝살	조림, 산적, 볶음	지방분포가 고르며, 부드러운 살코기가 많아 맛이 좋다.
8	안심로스	구이, 볶음, 전골	
9	대접살	육포, 회	
10	우둔육	육포, 회, 장조림	상부 쪽에 지방이 많고, 육질이 연하다.
11	홍두깨살	조림, 탕, 산적	
12	업진육	찜, 편육, 탕, 곰탕	결합조직이 많고 지방과 고기가 층을 이루어 질기다.
13	사태육	편육, 탕, 찜	
14	꼬리	곰탕, 탕	
15	염통	구이, 전골	내장부위로써 이용가치가 높다.
16	간	구이, 전유어	
17	천엽	회, 전유어	
18	콩팥	구이, 전골	내장부분으로 영양이 풍부하다. 특히 콩팥은 소고기 부위에서 가장 융점이 높다.
19	곱창	탕, 전골	
20	양	탕, 전유어	

번호	명칭	조리용도	특징
21	혀	편육, 찜	혀는 삶아서 뜨거울 때 껍질을 벗겨야
22	등골	전유어, 전골	한다.

＊ 부위별 특징
- 쇠고기의 상강육 : 고기의 근육 속에 지방이 얼룩형태로 흩어져 있는 상태이다.
- 육포용 : 우둔육, 대접살 등이 사용된다.
- 쇠고기 중 운동을 많이 한 부분으로 고기가 질겨서 탕에 주로 사용하는 부위로는 장정육, 사태육 등이 있다.

② 돼지고기의 부위별 명칭

번호	부위명칭	조리용도	특징
1	머리	편육·곰탕	
2	어깨등심	구이·찜	살코기 속에 지방분포가 많고 연하다.
3	다릿살	구이·찜	
4	등심살	구이·찜	고기가 연하고 맛이 좋고 지방이 두껍다.
5	세겹살	조림·편육	
6	볼깃살	조림·찜	
7	채끝살	구이·찜	

3) 달걀 가공과 저장

(1) 달걀의 특성(단백질 100%)

① **무게** : 약 40~70g

② **구성** : 껍질 10%, 난백 60%, 난황 30%로 구성

③ **응고온도** : 난백은 60~65℃, 난황은 65~70℃이다.

④ **소화시간** : 100℃에서 5분 정도 끓이면 반숙이 된다(70℃에서 15분 가열해도 반숙이 되며, 소화율이 매우 높음). 100℃에서 10~12분 정도 삶으면 완숙란이 되고, 달걀 프라이는 소화율이 떨어진다.

⑤ **녹변현상** : 달걀을 15분 이상 가열하면 많이 생성되고, 난백에서 유리된 유화(황화)수소가 난황 중의 철분과 결합하여 유화(황화)제1철(FeS)을 생성하는 현상을 말한다.

❋ 유화(황화)제1철의 생성 이유
• 가열시간이 길수록
• 오래된 달걀일수록
• 삶은 후 즉시 냉수에 담가두지 않을수록
• 가열온도가 높을수록 녹변이 잘 일어난다.

---

(2) 난백의 기포성

① 흰자를 강하게 저으면 공기가 들어가 거품이 일어난다.
② 대표적 식품 : 튀김옷, 케이크, 머랭 등의 요리에 이용
   • 농후난백보다 수양난백이 거품이 더 잘 생긴다.
③ 기포에 영향을 주는 요인
   • 30℃가 적온이다.
   • 오래된 달걀이 좋다(수양난백이 많은 달걀).
   • 첨가물의 영향
   • 산(레몬, 식초 등)은 기포력을 높인다.
   • 기름은 기포력을 낮춘다.
   • 설탕은 안전성을 높여 완성된 거품모양을 유지시킨다.

(3) 조리 시 달걀의 역할

① **농후제** : 알찜, 소스, 커스터드, 푸딩 등이 해당된다.
② **점탄성제(결합제)** : 점성과 단백질의 응고성으로 결합이 촉진된다(만두속).
③ **흡착제** : 열에 응고될 때 국물 속의 이물질을 응고, 흡착, 침전시켜 국물을 맑게 한다(흰자거품).
④ **유화제** : 기름과 수분이 잘 혼합되도록 한다(노른자의 레시틴).
⑤ **팽창제** : 난백의 단백질은 표면활성이 강하므로 기포를 형성하여 케이크, 카스텔라 등

을 만들 수 있다.

(4) 달걀 가공품 및 저장

① **피단** : 송화단 또는 채단이라 하며 알칼리에 침지하여 내용물을 응고시킨 후 숙성시킨 것이다. 난백은 흑갈색, 난황은 암록색, 중심부는 오렌지색 또는 흑색을 나타내어 특유의 색을 갖는다. 침투 → 응고 → 발효 단계로 이루어진다.

② **마요네즈** : 노른자에 조미료(소금, 후추)를 넣고 충분히 풀어준 후, 식물성유와 식초를 조금씩 떨어뜨리면서 점차 양을 늘려 교반(한 방향으로)하여 미립자의 상태로 혼합, 유화시킨 것

✻ 노른자의 유화제
• 난황 속의 레시틴(lecithin), 세팔린(cephalin) 등이 유화를 안정하게 해준다.

---

③ **달걀의 저장**
- 냉장법 : 약 0℃ 전후의 온도
- 냉동법 : -20~-30℃에 동결
- 표면처리법 : 외부의 미생물 침입을 방지시켜 저장
- 침지법 : 포화소금을 끓여 알을 살균시켜 저장
- 간이법 : 톱밥, 왕겨, 소금 등을 섞은 것에 묻어 통풍이 잘되고 냉한 곳에 저장
- 가스저장법(CA법) : CO_2, N_2, O_3에서 냉장

3 수산물의 조리 및 가공·저장

1) 어류의 특징

① 사후강직 후 자가소화와 부패가 일어난다.
② 흰살생선인 백색어류(동태, 조기 등)는 해저에 살며 지방함량이 적고, 등푸른 생선인

적색어류(꽁치, 고등어 등)는 해면에 살며 지방함량이 많다.

③ 산란기 직전에는 산란을 위해 에너지를 지방형태로 체내에 저장하기 때문에 맛이 좋다.

2) 어류의 성분

① **단백질** : 흰살생선(미오신)에 소금을 넣어 용해시키면, 어묵 생성의 원리가 된다.

- 근육섬유 구성 단백질(myosin+actin)을 염용액(2~6%)에 용출시키면 액토미오신을 형성한다.

② **지방** : 불포화지방산이 80%, 포화지방산이 20% 정도이다.

③ **결합조직** : 결합조직은 육류에 비해 적어서 질기지 않고 연하다.

④ **어취** : 트리메틸아민옥사이드(TMAO)가 공기 중에 환원되어 트리메틸아민(TMA는 체표 점액과 껍질, 혈액에 많이 존재)으로 전환되면서 냄새를 유발한다.

⑤ **당질** : 극소량의 동물성 전분(glycogen)이 존재한다.

3) 어취 해소법

① **물로 씻기** : Trimethylamine은 수용성으로서 근육 및 표피의 점액에 용해되어 있으므로 씻을 때 많이 제거된다.

② **산의 첨가** : 산은 trimethylamine과 결합하여 냄새가 없는 물질을 생성한다.

③ **생강 첨가** : 신미성분인 진저롤(gingerol)과 쇼가올(shogaol)에 의해 미각의 감각을 마비시켜, 맛을 못 느끼게 된다.

④ **마늘, 파, 양파 첨가** : 맵고 냄새가 강하여, 비린내를 감지하는 능력을 약화시킨다.

⑤ **간장, 된장 첨가** : 된장은 콜로이드상이기 때문에 흡착성이 강하여 비린 맛을 흡착시킨다.

⑥ **고추, 후추 첨가** : 매운맛이 미뢰를 마비시켜 비린 맛을 감지하지 못하게 한다.

⑦ **알코올 첨가** : succinic acid가 있어 어취 제거와 맛의 향상에 도움을 준다.

⑧ **우유 첨가** : 카세인이 여러 가지 물질, 즉 비린 맛을 흡착시킨다.

⑨ **무 첨가** : 무에는 methyl mercaptan과 mustard oil이 있어 어취억제 효과를 나타낸다.

4 유지 및 유지 가공품

상온에서 액체상태인 것을 유(油 : 대두유, 면실유, 참기름 등), 상온에서 고체상태인 것을 지(脂 : 쇠기름, 돼지기름, 버터 등)라 하며, 이를 합쳐서 유지(油脂)라고 한다.

1) 지방의 종류

① 동물성 지방(버터, 라드 : 돼지기름, 우지 : 쇠기름)
② 식물성 지방(참기름, 대두유, 들기름, 콩기름, 유채유, 옥수수유, 면실유 등)
③ 가공유(경화유) : 쇼트닝, 마가린 등

2) 유지의 발연점

(1) 발연점

유지를 가열하면 어느 온도에 달했을 때 유지가 글리세롤과 지방산으로 분해되어 푸른 연기가 나기 시작하는 온도를 말한다. 즉 지방이 분해되기 시작하는 온도라고 할 수 있다.

고온에 가열

↓

유지 → 지방산+글리세롤로 분해되는 온도
(청백색 연기+자극성 취기 : 아크롤레인)

(2) 발연점이 낮아지는 이유

① 유리지방산이 많은 경우
② 여러 번 반복하여 사용했을 경우
③ 기름에 이물질이 많을 경우
④ 그릇의 표면적이 넓을 경우

＊ 튀김기름의 특징
- 튀김기름은 튀기는 음식의 6~10배 정도가 적당하다.
- 보통 튀김 시 기름의 흡착량은 튀기는 물체의 약 20% 정도이다.
- 튀김용 기름 보관 : 유리병에 밀봉해서 저온에 보관한다.
- 열과 비타민에 안정성 : E > D > A > B > C

(3) 튀김 시 고려할 사항

① 한번에 많은 양의 재료를 넣지 않는다.

② 수분이 많은 식품은 미리 어느 정도 수분을 제거하고 튀긴다.

③ 이물질은 체로 건져 제거하면서 튀긴다.

④ 튀긴 후 과도하게 흡수된 기름은 종이를 사용하여 제거한다.

(4) 유화성의 이용

① 유화(emulsification) : 일반적인 상태에서는 혼합되지 않는 두 종류의 액체를 균일
하게 혼합하는 조작을 말하며, 식품을 제조할 때 서로 합쳐지지 않는 두 종류의 액체
간의 유화는 그 액들의 표면장력과 밀도의 차이가 적을수록 용이하나 안정성은 적다.
따라서 안정된 유화를 만들려면 제3의 물질, 즉 유화제를 첨가해야 한다.

② 유화의 종류
- 수중유적형(Oil in water, O/W) : 이는 수중에 유적(기름방울)이 가용화(녹을 수 있
도록 하는 것)에 의해서 떠 있는 상태이다. 우유, 아이스크림, 마요네즈 등이 해당
된다.
- 유중수적형(Water in oil, W/O) : 기름 속에 수적(물방울)이 분산된 상태이다. 버터,
마가린 등이 해당된다.

(5) 유지의 산패

지방은 효소, 광선, 미생물, 수분, 금속, 그 외 세균이나 열 등에 의해 산화되며, 영양소가
저하되고 악취를 내며 신맛을 낸다.

5 냉동식품의 조리

미생물은 10℃ 이하면 생육이 억제되고 0℃ 이하에서는 거의 작용을 하지 못한다. 이러한 원리를 응용하여 저장한 식품이 냉장, 냉동식품이다.

1) 냉동방법

냉동식품의 저장은 -15℃ 이하의 저온에서 주로 축산물과 수산물의 장기 저장에 이용되며 냉동에 의한 식품의 품질저하를 막기 위해 물의 결정을 미세하게 하려면 급속 동결법이 필요하다. 일반적으로는 -40℃ 이하에서 동결시키거나 액체질소를 사용하여 -194℃에서 급속 동결시키기도 한다.

2) 해동방법

① **육류 · 어류** : 급속히 해동하면 조직이 상해서 드립(drip)이 많이 나오므로 가장 이상적인 방법은 냉장고에서 서서히 해동시키거나, 플라스틱 필름으로 밀봉 후 수돗물에 해동시키는 것이다.

② **채소류** : 냉동채소는 해동과 조리를 동시에 한다.

③ **튀김류** : 빵가루로 겉을 싼 것은 동결된 상태로 다소 높은 온도의 기름에 튀기고 실온의 음식물에 비해 튀기는 시간이 25% 정도 더 걸린다.

④ **빵과 케이크류** : 실내에서 자연해동하거나, 오븐에 데운다.

⑤ **과일류** : 동결한 상태로 주스를 하거나, 반동결상태에서 먹는다. 완전 해동하면 부서지기 쉽다.

6 조미료와 향신료

조미료는 식품의 맛과 향기 등에 관여하고, 향신료는 특수한 방향감이나 향미에 의한 맛을 내기 위하여 첨가하는 물질이다.

① **단맛(감미료)** : 설탕, 꿀, 물엿, 올리고당 등

② 신맛(산미료) : 빙초산, 초산, 구연산, 주석산 등

③ 짠맛(함미료) : 소금, 간장, 된장 등

④ 쓴맛(고미료) : 호프, 카페인 등

⑤ 맛난맛(지미료) : 멸치, 다시마, 가다랑어포 등

⑥ 매운맛(신미료) : 고추, 후추, 겨자, 고추냉이 등

⑦ 아린맛(떫은맛+쓴맛) : 죽순, 고사리

제 **3** 장 식생활 문화

1 한국 음식의 문화와 배경

- 삼면이 바다인 반도 국가로 사계절이 뚜렷하며, 동아시아의 중국 대륙과 일본 열도 사이에 위치한다.
- 동쪽에는 주로 산맥들이 있고, 김포평야, 호남평야, 김해평야 등의 평야지대는 주로 서쪽과 남쪽에 위치하고, 그 주변으로 큰 강들이 흐른다.
- 수렵과 채집을 주로 하였던 선사시대(구석기, 신석기)에서 농경 생활의 정착으로 부족 국가 이후의 삼국, 통일신라, 고려, 조선에 이르기까지 역사의 변천에 따라 농기구와 조리도구, 식기 등이 발달해 왔으며, 이는 음식의 발달과 문화의 형성요인 중 하나로 손꼽힌다.
- 사계절이 뚜렷한 우리나라는 절기에 따라 명절을 보내는데 이때 먹는 음식을 절식이라 하며, 제철에 나는 재료로 만든 음식을 시식이라 한다.
- 식재료를 오랫동안 보존하기 위하여 김치, 장류, 젓갈류 등의 발효식품이 발달하였다.
- 개화기에는 서구화된 식생활을 소개하는 문헌이 종종 발간되었으며, 일제 강점기, 6 · 25 전쟁 등을 겪으면서 식량의 절대 부족으로 식문화가 침체하였다. 해방 이후부터 1960년 대까지는 해외원조 식량에 의존하였으며, 부족한 쌀의 대안으로 밀가루를 이용한 음식을 소비하자는 분식장려운동이 일어났다.
- 식량 부족을 표현하는 보릿고개(지난 가을 수확한 쌀 등의 양식이 바닥나고, 보리가 아직 여물지 않은 5~6월경)라는 단어는 당시 우리나라의 식량 사정을 보여주는 예다.
- 1960년대 해외원조품인 밀가루를 이용한 라면이 개발되었으며, 이때의 라면은 국민의

허기를 달랠 수 있는 귀중한 식품이었다.

- 1970대 이후 식량 생산량의 증가와 경제발전으로 식생활 수준이 향상되어 지금까지 음식문화가 발전하고 있다.

2 한국 음식의 분류

우리나라의 음식은 주식과 부식의 구분이 뚜렷하다. 주식은 곡류로 만든 밥, 죽, 국수 등이 있으며, 부식류는 국(탕), 찌개(조치), 전골, 찜, 선, 볶음, 전, 적, 구이, 회, 찜, 김치, 젓갈 등으로 나눈다. 이외에도 떡, 한과류, 식혜, 수정과 등의 음청류도 발달하였다.

3 한국 음식의 특징 및 용어

1) 한국 음식의 특징

- 농업의 발달로 곡물을 이용한 주식과 조리법이 발달하였다.
- 주식과 부식의 구분이 뚜렷하다.
- 시식과 절식이 발달하였다.
- 식사예법(예절)을 중시한다.
- 음식의 종류와 조리법이 다양하다.
- 약식동원의 사상이 발달하여 음식의 음양오행을 중시한다.
- 양념과 고명을 다양하게 사용한다.
- 발효식품의 사용이 다양하다.

2) 한국 음식의 용어

고명	웃기, 꾸미라고도 하며 음식을 완성할 때 위에 얹는 장식의 일종이다.
달걀지단	달걀을 흰자와 노른자로 나누어 약간의 소금을 넣고 프라이팬에 익혀낸 고명의 일종으로 형태에 따라 골패형 · 마름모꼴 · 채썬 지단이 있다.
줄알	장국을 끓일 때 달걀을 줄처럼 흘려서 부드럽게 익힌 것으로 국수나 만둣국 등에 사용된다.
미나리초대	고명의 일종으로 미나리 줄기를 밀가루와 달걀물을 이용하여 얇게 부친 것이다.
완자	곱게 다진 소고기와 으깬 두부를 잘 치대어 공 모양으로 둥글게 빚어 익힌 고명의 일종이다.
실고추	말린 고추의 씨를 발라내고 곱게 채썬 고명의 일종
알쌈	익힌 완자를 원 모양의 지단 속에 넣고 반으로 접어서 익힌 고명의 일종이다.
수라	왕과 왕비가 드시는 반상 차림을 수라상 차림이라 한다.
골동반	비빔밥을 의미하며 여러 가지 익힌 나물과 볶은 고기를 고루 비벼서 먹는 음식으로 섣달 그믐날에 먹었다고 한다.
응이	곡물로 만든 유동식으로 응이는 병인식의 개념보다는 아침에 내는 초조반상이나 낮것상에 사용하였다.
조치	궁중에서는 찌개를 조치라고 하며, 고추장찌개를 감정이라 하였다.
족편	쇠머리, 쇠족, 사태, 힘줄 등에 물을 부어 오래 끓여 묵처럼 굳혀서 먹었던 음식으로 얇게 썰어 양념장에 찍어 먹었다.

한식 기초조리실무 예상문제

001 다음 중 조리의 목적과 가장 거리가 먼 것은?

가. 유해물을 제거하여 위생상 안전하게 한다.

나. 식품의 가열, 연화로 소화가 잘되게 한다.

다. 식품을 손질하여 더 좋은 식품으로 만들어 식품의 상품가격을 높인다.

라. 향미를 좋게 하고 외관을 아름답게 하여 식욕을 돋운다.

해설
- 안전성 : 식품의 유해성분을 살균하여 위생적으로 안전한 음식물로 만드는 것
- 영양성 : 소화를 용이하게 하며 식품의 영양효율을 높이는 것
- 기호성 : 식품의 맛, 색깔, 모양을 좋게 하여 먹는 사람의 기호에 맞게 하는 것
- 저장성 : 조리를 함으로써 저장성을 용이하게 하는 것

002 가열하는 조리방법에 대한 내용 중 틀린 것은?

가. 물을 이용한 삶기는 조미하지 않는 것이 끓이기와 다른 점이다.

나. 볶음은 100℃(섭씨) 이상의 고온에서 단시간 조리하기 때문에 색이 그대로 유지되고 좋은 향미를 내지만 수용성 성분의 영양가 용출이 많다.

다. 찜은 식품 모양을 그대로 유지시켜 주며 수용성 물질의 영양분 용출도 끓이기보다 적다.

라. 끓는 물에서의 데치기는 끓이기보다 시간이 절약되면서 조직을 연하게 하고, 효소작용을 억제시켜 색을 더 좋게 해준다.

해설
- 가열의 목적은 식품을 가열함으로써 위생적으로 완전하게 하고 소화, 흡수를 잘할 수 있게 하기 위해서이다.
- 볶음은 건열조리법으로 영양소 손실이 적다.

003 조리방법 중 습열 조리법에 속하지 않는 것은?

가. 편육　　　　　나. 장조림

다. 불고기　　　　라. 꼬리곰탕

해설
- 습열(濕熱)에 의한 조리 : 물, 수증기를 열매체로 하는 조리법 – 삶기, 찌기, 끓이기, 데치기 등
- 건열(乾熱)에 의한 조리 : 주로 금속판, 석쇠, 방사열, 지방류 등을 열매체로 하는 조리법 – 굽기, 볶기, 튀기기, 부치기 등

004 다음 조리법 중 찜의 장점에 대한 설명이 틀린 것은?

가. 모양이 흐트러지지 않는다.

나. 풍미유지에 좋다.

다. 수증기의 잠재열을 이용하므로 시간이 절약된다.

라. 수용성 성분의 손실이 끓이기에 비하여 적다.

해설 찜의 장점
- 수증기가 갖고 있는 잠열(1g당 539cal)을 이용하여 재료를 가열 조리하는 방법이다.
- 시간은 많이 걸리지만 영양소의 손실이 적다.
- 식품의 모양이 흐트러지지 않고, 탈 염려가 없다.
- 가급적 찌기 전에 조미와 양념을 하는 것이 효과적이다.
- 삶는 것에 비해 수용성 단백질, 비타민, 무기질의 성분이 용출되지 않으므로 영양소의 손실이 적고, 단백질이 서서히 응고되어 표면이 부드러워져 소화흡수에 좋다.
- 수용성 물질의 용출이 끓이는 조작보다 적다.

005 찜은 수증기의 잠재열에 의해 가열되는데, 1g당 수증기의 잠재열은?

가. 80cal 나. 539cal
다. 619cal 라. 459cal

해설 수증기가 갖고 있는 잠열(1g당 539cal)을 이용하여 재료를 가열 조리하는 방법으로 시간은 많이 걸리지만 영양소의 손실이 적고 식품의 모양이 흐트러지지 않고, 탈 염려가 없다.

006 다음의 서양요리 조리방법 중 건열조리와 거리가 먼 것은?

가. 브로일링(broiling)
나. 로스팅(roasting)
다. 팬프라잉(pan frying)
라. 스튜잉(stewing)

해설
- 브로일링(broiling) : 석쇠구이
- 로스팅(roasting) : 육류나 가금류를 통째로 오븐에 굽는 것
- 팬프라잉(pan frying) : 적은 양의 기름을 팬에 두르고 익히는 것
- 스튜(stew) : 우리나라 찜과 비슷한 요리로 육류와 채소를 익히는 습열조리법

007 우리 음식의 갈비찜을 하는 조리법과 비슷하여 오랫동안 은근한 불에 끓이는 서양식 조리법은?

가. 브로일링 나. 로스팅
다. 팬브로일링 라. 스튜잉

해설
- 브로일링 : 석쇠나 팬에 굽기
- 로스팅 : 오븐에 가열
- 팬브로일링 : 뚜껑 열고 팬에 굽기
- 스튜잉 : 장시간 끓이기
- 시머링 : 은근히 끓이기

008 빵을 굽는 온도로 적당한 것은?

가. 100~150℃ 나. 200~250℃
다. 250~300℃ 라. 300℃ 이상

해설 빵의 제조 시 반죽온도는 25~30℃가 적당하고, 오븐에 굽는 온도는 200~250℃가 적당하며 반죽 후 재워놓았을 때 부풀어오르는 것은 발효에 의해 생성된 탄산가스(CO_2) 때문이다.

009 전골류를 급식하는데 가장 이상적인 적온은?

가. 30~40℃ 나. 55~65℃
다. 45~60℃ 라. 95~98℃

해설 밥 40~45℃, 차·국 70~80℃, 식혜 55~60℃, 전골 95~98℃가 가장 이상적이다.

010 음식을 제공할 때 고려해야 하는 음식의 온도가 가장 높은 것은?

가. 전골 나. 커피
다. 밥 라. 국

해설 음식의 적정 온도는 전골 95~98℃, 커피나 국은 70~75℃, 밥 40~45℃이다.

011 다음에서 설명하는 칼질법은?

보기	• 속도가 빠르고 손목의 스냅을 이용한다. • 많은 양을 썰 때 편리하다. • 소리가 크고 정교함이 떨어진다.

　　가. 밀어썰기　　　　나. 후려썰기

　　다. 당겨썰기　　　　라. 작두썰기

012 숫돌의 사용방법으로 옳은 것은?

　　가. 입도 숫자가 작을수록 입자가 미세하다는 뜻이다.

　　나. 1000#은 칼날이 두껍고 이가 많이 빠진 칼을 가는 데 사용한다.

　　다. 400#은 고운 숫돌로, 굵은 숫돌로 간 다음 칼의 잘리는 면을 부드럽게 하기 위해 사용하며 일반적인 칼갈이에 많이 사용한다.

　　라. 칼날은 예리하고 날카롭게 관리해야 사고의 위험을 줄일 수 있다.

> **해설** 입도의 숫자가 클수록 입자가 미세하다. 칼날이 두껍고 이가 많이 빠진 칼을 가는 데 사용하는 것은 400#이다. 고운 숫돌은 굵은 숫돌로 간 다음 칼의 면을 부드럽게 하기 위해 사용하며 일반적인 칼갈이에 많이 사용하는 것은 1000#이다.

013 칼 연마하는 방법으로 틀린 것은?

　　가. 칼을 갈기 전 45분 이상 숫돌을 물에 충분히 담가둔다.

　　나. 받침대나 젖은 행주를 이용하여 숫돌을 고정시킨다.

　　다. 숫돌은 자신을 기준으로 수평이 되도록 놓는다.

　　라. 사선 갈기는 칼에 갈리는 부분이 넓어 빨리 갈 수 있다.

> **해설** 숫돌은 자신을 기준으로 수직이 되도록 놓고 칼갈이를 한다.

014 썰기 방법의 표현이 틀린 것은?

　　가. 편썰기(얄팍썰기) : 재료를 원하는 길이로 자른 후 두께를 고르게 저며써는 방법

　　나. 막대썰기 : 재료를 원하는 길이로 자른 후 일정한 막대기 모양으로 써는 방법

　　다. 은행잎썰기 : 통으로 썰기. 큰 재료를 4등분하여 써는 방법

　　라. 저며썰기 : 표고버섯이나 고기, 생선포 등을 포 뜰 때 써는 방법

> **해설 통으로 썰기**
> 큰 재료를 4등분하여 써는 방법은 반달썰기에 해당하며 이는 호박, 당근, 무 등 둥근 재료 써는 데 적당하다.

015 다음의 조리기기와 조리방법을 연결한 것 중 가장 적절하게 사용된 경우가 아닌 것은?

　　가. 필러(Peeler) : 감자, 당근 등의 근채류나 채소의 껍질을 벗기는 기구

　　나. 슬라이서(Slicer) : 육류를 얇게 다져내는 기구

　　다. 초퍼(Chopper) : 식품을 다져내는 기구

　　라. 커터(Cutter) : 식품을 자르는 기구

> **해설**
> • 슬라이서(Slicer) : 육류를 얇게 저며내는 기구
> • 혼합기(Mixer) : 모든 재료를 혼합하는 기구

016 조리장 내에서 사용되는 기기의 주요 재질별 관리방법이 부적당한 것은?

　　가. 스테인리스 스틸제의 작업대는 스펀지를 사용하여 중성세제로 닦는다.

나. 알루미늄제 냄비는 거친 솔을 사용하여 알
칼리성 세제로 닦는다.

다. 주철로 만든 국솥 등은 수세 후 습기를 건
조시킨다.

라. 철강제의 구이 기계류는 오물을 세제로 씻
고 습기를 건조시킨다.

해설 알루미늄 냄비는 부드러운 솔을 이용하여 중성세제
로 닦아야 용기에 상처가 나지 않는다.

017 1ts(티스푼)이 1Ts(테이블스푼)이 되려면?

가. 2ts = 1Ts   나. 4ts = 1Ts

다. 3ts = 1Ts   라. 5ts = 1Ts

해설
• 1ts = 5cc(ml) → ts(티스푼, 작은술)
• 1Ts = 15cc(ml)(1Ts = 3ts) → Ts(테이블스푼, 큰술)
• 1C = 240cc(ml)(1C = 16Ts)
※ 단, 우리나라의 경우는 200cc이다.
• C(컵) = 8온스(oz)

018 계량법에 대한 설명 중 잘못된 것은?

가. 황설탕은 꼭꼭 눌러 잰다.

나. 물을 계량할 때는 메니스커스(meniscus) 양
끝과 눈금이 동일하게 맞도록 한다.

다. 꿀이나 기름과 같이 점성이 높은 것은 나
누어진 계량컵세트 중의 하나로 사용하는
것이 좋다.

라. 밀가루는 측정 직전에 체로 쳐서 누르지 말고
계량한다.

해설 메니스커스(meniscus)는 아래로 볼록한 곡면을
말하는 것으로, 액체를 계량할 때에는 눈금과 눈높이를
동일하게 맞추어 잰다.

019 조리공간에 대한 설명이 가장 올바르게 된 것은?

가. 조리실의 형태는 장방형보다 정방형이 좋다.

나. 천장의 색은 벽에 비해 어두운 색으로 한다.

다. 벽의 마감재료로는 자기타일, 모자이크타일,
금속판, 내수합판 등이 좋다.

라. 창면적은 벽면적의 40~50%로 한다.

해설
• 충분히 내구력 있는 구조
• 객실과 객석은 구획의 구분이 분명할 것
• 바닥은 내수성 자재 사용

020 대규모의 주방에서 조리설비의 배치로 이상적인 것은?

가. 일렬형   나. 병렬형

다. ㄷ자형   라. 아일랜드형

해설 ㄷ자형은 같은 면적의 경우 동선이 짧고 넓은 조리
장에 사용된다.

021 다음 중 집단 급식소에 속하지 않는 것은?

가. 대중음식점

나. 병원의 직원식당

다. 공장의 종업원 급식소

라. 기숙사 내의 식당

해설 특정 다수인(1회 50인 이상)을 대상으로 비영리의
목적으로 계속적인 식사를 공급하는 곳을 말하며, 병원,
기업체 식당 및 기숙사, 학교, 군대에서 집단으로 생활
하는 특정 다수인을 대상으로 하는 곳을 말한다.

022 식재료 검수 시 유의사항으로 옳지 않은 것은?

가. 검수는 식품이 도착하자마자 바로 진행한다.

나. 식품의 검수는 바닥에서 60cm 이상 높이
의 검수대에서 진행한다.

다. 검수 시 맨손으로 식품을 만지거나 손으로 맛을 보기도 한다.

라. 식재료 검수 시 규격에 맞지 않는 식품은 반드시 반품 처리한다.

해설 검수 시 맨손으로 식품을 만지거나 손으로 맛을 보지 않는다.

나. 공업관리 - 산업관리 - 영양관리

다. 위생관리 - 영양관리 - 작업관리

라. 객실관리 - 인사관리 - 영양관리

해설 단체급식의 가장 중요한 것은 위생관리가 철저해야 하고 그 다음은 영양관리와 작업관리 순서이다.

023 싱크대에서 일하는 사람 뒤를 다른 사람이 통과할 수 있도록 하기 위해서 조리장의 싱크대와 뒷선반과의 간격은 최소 몇 cm 이상 되어야 하는가?

가. 50 나. 80

다. 150 라. 200

해설 작업대의 높이는 신장의 52%, 즉 80~85cm 정도가 가장 효율적이다.

026 다음과 같은 식단은 몇 첩 반상인가?

보기	보리밥, 냉이국, 장조림, 쑥갓나물, 무숙장아찌, 배추, 김치, 간장

가. 9첩 반상 나. 7첩 반상

다. 5첩 반상 라. 3첩 반상

해설 밥, 국(탕), 김치, 종지, 조치(찌개, 찜)는 첩수에서 제외되며 3첩 반상은 숙채 1, 생채 1, 구이(조림) 1

024 단체급식의 목적이 아닌 것은?

가. 싼값에 제공되는 식사이므로 영양적 요구는 충족시키기 어렵다.

나. 이윤을 목적으로 하지 않기 때문에 경비를 절감할 수 있다.

다. 피급식자에게 식(食)에 대한 인식을 고양하고 영양지도를 한다.

라. 급식을 통해 연대감이나 정신적 안정을 갖게 한다.

해설 단체급식이란 비영리적, 계속적 지급, 특정 다수인에게 식사를 제공하는 것으로, 단체급식의 의의와 목적은 식생활 개선, 영양개선, 체위 향상, 건강 증진을 도모하여 사회복지에 이바지함을 목적으로 한다.

027 식단 작성 시 유의점 중 영양적 배려와 관련이 적은 것은?

가. 탄수화물 식품을 충분히 제공할 것

나. 에너지 급원을 충분히 생각할 것

다. 필수적으로 필요한 무기질을 골고루 제공할 것

라. 비타민의 공급을 충분히 할 것

해설 식단 작성 시 고려할 점은 영양면, 경제면, 기호면, 능률면 등이다.

028 정월 대보름날(음력 1월 15일)의 절식이 아닌 것은?

가. 오곡밥 나. 떡국

다. 복쌈 라. 약식

해설 **정월 대보름 음식**: 오곡밥(백미, 찹쌀, 차조, 팥, 검정콩), 각색나물(도라지, 시금치, 고비, 콩나물, 취나물, 시래기, 무나물, 숙주나물 등), 약식, 산적, 식혜, 부럼(밤, 호두, 은행, 잣, 땅콩) 등

025 단체급식 관리에 알맞은 체계로 구성된 것은?

가. 요업관리 - 수산관리 - 영양관리

029 보존식이란 무엇인가?

가. 제공된 요리 1인분을 조리장에 일정시간 보존하여 사고(식중독) 발생에 대비하는 식

나. 제공된 요리 1인분을 냉동고에 일정시간 보존하여 사고(식중독) 발생에 대비하는 식

다. 제공된 요리 1인분을 냉장고에 일정시간 전시용으로 보존하는 식

라. 제공된 요리 1인분을 조리장에 일정시간 전시용으로 보존하는 식

> **해설 보존식이란** : 제공되는 모든 음식을 영하 18℃ 이하에서 144시간 보관

030 가식부율이 가장 높은 것은?

가. 밀감

나. 고추

다. 콩나물

라. 수박

> **해설 식품에 따른 가식부율** : 닭 61%, 달걀 87%, 파 85%, 콩나물 80%, 숙주나물 90%, 꽃게 32%, 참외 80%, 고추·감자 94%, 두부·대두·육류 100%, 수박 58%, 고구마 90%, 동태 80%, 대구 65%, 파인애플 50%

031 전분에 관하여 옳게 설명한 것은?

가. 아밀로오스의 함량이 많은 전분이 아밀로펙틴이 많은 전분보다 노화되기 어렵다.

나. 전분의 노화를 방지하려면 호화전분을 0℃ 이하로 급속히 동결시키거나 수분을 15% 이하로 감소시킨다.

다. 전분을 묽은 산이나 효소로 가수분해시키거나 수분이 없는 상태에서 160~170℃로 가열하는 것을 호화라 한다.

라. 전분에 물을 넣고 가열시키면 전분입자가 붕괴되고 미세구조가 파괴되는 것을 호정화라 한다.

> **해설 전분호화에 영향을 미치는 것** : 전분의 종류, 수분함량, 설탕, pH, 염류

032 아밀로펙틴만으로 구성된 것은?

가. 고구마전분

나. 멥쌀전분

다. 보리전분

라. 찹쌀전분

> **해설**
> • 찹쌀전분 : 아밀로펙틴(100%) 함유
> • 멥쌀전분 : 아밀로오스(20%) + 아밀로펙틴(80%)

033 호화된 전분이 노화를 일으킬 수 있는 조건이 아닌 것은?

가. 온도가 0~4℃일 때

나. 수분함량이 30~60%일 때

다. 수소이온이 많을 때

라. 수분량이 15% 이하일 때

> **해설**
> • 수분함량 : 수분함량이 30~70%일 때 노화가 가장 빨리 일어나고, 15% 이하일 때는 노화가 잘 일어나지 않으며 10% 이하일 때는 노화가 거의 일어나지 않는다.
> • 설탕 : 설탕 첨가 시 노화가 억제된다(탈수작용 및 삼투현상).

034 샌드위치를 만들고 남은 식빵을 냉장고에 보관하였더니 딱딱해졌다. 냉장저장 중 일어나는 이러한 변화를 가장 잘 설명한 것은?

가. 전분 - 호화

나. 지방 - 산화

다. 단백질 - 젤화

라. 전분 - 노화

> **해설 전분의 노화촉진에 영향을 주는 요인**
> • 전분분자의 종류 : 아밀로오스의 함량이 많을수록
> • 수분함량 : 수분함량이 30~70%일 때 가장 빨리 일어나고, 15% 이하일 때는 노화가 잘 일어나지 않으며 10% 이하일 때는 노화가 거의 일어나지 않는다.

- 온도 : 0~4℃의 냉장온도에서 가장 쉽게 일어나며, 60℃ 이상과 −20℃ 이하에서는 노화가 잘되지 않는다.
- pH : 수소이온이 많을수록, 산도가 높을수록
- 설탕 : 설탕 첨가 시 노화가 억제된다(탈수작용 및 삼투현상).

035 밥짓기 과정의 설명으로 옳은 것은?

가. 쌀을 씻어서 2~3시간 푹 불리면 맛이 좋다.
나. 햅쌀은 묵은쌀보다 물을 약간 적게 붓는다.
다. 쌀은 80~90℃에서 호화가 시작된다.
라. 묵은쌀의 경우 쌀 중량의 약 2.5배 정도의 물을 붓는다.

> **해설** 쌀의 수분함량은 13~15% 정도이며, 불린 쌀의 최대 수분 흡수율은 20~30% 정도이고, 밥을 지었을 때의 수분함량은 65% 정도이며, 쌀로 밥을 지었을 경우 중량은 2.5배이다.

036 β-전분이 α-전분으로 되는 현상을 무엇이라 하는가?

가. 호화   나. 노화
다. 유화   라. 연화

> **해설** 베타(β)전분을 물에 끓이면 그 분자에 금이 가서 물 분자가 전분 속에 들어가 팽윤상태가 된다. 이 현상을 호화(糊化)라 한다. 즉 이것을 전분의 α화라 하며 익은 전분을 α전분이라 한다.

037 다음 중 밥맛을 좌우하는 요소로 잘못된 것은?

가. 밥물의 산도가 높아질수록 밥맛이 좋아진다.
나. 0.03%의 소금 첨가로 밥맛이 좋아진다.
다. 쌀은 수확 후 오래되면 밥맛이 나빠진다.

라. 쌀의 일반성분은 밥맛과 거의 관계가 없다.

> **해설 밥맛의 구성요소**
> - 밥물은 pH 7~8 정도일 때 맛이나 외관이 가장 좋다 (산성이 높아질수록 밥맛이 나쁘다).
> - 약간의 소금(0.03%)을 넣으면 밥맛이 좋아진다.
> - 수확 후 오래된 것이나 변질된 것은 밥맛이 나쁘다.
> - 지나치게 건조된 쌀은 밥맛이 나쁘다.

038 보통 백미로 밥을 지으려 할 때 쌀과 물의 분량이 바른 것은?

가. 쌀 중량의 1.5배, 부피의 1.2배
나. 쌀 중량의 3배, 부피의 1.5배
다. 쌀 부피의 3배, 중량의 1.2배
라. 쌀 부피의 2배, 중량의 1.5배

> **해설**
>
> | 쌀의 종류 | 쌀의 중량에 대한 물의 분량 | 체적(부피)에 대한 물의 분량 |
> |---|---|---|
> | 백미(보통) | 쌀 중량의 1.5배 | 쌀 용량의 1.2배 |
> | 햅쌀 | 쌀 중량의 1.4배 | 쌀 용량의 1.1배 |
> | 찹쌀 | 쌀 중량의 1.1~1.2배 | 쌀 용량의 0.9~1배 |
> | 불린 쌀(침수) | 쌀 중량의 1.2배 | 쌀 용량과 동량(1.0배) |

039 식이섬유(dietary fiber)를 구성하는 성분에 대한 설명이 잘못된 것은?

가. 소화되지 않는 동물성 점액질 다당류도 포함된다.
나. 인체 내 소화효소로 가수분해되지 않는 탄수화물로서 열량원으로 이용되지 못한다.
다. 식물의 세포벽을 구성하는 성분으로 식이섬유는 모두 단단한 질감을 가지며, 물에 용해되지 않는다.

라. 소화되지 않는 식물성 경질 다당류도 포함된다.

해설 식이섬유는 식물체의 중요한 골격물질 및 식물 세포막의 주요 성분으로 인체 내에서는 소화가 안 되지만 소화운동을 촉진하므로 변비를 예방하고 비타민 B군의 합성을 촉진한다. 주로 해조류, 채소류, 두류에 많이 함유되어 있다.

040 다음 중 글루텐을 형성하는 단백질을 가장 많이 함유하고 있는 식품은?

가. 보리　　　　　　　나. 쌀
다. 밀　　　　　　　　라. 옥수수

해설 **글루텐(gluten) 함량에 따른 소맥분의 종류**

종류	글루텐 함량
강력분	13% 이상
중력분	10~13%
박력분	10% 이하

041 밀가루를 물로 반죽하여 면을 만들 때 반죽의 점성에 관계하는 주성분은?

가. 글로불린(globulin)
나. 글루텐(gluten)
다. 아밀로펙틴(amylopectin)
라. 덱스트린(dextrin)

해설 밀가루에 물을 부어 반죽하면 점성과 탄력성이 있는 글루텐이 형성된다.

042 반죽에 있어서 달걀의 중요한 역할이 아닌 것은?

가. 유화성
나. 맛과 색을 좋게 함
다. 팽창제
라. 단백질의 연화작용

해설
- 달걀 : 영양가를 높이고 빛깔, 향기, 풍미를 증가시킴
- 지방 : 버터, 마가린, 쇼트닝 등은 빵을 부드럽게 함

043 밀가루 제품에서 팽창제의 역할을 하는 것과 거리가 먼 것은?

가. 이스트　　　　　　나. 달걀
다. 소금　　　　　　　라. 베이킹파우더

해설
- 소금 : 단맛을 상승시키고 점탄성을 증가시키며, 빵의 풍미, gluten의 탄력, 효모의 발육을 촉진
- 효모(Saccharomyces Cerevisiae) : 포도당을 발효시키며, 이때 CO_2로 반죽을 부풀어오르게 한다(30℃에서 3~4시간 보온 시 CO_2 발생).
- 베이킹파우더(B.P) : 빵의 팽창제로서 가열 시 CO_2, NH_3를 발생시키는데, 알칼리성을 띤다.
- 달걀 : 영양가를 높이고 빛깔, 향기, 풍미를 증가시킨다.

044 과자류 및 튀김의 제품적성에 가장 적당한 밀가루는?

가. 반강력분　　　　　나. 박력분
다. 강력분　　　　　　라. 중력분

해설 **글루텐 함량에 따라**
- 강력분(13%↑) : 식빵, 마카로니, 스파게티
- 중력분(10%) : 다목적용 밀가루(국수, 만두피)
- 박력분(10%↓) : 튀김류, 비스킷, 카스텔라

045 빵 제조 시 설탕을 쓰는 목적과 거리가 먼 것은?

가. 곰팡이의 발육을 억제한다.
나. 단맛을 주기 위해서이다.
다. 표면의 갈색화에 도움을 준다.
라. 효모의 영양원이다.

해설 설탕은 제빵의 단맛, 빛깔, 향기를 좋게 하며(사용량 : 밀가루의 3~4%), 효모의 영양원이 된다. 또한 노화방지 및 저장성을 증가시킨다.

046 두부의 제조 시 응고제가 아닌 것은?

　가. $MgCl_2$　　　　　나. $CaCl_2$

　다. $CaSO_4$　　　　　라. KCl

해설 두부는 콩의 glycinin이라는 단백질이 응고제(70~80℃에서 두유의 2%를 2~3회 나누어 사용)인 무기염류 황산칼슘($CaSO_4$), 황산마그네슘($MgSO_4$), 염화칼슘($CaCl_2$), 염화마그네슘($MgCl_2$)을 넣고 응고시킨 후 틀에 넣어 고정시켜 만든 가공식품이다.

047 간장을 달이는 목적 중 가장 중요한 것은?

　가. 살균하기 위해

　나. 색택을 내기 위해

　다. 맛을 좋게 하기 위해

　라. 향을 내기 위해

해설
- 살균 및 단백질을 응고
- 장을 맑게 하며 잡냄새를 제거
- 약간의 농도 조절을 하기 위함

048 대두의 단백질은 식물성 단백질로 우수하나 콩의 특수성분으로 인해 가공하지 않으면 소화흡수가 잘 안 된다. 특수성분은?

　가. 안티트립신　　　　나. 글루텐

　다. 사포닌　　　　　　라. 레시틴

해설 콩 속에 있는 단백질의 소화액인 트립신의 분비를 억제하는 안티트립신이 파괴되면서 소화율이 높아진다.

049 일반적으로 두부 제조 시 두부의 생산량은 원료 대두의 몇 배 정도인가?

　가. 3~4배　　　　　나. 8~10배

　다. 10~12배　　　　라. 6~7배

해설 두부를 만드는 방법은 선별과 세척－불림－마쇄－여과－끓임－응고(간수 치기)－압착성형의 순서로 콩은 마른 콩 용량의 2.5~3배로 불어난다.

050 두부를 부드럽게 끓이려고 한다. 다음 중 어떤 방법이 가장 좋은가?

　가. 두부와 소량의 전분과 소금을 물에 동시에 넣고 끓인다.

　나. 물에 소금과 소량의 전분을 넣고 끓인다.

　다. 두부를 맹물에 넣고 끓인다.

　라. 두부를 먼저 끓이다가 소금과 소량의 전분을 넣는다.

해설 두부를 부드럽게 하려면 두부를 끓일 때 중조 0.2%, 전분 1%, 식염수 0.5% 등을 넣고 끓이면 표면이 부드러워진다.

051 카세인이 산이나 효소에 의하여 응고되는 성질을 이용한 식품은?

　가. 치즈　　　　　　나. 크림 수프

　다. 버터　　　　　　라. 아이스크림

해설 카세인이 응고되는 것은 레닌이라는 효소에 의한 것과 산에 의한 것이 있는데 산에 의해 응고시키는 것은 우유를 레닌으로 응고시킨 것으로, 여기에 발효나 그 밖의 가공을 한 것이 치즈이다.

052 우유를 응고시키는 효소로서 젖먹이와 송아지에서 볼 수 있는 효소는?

　가. 트립신　　　　　　나. 레닌

다. 스테압신   라. 펩신

해설
- 스테압신은 지방 → 지방 + 글리세롤로 분해한다.
- 트립신은 단백질과 펩톤 → 아미노산으로 분해한다.
- 레닌(rennin)에 의해 우유 → 응고한다.
- 펩신에 의해 단백질 → 펩톤으로 분해된다.

053 우유가공품이 아닌 것은?

가. 치즈   나. 버터

다. 마요네즈   라. 액상발효유

해설 마요네즈는 난황 속의 레시틴을 이용한 식품이다.

054 프로세스치즈의 설명이다. 가장 거리가 먼 것은?

가. 내추럴 치즈에 유화제를 가하여 가열한 것
    이다.

나. 일반적으로 내추럴 치즈보다 저장성이 크다.

다. 가열온도가 높은 것이 더 단단하다.

라. 내추럴 치즈를 원료로 사용하지 않는다.

해설 치즈는 우유 중의 카세인과 지방을 젖산균, 효소
(rennin, rennet = 유단백질의 응고), 산 등을 작용시
켜 응고시킨 후 유청을 제거하여 가온, 가압 등의 처리
과정을 거쳐 얻어진 응고물에 첨가물을 첨가하여 세균
이나 곰팡이 등의 작용으로 숙성시킨 발효제품이다.

055 육류를 물에 넣고 끓이면 고기가 연하게 되는 이
유는?

가. 조직 중의 콜라겐이 젤라틴으로 변해 용출되
    기 때문이다.

나. 조직 중의 미오신이 젤라틴으로 변해 용출되
    기 때문이다.

다. 조직 중의 콜라겐이 알부민으로 변해 용출되
    기 때문이다.

라. 조직 중의 미오신이 알부민으로 변해 용출되
    기 때문이다.

해설 가열에 의한 육류의 변화는
- 고기 단백질이 응고되며 고기가 수축되고, 분해된다.
- 콜라겐이 젤라틴으로 되어 결합조직이 연화된다.
- 중량, 보수성이 감소된다.
- 색과 풍미에 변화가 생긴다.
- 지방이 융해된다.

056 냉동시켰던 쇠고기를 해동하니 드립(drip)이 많이
발생했다. 다음 중 가장 관계 깊은 것은?

가. 지방의 산패   나. 탄수화물의 호화

다. 단백질의 변성   라. 무기질의 분해

해설 드립(drip)현상
높은 온도에서 해동하면 조직이 상해서 육즙이 많이 나
와 맛과 영양소의 손실이 크다.

057 고기의 숙성에 대한 설명 중 틀린 것은?

가. 도살 후 젖산이나 인산으로 pH에 변화가
    생긴다.

나. 산소공급이 많으면 젖산의 생성량이 적어
    진다.

다. 고기의 숙성은 온도가 높아지면 빨리 진행
    된다.

라. 고기의 글리코겐양은 숙성 중에 변하지 않
    는다.

해설
- 가축들의 사후강직 기간은 종류에 따라 다른데(온도
  는 4~7℃일 때) 닭·오리는 6~12시간, 돼지는 2~3
  일, 소는 7~10일
- 사후강직 후 숙성시간을 보면(온도가 0℃일 때) 닭·
  오리는 24시간 이내, 돼지는 1~2일, 소는 7~14일.
  하지만 가축의 크기가 클수록 사후강직과 숙성기간에
  는 차이가 있다.

058 육가공품에 이용되는 훈연의 효과를 설명한 것 중 부적당한 것은?

가. 훈연육은 알칼리성이 되어 보존성이 증가된다.
나. 제품의 색이나 기호적인 풍미를 좋게 한다.
다. 산화방지제의 작용을 갖는 연기성분은 페놀, 포름알데히드 등이다.
라. 지방의 산화방지, 미생물의 번식을 방지하여 보존성을 향상시킨다.

해설 훈연육은 산성이며, 보존성이 증가된다.

059 육류 사후강직의 원인 물질은?

가. 액토미오신(Actomyosin)
나. 젤라틴(Gelatin)
다. 엘라스틴(Elastin)
라. 콜라겐(Collagen)

해설 미오신이 액틴과 결합된 액토미오신이 사후강직의 원인물질이다.

060 어류의 사후강직에 대한 설명으로 틀린 것은?

가. 붉은살 생선이 흰살생선보다 강직이 빨리 시작된다.
나. 자기소화가 일어나면 풍미가 저하된다.
다. 담수어는 자체 내 효소의 작용으로 해수어보다 부패속도가 빠르다.
라. 보통 사후 12~14시간 동안 최고로 단단하게 된다.

해설 어류의 강직현상이 나타나는 시기는 1~4시간이다.

061 육류의 연한 정도와 가장 관계가 적은 것은?

가. 조리온도와 시간　나. 고기의 냄새

다. 고기의 부위　　　라. 결체조직의 양

해설 육류의 연한 정도는 조리온도와 시간, 고기의 부위, 결체조직의 양에 따라 다르다.

062 부드러운 살코기로서 맛이 좋으며 구이, 전골, 산적용으로 적당한 쇠고기 부위는?

가. 양지, 설도, 삼겹살
나. 갈비, 삼겹살, 안심
다. 안심, 채끝, 우둔
라. 양지, 사태, 목심

해설 채끝, 우둔, 홍두깨살, 안심은 살이 연하고 담백하여 산적, 조림, 육포 등에 주로 이용된다.

063 육류의 조리법 설명 중 맞는 것은?

가. 목심, 양지, 사태는 건열조리에 적당하다.
나. 안심, 등심, 염통, 콩팥은 습열조리에 적당하다.
다. 편육은 고기를 냉수에서 끓이기 시작한다.
라. 탕류는 소금을 약간 넣은 냉수에 고기를 넣고 중불로 은근히 끓인다.

해설 탕류는 찬물에서 끓이기 시작해야 맛있는 성분이 우러나오고, 편육은 끓는 물에 넣고 삶아야 고기 맛이 빠지지 않아 좋다.

064 완숙한 달걀의 난황 주위가 변색하는 경우를 설명한 것으로 틀린 것은?

가. 신선한 달걀에서는 변색이 거의 일어나지 않는다.
나. 난백의 유황과 난황의 철분이 결합하여 황화철을 형성하기 때문이다.

다. 오랫동안 가열하여 그대로 두었을 때 많이 일어난다.

라. 변색현상은 pH가 산성일 때 더 신속히 일어난다.

해설 신선하지 않을수록, 오래 가열할수록, pH가 알칼리일 때 FeS(황화제1철)이 생성된다.

065 달걀의 조리 중 상호관계로 가장 거리가 먼 것은?

가. 응고성 - 달걀찜

나. 유화성 - 마요네즈

다. 가소성 - 수란

라. 기포성 - 스펀지케이크

해설 **가소성**: 고체에 외력을 가하여 변형을 일으켰을 때 외력을 제거한 후에도 그로 인해 생긴 비뚤어짐이 그대로 남는 현상

066 다음 중 신선한 달걀은?

가. 난황이 깨진 달걀

나. 물 같은 난백이 많이 넓게 퍼진 달걀

다. 난황은 둥글고 주위에 농후난백이 많은 달걀

라. 작은 혈액 덩어리가 있는 달걀

해설 **신선도 판정법**

• 난황계수(0.36~0.44) 및 난백계수가 높을수록 신선하다.

$$난황계수 = \frac{난황의\ 높이}{난황의\ 직경},$$

$$난백계수 = \frac{농후난백의\ 높이}{농후난백의\ 직경}$$

• 6%의 소금물에서 비중 측정: 가라앉으면 신선한 달걀이다.

• 외관이 까칠까칠하고, 깨뜨려서 흰자와 노른자의 높이가 높을 때 신선하다.

• 흔들어보아 잘 흔들리지 않아야 신선하다.

067 다음 중 난류(卵類)에 대한 설명이다. 옳지 않은 것은?

가. 난백에는 단백질 함량에 비해 매우 적은 지질(0.05%)이 함유

나. 탄수화물로서 glycogen의 형태로 존재

다. 식품 중 단백가, 생물가가 높으므로 영양가가 높다.

라. 난황에 레시틴(lecithin)이 존재하므로 기름의 유화제 역할

해설 달걀은 완전단백질 식품이다.

068 달걀이 장기간 저장되었을 때 일어나는 변화가 아닌 것은?

가. pH가 낮다.

나. CO_2와 수분이 증발되어 비중이 가벼워진다.

다. 난백계수가 낮아진다.

라. 달걀 껍질에 광택이 난다.

069 난백의 거품을 잘 일어나게 하는 방법은?

가. 식초를 첨가한다.

나. 거품이 일기 전에 설탕을 첨가한다.

다. 유지를 첨가한다.

라. 난황을 첨가한다.

해설 산(식초, 레몬즙)은 난백의 거품이 잘 일어나게 도와준다.

070 머랭을 만들고자 할 때 설탕 첨가는 어느 단계에 하는 것이 가장 효과적인가?

가. 거품이 없어졌을 때

나. 처음 젓기 시작할 때

다. 충분히 거품이 생겼을 때

라. 거품이 생기려고 할 때

해설 식초는 기포형성을 도와주지만 소금이나 설탕은 기포형성을 방해하기 때문에 거품이 충분히 난 후에 첨가한다.

해설
- 흰살생선(미오신)에 소금을 넣어 용해시키면, 어묵 생성의 원리가 된다.
- 근육섬유 구성 단백질(myosin + actin)을 염용액(2~6%)에 용출시키면 액토미오신을 형성한다.

071 다음 중 완전식품에 속하는 것은?

　가. 쌀　　　　　　　나. 도미
　다. 달걀　　　　　　라. 감자

해설 완전단백질 식품이란 사람에게 필요한 필수아미노산이 골고루 들어 있는 식품으로 달걀, 우유 등을 말한다.

075 어취 해소를 위하여 가장 옳은 조리법은?

　가. 생선전유어　　　　나. 생선구이
　다. 생선찌개　　　　　라. 생선조림

해설 생선 비린내는 생선 체표에 많이 모여 있기 때문에 어취를 제거하기 위해서는 표면에 간을 한 후 기름을 이용하는 조리법이 가장 효과적이다.

072 생선찌개를 끓일 때 국물이 끓은 후에 생선을 넣는 이유는?

　가. 비린내를 없애기 위해
　나. 국물을 더 맛있게 하기 위해
　다. 살이 덜 단단해지기 때문
　라. 살이 부스러지지 않게 하려고

해설 국물이 끓은 후에 생선을 넣어야 살이 단단해서 부스러지지 않는다.

076 전유어의 재료로 부적당한 생선은?

　가. 민어　　　　　　　나. 동태
　다. 도미　　　　　　　라. 고등어

해설 전유어는 흰살생선(동태, 민어, 도미 등)을 이용하고, 구이·조림은 등 푸른 생선(고등어, 정어리 등)을 이용한다.

073 신선한 어패류의 수분활성도(Aw) 값은?

　가. 1.10　　　　　　　나. 0.98
　다. 0.80　　　　　　　라. 0.60

해설
- 수분활성도(Aw) : 물 = 1
- 생선, 과일, 채소류 : 0.98~0.99
- 건어물, 곡류, 두류 : 0.64~0.66

077 생선 및 육류의 초기부패 판정 시 지표가 되는 물질과 거리가 먼 것은?

　가. 트리메틸아민　　　나. 아크롤레인
　다. 휘발성 염기질소　　라. 암모니아

해설 유지가 발연점 이상으로 되었을 때 청백색 연기와 함께 자극성 취기가 발생 : 아크롤레인

074 어묵의 탄력과 관계 깊은 것은?

　가. 염용성의 단백질　　나. 콜라겐
　다. 케라틴　　　　　　라. 엘라스틴

078 어패류의 조리원리가 바르게 설명된 것은?

　가. 홍어회가 물기가 없고 오돌오돌한 것은 생선 단백질이 식초에 의해 응고되기 때문이다.

나. 어묵이 탄력성 젤을 만드는 주체는 전분이 열에 의해 응고되기 때문이다.

다. 달구어진 석쇠에 생선을 구우면 생선 단백 질이 응고되어 모양이 잘 유지되지 않는다.

라. 빵가루 등을 씌운 냉동 가공품은 자연 해 동시켜 튀겨야 모양이 잘 유지된다.

해설
- 어묵이 탄력성 젤을 만드는 주체는 소금이 단백질에 용해되어 분해된 것
- 달구어진 석쇠에 생선을 구우면 생선 단백질이 갑자기 응고되어 모양이 잘 유지된다.
- 빵가루 등을 씌운 냉동 가공품은 냉동식품 그대로 다소 높은 온도에서 튀긴다.

079 생선을 프라이팬이나 석쇠에 구울 때 들러붙지 않도록 하는 방법으로 옳지 않은 것은?

가. 낮은 온도에서 서서히 굽는다.

나. 기구의 금속면을 테플론(teflon)으로 처리한 것을 사용한다.

다. 기구의 표면에 기름을 찰하여 막을 만들어 준다.

라. 기구를 먼저 달구어서 사용한다.

해설 낮은 온도에서 서서히 구우면 팬이나 석쇠에 흡착된다.

080 조리에서 후춧가루의 작용과 가장 거리가 먼 것은?

가. 생선 비린내 제거

나. 식욕증진

다. 생선의 근육형태 변화방지

라. 육류의 누린내 제거

해설 후추에 들어 있는 성분 캬비신(chavicine), 피페린(piperine)은 조리에서 누린내와 비린내를 제거하고 식욕을 증진시키는 역할을 한다.

081 돼지고기나 생선조림에서 냄새를 제거하기 위해 생강을 사용할 때 가장 적당한 방법은?

가. 처음부터 생강을 함께 넣는다.

나. 생강을 먼저 끓여낸 후 고기를 넣는다.

다. 고기나 생선이 거의 익은 후에 생강을 넣는다.

라. 생강즙을 내어 물에 혼합한 후 고기를 넣고 끓인다.

해설 생선을 미리 가열하여 단백질을 변성시킨 다음 생강을 넣고 조리하면 탈취효과가 크다.

082 어류의 선택 및 보관방법에 있어서의 설명으로 가장 알맞은 것은?

가. 어육은 수조육보다 수분함량이 많고 불포화지방산이 많아 산패가 잘 안 되기 때문에 취급방식이 수조육과 다르다.

나. 냉동한 것은 -18℃ 이하에서 저장하면 6개월 이상 저장이 가능하다.

다. 어패류의 근육에는 수조육에 비해 결합조직이 많아서 살이 쉽게 부패하므로 구입 후 바로 조리한다.

라. 생선은 손으로 여러 번 만지면 세균의 오염이 심해지므로 바로 냉동 또는 냉장하는 것이 좋다.

해설 생선은 어획 직후부터 선도가 저하되므로 바로 냉장 보관해야 한다.

083 생선을 조리할 때 비린내를 없애는 방법으로 부적당한 것은?

가. 가열함으로써 냄새를 완전히 제거할 수 있다.

나. 식초를 넣으면 알릴류와 아민냄새가 제거된다.

다. 조리하기 전에 우유에 담가두면 냄새가 약화된다.

라. 물에 잘 씻으면 냄새를 제거하는 데 도움이 된다.

> **해설** 생선 조리 시 비린내를 없애는 방법으로는 물로 씻기, 산의 첨가, 생강의 첨가, 마늘, 파, 양파의 첨가, 간장과 된장의 첨가, 고추·후추의 첨가, 알코올 첨가, 우유의 첨가, 무 첨가 등이 있다.

084 튀김용 기름으로 적당한 조건은?

가. 발연점이 높은 것　나. 융점이 낮은 것
다. 융점이 높은 것　라. 동물성 기름

> **해설** 튀김기름은 식물성 유지로 발열점이 높아야 튀김에 기름이 많이 흡수되지 않는다.

085 기름을 지나치게 가열할 때 생기는 자극성이 강한 물질은?

가. 리놀레닉 애시드　나. 아크롤레인
다. 니코티닉 애시드　라. 글리세롤

> **해설** 유지를 가열하면 어느 온도에 달했을 때 유지가 글리세롤과 지방산으로 분해되어 푸른 연기가 나기 시작하는데, 이것은 아크롤레인(acrolein)이 생성된 것이다.

086 반복 사용된 튀김 기름의 변화 내용 중 틀린 것은?

가. 점도의 증가
나. 유리지방산 함량의 증가
다. 거품 형성
라. 요오드 증가

> **해설** 요오드가 증가하면 불포화 정도가 낮아져 재료에 흡유량이 많아진다.

087 식물성 액상유를 경화 처리한 고체기름은?

가. 버터　나. 라드
다. 쇼트닝　라. 마요네즈

> **해설** **가공유(경화유)** : 쇼트닝, 마가린 등으로 나뉜다.

088 유지류의 조리 이용 특성과 거리가 먼 것은?

가. 열 전달매체로서의 튀김(frying)
나. 밀가루제품의 연화작용(shortening)
다. 지방의 유화작용(emulsion)
라. 결합제로서의 응고성

> **해설**
> • 지방 : 유화제 역할
> • 단백질 : 결합제로서의 응고성

089 튀김옷에 대한 설명으로 잘못된 것은?

가. 글루텐의 함량이 많은 강력분을 사용하면 튀김 내부에서 수분이 증발되지 못하므로 바삭하게 튀겨지지 않는다.
나. 달걀을 넣으면 달걀 단백질이 열응고됨으로써 수분을 방출하므로 바삭하게 튀겨진다.
다. 식소다를 소량 넣으면 가열 중 이산화탄소를 발생함과 동시에 수분도 방출되어 튀김이 바삭해진다.
라. 튀김옷에 사용하는 물의 온도는 30℃ 전후로 해야 튀김옷의 점도를 높여 내용물을 잘 감싸고 바삭해진다.

090 유지의 항산화제에 대한 설명 중 잘못된 것은?

가. 산화를 억제하여 주는 물질로 천연 항산화제와 인공 항산화제가 있다.

나. 천연 항산화제에는 종자유에 있는 토코페롤, 참깨기름에 있는 세사몰이 있다.

다. 구연산, 주석산, 비타민 C 등은 항산화물질의 항산화작용을 돕기 때문에 상승제라 한다.

라. 항산화제의 효과는 유지의 산화를 무한히 방지한다.

> **해설** 식품의 품질을 저하시키는 화학반응 중 하나인 산화반응을 차단하기 위하여 첨가하는 물질을 말한다.

091 튀김요리를 할 때 튀김 냄비의 기름 온도를 측정하려고 한다. 온도계를 꽂는 위치는?

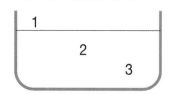

가. ①의 위치 나. ②의 위치
다. ③의 위치 라. 어느 곳도 좋다.

> **해설** 기름 온도의 측정 시 중간에서 측정하는 것이 가장 정확하다.

092 튀김에 관한 사항 중 옳지 않은 것은?

가. 튀김기름의 온도관리에 유의해야 한다.

나. 튀김옷을 만들 때 지나치게 섞지 않는다.

다. 재료를 크게 하면 맛있는 튀김이 된다.

라. 약과는 낮은 온도에서 서서히 튀긴다.

> **해설**
> • 고온의 기름에서 식품을 가열 조리하는 방법을 말한다.
> • 조리방법 중 가열시간이 짧아 영양소의 손실이 가장 적다.
> • 비열은 0.470이며, 온도변화가 심하다(튀김의 적정 온도는 160~180℃로 유지하는 것이 좋음).
> • 오래된 기름은 산패도와 점조도가 높다.
> • 튀김은 일정한 규격으로 썰어야 튀김 시 고르게 익는다.

093 마요네즈 제조 시 기름과 난황이 분리되기 쉬운 경우는?

가. 기름을 조금씩 넣을 때

나. 밑이 둥근 모양의 그릇에서 만들 때

다. 기름의 양이 많을 때

라. 한 방향으로만 저을 때

> **해설** 식용유와 식초를 난황 레시틴의 유화성을 이용하여 유화한 크림형태. 수중유적형 식품으로 단백질성분이 응고되거나, 식용유의 양이 많으면 분리되기 쉽다.

094 냉동식품의 해동에 관한 설명으로 틀린 것은?

가. 비닐봉지에 넣어 50℃ 이상의 물속에 빨리 해동시키는 것이 이상적인 방법이다.

나. 생선의 냉동품은 반 정도 해동하여 조리하는 것이 안전하다.

다. 냉동식품을 완전 해동하지 않고 직접 가열하면 효소나 미생물에 의한 변질의 염려가 적다.

라. 일단 해동된 식품은 더 쉽게 변질되므로 필요한 양만큼만 해동하여 사용한다.

> **해설** 냉동식품은 냉장온도(5~10℃) 또는 흐르는 물에서 해동한다.

095 다음 중 식육의 동결과 해동 시 조직 손상을 최소화할 수 있는 방법은?

가. 급속 동결, 급속 해동

나. 급속 동결, 완만 해동

다. 완만 동결, 급속 해동

라. 완만 동결, 완만 해동

096 채소를 냉동시킬 때 전처리로 데치기를 하는 이유와 가장 거리가 먼 것은?

가. 살균 효과 나. 부피감소 효과

다. 효소파괴 효과　　　라. 탈색 효과

> **해설 blanching** : 채소의 녹색이 없어지지 않도록 삶는 방법. 녹색을 띠는 엽록소가 파괴되지 않게 유지하는 것이 중요하다. 일반적으로 끓는 물에 넣어 재빨리 삶는데, 고온에서 단시간 가열처리해야 녹색을 유지할 수 있으며, 살균 효과, 부피감소 효과, 효소파괴 효과 등이 있다.

097 냉동식품이 실내온도에서 보관된 식품에 비해 튀김(Frying)하는 시간이 더 걸리는데, 약 몇 % 정도 차이가 있겠는가?

가. 약 1%　　　　　나. 약 10%
다. 약 25%　　　　　라. 약 45%

> **해설** 냉동식품은 실온에 보관된 식품에 비해 튀김 시 약 25% 정도의 시간이 더 소요된다.

098 다음 채소류 중 일반적으로 꽃부분을 식용으로 하는 것과 가장 거리가 먼 것은?

가. 브로콜리　　　　나. 콜리플라워
다. 비트　　　　　　라. 아티초크

> **해설**
> • 꽃부분 식용 : 브로콜리, 콜리플라워, 아티초크
> • 뿌리부분 식용 : 비트

099 동결건조로 제조되는 식품은?

가. 한천, 당면　　　나. 크림 케이크
다. 설탕　　　　　　라. 분유

> **해설**
> • 한천 : 우뭇가사리의 열수추출액(熱水抽出液)의 응고물인 우무를 얼려 말린 해조가공품
> • 당면 : 녹두·감자·고구마 등의 녹말을 원료로 하여 만든 마른국수, 호면(胡麵)이라고도 한다.

100 한천은 어느 해조류에서 얻어지나?

가. 홍조류　　　　　나. 녹조류
다. 갈조류　　　　　라. 이상 모두

> **해설** 녹조류(청태, 청각), 갈조류(미역, 다시마, 톳), 홍조류(김, 우뭇가사리)로 구분되며, 우뭇가사리를 삶아서 젤화한 것을 우무라 하고, 이 우무를 잘라서 동결시킨 것이 한천이다. 주성분은 아가로스이며 영양적 가치는 적으나 배변작용을 좋게 하고, 칼로리가 적어 다이어트식품으로 많이 이용된다. 젤리, 양갱 등의 원료로 사용된다.

101 양갱의 점성, 탄력 및 투명도를 증가시키기 위해 넣는 재료는?

가. 설탕　　　　　　나. 물
다. 팥앙금　　　　　라. 소금

> **해설** 양갱의 점성, 탄력 및 투명도를 증가시키기 위해 넣는 재료는 설탕이다.

102 양갱을 만들 때 필요한 재료가 아닌 것은?

가. 팥앙금　　　　　나. 한천
다. 젤라틴　　　　　라. 설탕

> **해설** 젤라틴은 동물의 연골을 이용한 것으로 아이스크림 등을 만들 때 사용한다.

103 펙틴을 젤화하여 얻은 식품은 어느 것인가?

가. 잼, 젤리, 마멀레이드
나. 잼, 크림, 버터
다. 젤리, 치즈, 마요네즈
라. 크림, 젤리, 마가린

> **해설 젤리의 3요소** : 펙틴, 산, 당

104 다음 중 젤라틴과 관계없는 것은?

　가. 양갱

　나. 바바리안크림

　다. 족편

　라. 아이스크림 유화제

해설 젤라틴은 동물성으로 젤리, 족편 등의 응고제로 쓰이며, 한천은 식물성으로 양갱 등의 응고제로 이용한다.

105 토란을 조리하기 위하여 삶을 때 미리 식초나 명반을 약간 넣는 가장 중요한 이유는?

　가. 맛을 특히 좋게 하기 위해서

　나. 색을 희게 하고 겉의 조직감을 단단하게 유지시키기 위해서

　다. 국물이 뽀얗게 우러나오게 하기 위해서

　라. 국물이 걸쭉하게 우러나오게 하기 위해서

해설 토란을 삶을 때 미리 식초나 명반을 약간 넣는 가장 중요한 이유는 색을 희게 하고, 겉면의 질감을 단단하게 유지하여 아삭한 맛을 내기 위함이다.

106 다음의 조리과정 중 비타민 C의 손실을 최소화하는 방법이 아닌 것은?

　가. 사과를 블렌더로 갈 때 소금을 소량 첨가한다.

　나. 깍두기에 당근도 같이 첨가한다.

　다. 감자는 삶는 방법보다 찌거나 볶는 방법을 선택한다.

　라. 무생채에 식초를 첨가한다.

해설 비타민 C의 파괴효소인 아스코르비나아제는 당근, 호박, 오이 등에 함유. 당근에는 아스코르비나아제가 많이 들어 있어 무와 같이 섞어 방치하면 비타민 C가 많이 파괴된다.

107 식품을 물이나 조미액에 담가두는 과정을 담그기(침수)라고 하는데, 그 목적이 아닌 것은?

　가. 건조식품의 수분흡수

　나. 식품의 불필요한 성분 용출

　다. 식품의 변색방지

　라. 식품의 영양소 손실 방지

해설
• 식품에 수분을 주어 흡수 · 팽윤 · 연화시키기 위함
• 조리시간 단축
• 불필요한 성분 용출
• 갈변방지, 방부성과 보존성을 높임
• 맛을 좋게 함

108 조미료의 침투속도와 채소의 색을 고려할 때 조미료 사용 순서가 가장 합리적인 것은?

　가. 소금 → 설탕 → 식초

　나. 설탕 → 소금 → 식초

　다. 소금 → 식초 → 설탕

　라. 식초 → 소금 → 설탕

109 혀의 미각은 섭씨 몇 ℃에서 가장 예민하게 느껴지는가?

　가. 20℃ 전후　　　나. 30℃ 전후

　다. 40℃ 전후　　　라. 55℃ 전후

해설 **맛을 느끼는 최적온도** : 단맛(20~50℃), 신맛(25~50℃), 짠맛(30~40℃), 매운맛(50~60℃), 쓴맛(40~50℃)에서 각각 느낄 수 있으며, 가장 예민한 음식의 온도는 체온을 중심으로 30℃ 전후이다.

110 산 저장 시 pH는 어느 정도가 적당한가?

　가. pH 7.5 이상　　나. pH 6

　다. pH 5.5　　　　라. pH 4.5 이하

해설 pH를 낮추어 미생물의 생육을 억제하여 저장하는 방법으로 마늘, 오이, 고추의 보존에 이용된다. 식초(초산 3~5% 함유, 피클 농도) 또한 살균력을 가진다.

111 당장법의 설명으로 틀리는 것은?

　　가. 삼투압의 원리를 이용
　　나. 50% 이상의 설탕에 저장
　　다. 잼, 젤리, 가당연유에 이용
　　라. 모든 세균이 죽는다.

해설 설탕에 담그는 방법으로 잼, 젤리, 과일류의 보존에 좋다. 당도가 50% 이상 되면 살균력이 있다.

112 일반적으로 잼의 설탕 함량은?

　　가. 20%　　　　　　나. 40%
　　다. 65%　　　　　　라. 95%

해설 **잼의 3요소** : 펙틴(1~1.5%), 산(3.64%), 당(60~65%)

113 과일가공품의 젤리화 작용과 관계없는 것은?

　　가. 유기산　　　　　나. 설탕
　　다. 펙틴　　　　　　라. 산소

114 다음 조리기구에 대한 설명으로 틀린 것은?

　　가. 프라이팬은 알루미늄 재질은 가볍고 열전도율이 높으며, 조리 시 금속기구 등에 의하여 코팅이 벗겨지지 않도록 관리한다.
　　나. 냄비의 재질 중 스테인리스 재질은 녹이 슬지 않고 내구성이 좋아 세척 시 거친 수세미로 잘 세척하여야 한다.
　　다. 번철은 그리들이라고도 하며, 대량의 달걀부침, 전류 등을 조리할 수 있는 기구로 사용하기 전에 반드시 예열하여야 한다.
　　라. 인덕션레인지는 자기장을 이용하여 가열하는 방식으로 열효율이 높으며, 폐가스가 발생하지 않는 장점이 있다.

115 다음 한국 음식의 특징에 대한 설명으로 틀린 것은?

　　가. 농업의 발달로 곡물을 이용한 주식과 조리법이 발달하였다.
　　나. 주식과 부식의 구분이 뚜렷하다.
　　다. 사계절의 영향으로 시식과 절식이 발달하지 못하였다.
　　라. 양념과 고명을 다양하게 사용한다.

116 다음 고명에 대한 설명으로 틀린 것은?

　　가. 고명은 웃기, 꾸미라고도 하며, 음식을 완성할 때 위에 얹는 장식을 의미한다.
　　나. 달걀지단은 흰자와 노른자로 나누어 부쳐 낸 고명의 일종으로 골패형, 마름모꼴 등으로 썬다.
　　다. 미나리초대는 고명의 일종으로 노른자를 이용하여 미나리 잎을 노란색이 나게 부치는 것이 특징이다.
　　라. 알쌈은 익힌 완자를 원 모양의 지단 속에 넣고 반으로 접어서 익힌 고명의 일종이다.

정답　111 라　112 다　113 라　114 가　115 다　116 다

제 **6** 편

한식 조리이론

제 1 장 한식 밥조리

1 쌀의 종류와 특성

쌀의 종류	특성
인디카형	쌀알의 길이가 길어 장립종이라 하며, 찰기가 적고 잘 부서지고 불투명함 전 세계 생산량의 90%를 차지
자포니카형	쌀알의 길이가 짧고 둥글어 단립종이라 하며, 찰기가 있음
자바니카형	인디카형과 자포니카형의 중간 정도이고, 인도네시아 자바섬과 근처의 일부 섬에서만 재배

2 보리의 종류와 특성

① **보리의 특성**: 보리는 이삭의 알갱이 배열에 따라 여섯 줄로 된 6조종 보리와 2조종 보리가 있으며 껍질이 알맹이에서 분리되지 않은 겉보리와 성숙 후에 잘 분리되는 쌀보리가 있다.

② **압맥**: 고열로 증기를 쬐어 부드럽게 한 다음 기계로 눌러 만든 보리로 소화율이 높다.

③ **할맥**: 보리의 중심부를 2등분하여 섬유소 함량을 낮춘 보리로 소화율이 높다.

3 두류의 특성

① **두류의 특성**: 식물성 단백질이 풍부한 식품으로 종피가 단단하여 장기저장이 가능
② 생대두의 독성물질로 사포닌, 트립신저해물질(안티트립신)과 혈구를 응집시키는 독소
  인 헤마글루틴이 있으나 열에 의해 파괴된다.

4 식기의 종류

① **주발**: 남성용 밥그릇이며 사발이라고도 한다.
② **바리**: 여성용 밥그릇이며 뚜껑에 꼭지가 있다.
③ **탕기**: 국이나 찌개 등을 담는 그릇으로 주발과 비슷하다.
④ **대접**: 국수를 담는 그릇으로 국대접으로 사용된다.
⑤ **조치보**: 찌개를 담는 그릇이다.
⑥ **보시기**: 김치류를 담는 그릇이다.
⑦ **쟁첩**: 전, 구이, 나물, 장아찌 등 찬을 담는 그릇으로 납작하고 뚜껑이 있다.
⑧ **종지**: 간장, 초장, 초고추장 등의 장류와 꿀을 담는 그릇으로 크기가 제일 작다.

5 고명

고명은 음식을 아름답게 꾸미기 위해서 사용하는 것으로 '웃기' 또는 꾸미라고도 하며,
녹·황·백·적·흑의 5가지 색이 있다.

6 양념

양념의 어원은 약념(藥念)으로 '먹어서 몸에 약처럼 이롭게 하기 위한다' 라는 의미가 있
으며, 음식에 맛과 색을 주어 식욕을 돋우며 약리효과를 높이기도 한다.

제2장 한식 죽조리

1 죽의 특징

① **밥과 죽의 큰 차이점** : 물의 함량으로 죽은 곡물에 물을 5~6배가량 붓고 오래 끓여서 알이 부서지고 녹말이 호화되어 무르게 익게 만든 유동식 상태의 음식이다.

② **죽의 특징** : 가열시간이 길고 소량의 재료로도 많은 사람이 먹을 수 있으며, 재료의 소재가 다양하다.

③ **죽에 사용하는 채소류의 특징**
- 오이 : 비타민 A, K, C가 함유되어 있으며 쿠쿠르비타신은 오이의 쓴맛을 낸다.
- 양파 : 껍질에 있는 황색 색소인 퀘르세틴 함유로 지질의 산패방지(항산화), 신진대사를 높여 혈액순환을 좋게 하며, 콜레스테롤을 저하시킨다.
- 도라지 : 도라지의 쓴맛은 알칼로이드 성분으로 물에 담가서 우려낸 후에 사용하고, 사포닌은 기관지의 기능을 향상시킨다.
- 시금치 : 시금치의 떫은맛은 수산이며, 끓는 물에 데치면 제거된다. 또한 수산(옥살산)은 칼슘의 흡수를 방해하며, 체내의 칼슘과 결합하여 신장결석을 일으킨다.

제3장 한식 국·탕조리

1 국, 국물, 육수의 정의

① **국** : 국은 고기, 생선, 채소 등에 물을 많이 붓고 간을 맞추어 끓인 음식으로 밥과 함께 먹고, 재료에 물을 붓고 간장이나 된장으로 간을 하여 끓인 것이다.

② **국물** : 국물은 국, 찌개 등의 음식에서 건더기를 제외한 물을 의미한다.

③ **육수** : 육수는 고기를 삶아낸 물을 의미하며 육류, 가금류, 뼈, 건어물, 채소류, 향신채 등을 넣고 끓여내어 국물로 사용하는 재료를 말한다.

2 국물의 재료

① **쌀 씻은 물** : 처음 쌀을 씻은 물은 버리고 2~3번째 씻은 물을 사용하며, 국물에 진한 맛과 부드러움을 준다.

② **멸치 또는 조개 국물** : 멸치는 머리와 내장을 제거하고 찬물에 끓여 우려내며, 조개는 모시조개나 바지락처럼 크기가 작은 것이 국물의 재료로 좋으며, 미리 해감하여 조개 의 뻘 등을 제거해야 한다.

③ **다시마육수** : 다시마는 두껍고 검은빛을 띠는 것이 좋으며, 감칠맛을 내는 맛성분인 글루타민산, 알긴산, 만니톨 등을 함유하고 있다. 물에 담그거나 끓여서 우려내어 사용한다.

④ **소고기육수** : 부위에 따라 맛, 질감 등이 매우 다양하여 조리목적에 알맞은 부위를 선택하여 조리한다. 또한 소고기를 물에 담가 핏물을 충분히 뺀 후 찬물에 고기를 넣고 우려내어 사용한다.

⑤ **사골육수** : 소의 사골부위를 이용하여 우려내는 것으로 콜라겐이 많이 함유되어 있다. 찬물에 담가 핏물을 충분히 뺀 후 찬물에 우려내어 사용한다.

제**4**장 **한식 찌개조리**

1 찌개의 특징

① 조치라고도 하며, 국보다 국물은 적고 건더기가 많은 음식으로 소금이나 새우젓으로 간을 맞춘 두부젓국찌개, 명란젓국찌개 등의 맑은 찌개와 된장이나 고추장으로 간을 맞춘 된장찌개, 생선찌개, 순두부찌개, 어감정, 게감정 등의 탁한 찌개 등이 있다.

② 국물을 많이 하는 것을 지짐이라 하고, 고추장으로 조미한 찌개는 감정이라고 하며, 고추장이나 된장에 쌀뜨물로 조리하는 것을 토장조치라고 한다.

2 찌개 그릇

① **냄비** : 음식을 끓이는 데 사용하는 기구로 우리말로 '징개비'라고 한다.

② **뚝배기** : 토속적인 그릇으로 끓이거나 조림을 할 때 쓰인다.

③ **오지냄비** : 찌개나 지짐이를 끓이거나 조릴 때 사용하는 솥 모양의 기구이다.

제5장 한식 전·적조리

1 전의 특징

① 전유어, 전유야, 저냐, 전 등으로 부르며, 궁중에서는 전유화라고도 하였다. 간남은 제사에 쓰인 전으로 납 또는 갈납이라고도 한다.

② 지짐은 빈대떡이나 파전처럼 재료들을 밀가루 푼 것에 섞어서 지져내는 음식을 말한다.

2 적의 특징

① 고기를 비롯한 재료를 꼬치에 꿰어 불에 구워 조리하는 것으로 산적, 누름적이 있다.

② 산적은 익히지 않은 재료를 양념하여 꿰어서 옷을 입히지 않고 굽는 것이며, 누름적은 재료를 양념하여 꼬치에 꿰어 밀가루와 달걀물을 입혀 속재료가 잘 익도록 누르면서 조리하는 것을 의미한다.

제6장 한식 생채·회조리

1 생채·회의 정의

① 생채는 익히지 않고 날로 무친 나물을 의미하며, 생채에 사용하는 재료는 신선하고, 나쁜 맛이 없으며, 조직이 연하고, 위생적이어야 한다.

② 생채는 가열조리에 비하여 영양소 손실이 적어 비타민을 풍부하게 섭취할 수 있다.

③ 회는 육류, 어패류, 채소류를 썰어서 초간장, 초고추장, 소금, 기름 등에 날로 찍어 먹는 조리법으로 재료가 신선해야 하고, 날로 먹기 때문에 위생적으로 안전하게 다루어야 한다.

④ 숙회는 재료를 끓는 물에 삶거나 데쳐서 익혀 먹는 조리법으로 문어숙회, 오징어숙회, 미나리강회, 파강회 등이 있다.

2 기본썰기

① **통썰기** : 모양이 둥근 오이, 당근 등을 통으로 써는 방법으로 조림, 국에 사용

② **반달썰기** : 모양이 둥근 재료를 길이로 반을 가른 후 반달모양으로 써는 방법

③ **은행잎썰기** : 재료를 길이로 4등분하여 써는 방법

④ **어슷썰기** : 오이, 파, 고추 등을 대각선으로 써는 방법

⑤ **나박썰기** : 무, 당근 등을 정사각형으로 납작하게 써는 방법

⑥ **골패썰기** : 나박썰기와 비슷하지만 직사각형으로 납작하게 써는 방법

⑦ **깍둑썰기** : 무, 감자 등을 정육면체로 써는 방법

※ 도라지 : 길경, 백약, 경초라고 하며 방언으로는 도래, 돌가지라고도 한다.

제 7 장 한식 조림 · 초조리

1 조림 · 초의 정의

① 조림은 '조리니' 또는 조리개라고 하였으며, 재료를 큼직하게 썬 다음 양념하여 너무 세지 않은 불로 속까지 간이 배도록 조리한다.

② 초는 볶는다는 뜻으로 조리에서는 건열조리라기보다는 습열조리에 가깝다. 재료를 간장 등의 물에 조려 윤기가 나게 만드는 조리법으로 사용되는 재료에 따라 홍합초와 전복초 등이 있다.

③ 조림을 할 때는 작은 냄비보다는 큰 냄비를 사용하여 바닥에 닿는 면이 넓어야 재료의 조림장이 골고루 배어든다.

④ 조림을 할 때는 강한 불로 끓이기 시작하여 끓기 시작하면 중불로 줄이고 거품을 걷어내어 조리한다.

⑤ 조림을 오래 보관하려면 상하기 쉬운 부재료는 사용하지 말고, 꽈리고추는 색이 유지될 수 있도록 마지막에 넣고, 양념장이 잘 배도록 구멍을 내어 사용한다.

제8장 한식 구이조리

1 구이조리의 특징

① 구이조리는 인류가 불을 발견하면서 시작된 것으로 일찍부터 발달된 조리법인 건열조리법으로 재료를 양념하여 직접 굽거나 철판이나 도구를 이용하여 구워서 익힌 음식이다.

② **브로일링** : 직접구이방법으로 복사열을 위에서 직화로 내려 식품을 조리하는 방법이다.

③ **그릴링** : 간접구이방법으로 석쇠의 열전도로 구이를 하는 조리법으로 석쇠가 뜨거워야 고기가 잘 달라붙지 않는다.

2 구이의 종류

① **방자구이** : 춘향전에서 방자가 고기를 양념할 틈도 없이 얼른 구워 먹었다는 데서 유래

② **가리구이** : 쇠고기 살을 편으로 뜨고 칼집을 내어 양념장에 재웠다가 구운 음식

③ **너비아니구이** : 흔히 불고기라고 하는 것으로 소고기를 양념장에 재워 구운 음식

④ **장포육** : 소고기를 도톰하게 저며 두들겨서 부드럽게 한 후에 양념하여 굽기를 반복한 음식

⑤ 구이의 유장은 참기름 3, 간장 1의 비율로 만든다.

제9장 한식 숙채조리

1 숙채의 정의

숙채는 물에 데치거나 기름에 볶은 채소류를 말하며, 콩나물, 시금치, 숙주 등은 끓는 물에 데쳐서 조리하고, 호박, 오이, 도라지 등은 소금에 절여 팬에 볶아서 조리한다.

2 숙채의 특징

① 시금치 등은 끓는 물에 소금을 넣어 살짝 데치고, 뚜껑을 열고 데쳐야 시금치의 수산을 휘발시킬 수 있으며, 찬물에 너무 오래 담가두면 비타민 C가 용출된다.

② 고사리를 불릴 때에는 부드럽게 하고 잡내를 없애기 위해 미지근한 쌀뜨물에 불린다. 오래된 고사리는 식소다를 넣고 데치면 부드러워진다.

③ 숙채에 사용되는 습열조리법에는 끓이기와 삶기, 데치기, 찌기 등이 있으며, 건열조리법에는 볶기 등이 있다.

3 숙채 채소의 종류

① 콩나물은 머리가 통통하고, 노란색을 띠며 검은 반점이 없고 줄기가 너무 길지 않은 것이 좋다.

② 비름은 잎이 신선하며 향기가 좋고, 얇고 억세지 않아 부드러우며 줄기에 꽃술과 꽃대가 없고 줄기가 길지 않은 것이 좋다.

③ 시금치는 끓는 물에 뚜껑을 열고 살짝 데쳐야 수산성분을 없앨 수 있으며, 참깨로 무치면 남아 있는 수산성분을 없앨 수 있다.

④ 숙주는 이물질이 섞이지 않고, 상한 냄새가 나지 않으며 줄기가 가는 것이 좋고, 푸른 싹이 나거나 웃자라거나 살이 찌고 통통한 것은 좋지 않다.

⑤ 가지는 칼로리가 낮고 수분이 많으며, 특유의 안토시아닌계 색소로 자주색과 적갈색을 띤다.

⑥ 표고버섯은 단백질과 가용성 무기질소물, 섬유소를 함유하고 있으며, 구아닐산의 맛난맛 성분과 레티오닌의 독특한 향기성분을 가지고 있다.

제 10 장 한식 볶음조리

1 볶음조리의 특징

① 볶음은 팬이나 냄비에 기름 등의 열 매체를 이용하여 재료를 익히는 조리법으로 볶음에 사용하는 조리기구는 두꺼우며, 작은 냄비보다는 큰 냄비와 바닥이 넓은 것을 사용한다.

② 팬을 달군 후 소량의 기름을 넣어 높은 온도에서 단시간 볶아야 원하는 질감과 색, 향을 얻을 수 있다.

③ 볶을 때 낮은 온도에서 볶으면 많은 기름이 재료에 흡수되어 음식의 맛이 나빠진다.

2 볶음재료의 특징

① 다시마는 칼슘과 요오드가 풍부하고, 글루타민산이 함유되어 있어 감칠맛을 낸다. 표면의 하얀 분말은 만니톨이라는 당성분으로 물에 씻어내지 말고 마른 천으로 살살 닦아 사용한다. 빛깔이 검고 흑색에 가까운 녹색을 띠며, 잘 마르고 두꺼운 것이 품질이 좋다.

② 호박오가리는 늙은 호박을 건조시킨 것이고, 호박고지는 애호박을 건조시킨 것이다. 베타카로틴의 함량이 많아 항산화, 항암작용을 하고, 기름과 함께 조리하면 흡수율이 높아진다.

③ 미지근한 물에 말린 호박을 너무 오래 불리면 조리 후 식감이 나빠지며, 미리 밑간을 해두면 맛이 좋아진다.

제11장 한식 김치조리

1 김치의 정의

배추와 무 등의 절임채소를 갖은양념을 이용하여 맛을 향상시키고 보존성을 증가시킨 우리나라 고유의 음식이다. 김치의 역사는 농경생활을 시작할 때부터 시작되었다고 하나 그 시초는 수확이나 채집으로 얻은 채소를 오랫동안 보관하기 위하여 만들어진 저장법이 발전한 것이라 할 수 있다.

2 배추김치 담그는 순서

① **배추의 품질 확인**: 결구의 정도가 단단하고, 배추 속잎은 노란색이고 단맛과 고소한 맛이 내는 것, 냉해와 짓눌림의 상처가 없는 것, 벌레, 흙 등의 이물질이 없는 것

② **배추 다듬기**: 이용하지 못하는 부분을 잘라내고, 억센 부분과 다듬어지지 않은 부분을 다듬는다.

③ **배추 자르기**: 배추를 절이기 위하여 길이로 2등분한다.

④ **배추 절이기**: 배추에 알맞게 간이 배게 하고 재료의 숨을 죽여 부재료와도 잘 섞이게 하는 작업이다. 배추에 함유된 수분을 일부 제거하여 저장성을 높여주는 과정이다. 배추를 절이는 소금의 농도는 7~13% 정도이며 8~16시간 정도 절인다.

⑤ **세척 및 물 빼기**: 배추의 염농도가 2~3% 정도가 되도록 맞추고, 이물질을 제거할 수 있도록 세척하는 과정이다.

⑥ 부재료(김칫소) 준비 : 소 재료를 채썰거나 갈아서 준비한다.

⑦ 버무리기 : 배추에 준비된 부재료를 버무려 저장용기에 담는다.

> **Tip** **맛있는 배추김치를 담그기 위한 배추 고르기**
> - 배추는 너무 크지도 작지도 않은 중간 크기가 좋다.
> - 배추 흰 줄기부분을 눌렀을 때 단단하고 탄력 있는 것이 좋다.
> - 배추 중심부분에서 단맛이 나는 것이 좋으며, 잎 두께가 얇고, 연한 색이 좋다.

한식 조리이론 예상문제

001 보통 백미로 밥을 지으려 할 때 쌀과 물의 분량이 바른 것은?

가. 쌀 중량의 1.5배, 부피의 1.2배
나. 쌀 중량의 3배, 부피의 1.5배
다. 쌀 부피의 3배, 중량의 1.2배
라. 쌀 부피의 2배, 중량의 1.5배

해설

쌀의 종류	쌀의 중량에 대한 물의 분량	체적(부피)에 대한 물의 분량
백미(보통)	쌀 중량의 1.5배	쌀 용량의 1.2배
햅쌀	쌀 중량의 1.4배	쌀 용량의 1.1배
찹쌀	쌀 중량의 1.1~1.2배	쌀 용량의 0.9~1배
불린 쌀(침수)	쌀 중량의 1.2배	쌀 용량과 동량(1.0배)

002 다음 중 밥맛을 좌우하는 요소로 잘못된 것은?

가. 밥물의 산도가 높아질수록 밥맛이 좋아진다.
나. 0.03%의 소금 첨가로 밥맛이 좋아진다.
다. 쌀은 수확 후 오래되면 밥맛이 나빠진다.
라. 쌀의 일반성분은 밥맛과 거의 관계가 없다.

해설 밥맛의 구성요소
• 밥물은 pH 7~8 정도일 때 맛이나 외관이 가장 좋다 (산성이 높아질수록 밥맛이 나빠진다).
• 약간의 소금(0.03%)을 넣으면 밥맛이 좋아진다.
• 수확 후 오래된 것이나 변질된 것은 밥맛이 나쁘다.
• 지나치게 건조된 쌀은 밥맛이 나쁘다.

003 쌀의 종류와 특성 중 인디카형에 속하는 것은?

가. 쌀알의 길이가 짧고 둥글어 단립종이라 하며 찰기가 있다.
나. 쌀알의 길이가 길어 장립종이라 하며 찰기가 적어 부서지며 불투명하다.
다. 쌀알의 길이가 짧고 찰기가 있다.
라. 인도네시아 자바섬과 근처 일부 섬에서 재배되는 쌀이다.

004 밥짓기 과정의 설명으로 옳은 것은?

가. 쌀을 씻어서 2~3시간 푹 불리면 맛이 좋다.
나. 햅쌀은 묵은쌀보다 물을 약간 적게 붓는다.
다. 쌀은 80~90℃에서 호화가 시작된다.
라. 묵은쌀인 경우 쌀 중량의 약 2.5배 정도의 물을 붓는다.

해설 쌀의 수분함량은 13~15% 정도이며, 불린 쌀의 최대 수분흡수율은 20~30% 정도이고, 밥을 지었을 때의 수분함량은 65% 정도이며, 쌀로 밥을 지었을 경우 중량은 2.5배이다.

---

005 다음과 같은 식단은 몇 첩 반상인가?

보기	보리밥, 냉이국, 장조림, 쑥갓나물, 무숙장아찌, 배추김치, 간장

가. 9첩 반상 　　　　나. 7첩 반상
다. 5첩 반상 　　　　라. 3첩 반상

해설 반찬 가짓수(밥, 국(탕), 김치, 종지, 조치(찌개, 찜)는 첩수에서 제외(보리밥, 냉이국, 배추김치, 간장)

---

006 정월 대보름날(음력 1월 15일)의 절식이 아닌 것은?

가. 오곡밥 　　　　나. 떡국
다. 복쌈 　　　　라. 약식

해설 정월 대보름 음식 : 오곡밥(백미, 찹쌀, 차조, 팥, 검정콩), 각색나물(도라지, 시금치, 고비, 콩나물, 취나물, 시래기, 무나물, 숙주나물 등), 약식, 산적, 식혜, 부럼(밤, 호두, 은행, 잣, 땅콩) 등

---

007 회복 보양식이란?

가. 일반식 　　　　나. 연식
다. 유동식 　　　　라. 경식

해설
• 일반식 : 표준식. 소화에 무리가 없는 일반 환자의 식사
• 연식 : 죽식. 유동식에서 경식으로 옮겨가는 환자의 식사
• 유동식 : 미음식. 대수술 후 회복기 환자를 위한 식사
• 경식 : 연식에서 일반식으로 옮겨가는 회복기 환자의 식사

---

008 면상에 올라가지 못하는 것은?

가. 약식, 김치 　　　　나. 깍두기, 젓갈
다. 전유어, 나박김치 　　라. 겨자채, 편육

해설 면상은 주로 면을 주식으로 한 상차림으로 깍두기, 젓갈, 마른반찬, 장아찌류는 올리지 않는다.

---

009 쌀을 주식으로 하는 우리의 식사에서 인체 내 대사상 특히 필요한 비타민은?

가. 비타민 E 　　　　나. 비타민 A
다. 비타민 C 　　　　라. 비타민 B₁

해설 당질대사에 관여하는 비타민 : 비타민 B₁ -우리나라 사람에게 특히 필요하다.

---

010 다음 중 식기의 종류에 대한 설명으로 틀린 것은?

가. 주발 : 남성용 밥그릇이며, 사발이라고도 한다.
나. 바리 : 여성용 밥그릇이다.
다. 조치보 : 김치류를 담는 그릇이다.
라. 대접 : 국수를 담는 그릇이다.

해설 조치보는 찌개를 담는 그릇이다.

---

011 우리나라의 식사예법에 따른 식사상은?

가. 뷔페상 　　　　나. 품요리상
다. 반상 　　　　라. 풍속음식상

해설 반상은 밥을 주식으로 준비한 상차림으로 우리나라의 전통적인 식사예법으로 체계화된 기본식과 첩수를 일컫는 말이다.

---

012 다음은 그릇에 대한 설명이다. 틀린 것은?

가. 석기 : 고운 점토를 비교적 높은 온도에서 구워 물이 통과되지 않고 유약을 바른 것과 바르지 않은 것이 있다.

나. 도기 : 찰흙에 자갈이나 모래를 섞어 반죽하여 구운 용기로 둔탁한 소리가 난다.

다. 크림웨어 : 황소나 가축의 뼈를 태워 사용한 그릇으로 우유색의 부드러운 광택을 낸다.

라. 본차이나 : 높은 온도에서 구워지며, 골회를 많이 첨가할수록 질이 좋다.

> **해설** 본차이나는 황소나 가축의 뼈를 태워 사용하므로 '골회자기'라고도 불리며, 견고하고 가벼우며 맑은 빛이 도는 것이 특징이다.

013 숫돌의 종류에 대한 설명으로 옳은 것은?

가. 거친 숫돌은 마무리에 사용하는 것이 좋다.

나. 거친 숫돌은 1000# 이상을 사용한다.

다. 숫돌 사용 시 미끄러짐을 방지하기 위하여 천을 깔거나 고정하여 사용한다.

라. 숫돌 사용 시 가운데를 중점적으로 사용하여 칼이 잘 갈리도록 한다.

014 다음은 한식의 기본양념에 대한 설명이다. 옳은 것은?

가. 양념은 음식을 만들 때 사용하는 여러 가지 재료를 의미한다.

나. 양념은 조미료를 의미하고, 간장, 된장 등이 있다.

다. 오미는 다섯 가지 맛을 의미하며, 짠맛, 감칠맛, 단맛, 신맛, 매운맛 등이 있다.

라. 양념은 음식의 맛과 관계없이 사용할 수 있다.

015 고명의 손질에 대한 설명 중 올바르지 않은 것은?

가. 석이버섯은 안쪽의 이끼를 말끔하게 벗겨내고, 배꼽을 떼어낸다.

나. 호박은 곱게 채썰어 소금에 절인 후 볶는다.

다. 표고버섯은 가급적 단시간 불려 사용하는 것이 좋다.

라. 미나리가 억세고 좋지 않을 때는 실파를 이용하여 미나리초대를 만들 수 있다.

016 다음의 전처리에 대한 설명 중 틀린 것은?

가. 생선은 깨끗이 세척한 후 비늘을 제거하고, 아가미와 내장을 제거한다.

나. 조개는 살아 있는 것을 구매하면 해감하지 않아도 된다.

다. 새우는 모양을 살리기 위하여 몸통의 껍질만 벗겨 사용하기도 한다.

라. 게는 솔로 깨끗하게 닦은 후 배부분의 딱지를 떼어 손질한다.

017 다음 중 전처리 음식의 단점은?

가. 인건비 감소

나. 수돗물 사용량 감소

다. 신선도에 대한 신뢰도

라. 편리성 및 다양성

018 다음 설명 중 옳은 것을 고르시오.

가. 고명은 음식의 맛을 돋우기 위하여 사용하는 것으로 녹·황·백·적의 4가지 색이 있다.

나. 밥과 죽의 차이점은 물의 함량에 있다.

다. 죽은 가열시간이 짧고 대량의 재료가 사용된다.

라. 죽 재료의 소재는 한정적이다.

019 죽 조리 방법으로 맞지 않는 것은?

가. 쌀을 깨끗이 씻어 30분 이상 충분히 침지시킨다.

나. 죽을 끓일 때 너무 젓지 않도록 한다.

다. 죽의 물은 불린 쌀 분량에 5~7배를 기준으로 물을 계량하되 충분히 호화되도록 한다.

라. 죽을 무르게 쑤기 위해 처음부터 중불 이하로 끓인다.

020 죽은 우리 음식 중 가장 일찍 발달되었고 끓이는 방법에 따라 종류가 다르다. 다음 중 틀린 것은?

가. 흰죽에서 쌀을 통으로 쑤는 죽을 옹근죽이라 한다.

나. 싸래기 정도로 동강나게 쑤는 죽을 원미죽이라 한다.

다. 흰쌀을 곱게 갈아서 쑤는 죽을 무리죽이라 한다.

라. 죽은 주식으로 또는 환자식으로도 사용되지만 보양식으로 사용되는 것을 구황식이라 한다.

021 다음 육수에 대한 설명 중 틀린 것은?

가. 육수는 고기를 삶아낸 물을 의미한다.

나. 육수는 찬물에 고기와 채소를 넣고 끓여야 한다.

다. 육수는 처음부터 마지막까지 센 불로 끓여야 잘 우러나온다.

라. 멸치는 머리와 내장을 제거하고 사용한다.

022 국을 끓이는 데 건더기와 국물의 적당한 양은?

가. 건더기를 국물의 1/2 정도

나. 건더기를 국물의 1/3 정도

다. 건더기를 국물의 1/4 정도

라. 건더기를 국물의 1/5 정도

해설 국은 주로 맑은국보다는 된장국이나 토장국이 좋고, 1인당 건더기의 분량을 60~100g, 국물과 건더기의 비율을 2/3 : 1/3이 되게 한다.

023 다음 설명 중 틀린 것은?

가. 국은 고기, 생선, 채소를 넣고 물을 많이 붓고 간을 맞춘 음식이다.

나. 국의 종류에는 맑은장국, 토장국, 곰국, 전골 등이 있다.

다. 쌀 씻은 물을 사용하면 진한 맛과 부드러움을 준다.

라. 바지락은 사용하기 하루 전에 소금물에 해감하여 사용한다.

024 다음은 국의 국물을 만들기 위한 전처리 과정이다. 틀린 것은?

가. 고기는 잘게 잘라 핏물을 제거하여 사용해야 좋다.

나. 멸치는 반으로 갈라 내장과 머리를 제거하여 사용한다.

다. 해조류는 마른행주로 닦아 사용한다.

라. 채소류는 다듬어 깨끗이 세척한 후 큼직하게 썰어 사용한다.

025 다음은 사골에 대한 설명이다. 틀린 것은?

가. 사골은 소의 네 다리뼈를 의미한다.

나. 사골은 소의 몸집에 비례하며 앞사골이 가장 크다.

다. 사골은 유백색이고 골밀도가 치밀한 것이 좋다.

라. 앞사골이 뒷사골보다 골밀도가 높다.

026 다음은 양지머리에 대한 설명이다. 틀린 것은?

가. 양지머리는 1목뼈에서 7갈비뼈 사이의 부위이다.

나. 양지머리는 운동량이 적어 지방이 많다.

다. 양지머리는 일정하게 결이 형성되어 있어 결대로 잘 찢어진다.

라. 오래 끓이면 고소한 맛이 좋아 육수, 탕, 전골 등에 사용한다.

027 다음은 사태에 대한 설명이다. 틀린 것은?

가. 사태는 소의 다리를 의미하는 '샅'에서 유래한 말이다.

나. 앞사태와 뒷사태가 있으며 근육량이 적어 부드럽고 구이에 적합하다.

다. 콜라겐이나 엘라스틴 같은 결체조직들의 함량이 높다.

라. 사태는 물에 넣고 오래 끓이면 콜라겐이 젤라틴으로 변해 부드러워진다.

해설 사태는 운동량이 많아 결체조직의 함량이 높고 지방함량이 적어 육수, 탕 등에 적합하다.

028 다음은 탕의 종류에 대한 설명이다. 틀린 것은?

가. 곰탕 : 쇠머리, 사골, 도가니 등을 넣고 끓인 탕으로 살과 뼈의 가용성분이 우러나와 유백색을 띤다.

나. 갈비탕 : 가리탕이라고도 하며, 4~5시간 푹 고아 고기를 부드럽게 하여 만든다.

다. 추어탕 : 미꾸라지로 국을 끓이며, 통으로 사용하는 방법과 으깨어 끓이는 방법이 있다.

라. 초개탕 : 닭육수를 차게 식혀 식초와 겨잣가루로 간을 한 다음 잘게 찢은 살코기를 얹어 완성한 음식이다.

029 생선찌개를 끓일 때 국물이 끓은 후에 생선을 넣는 이유는?

가. 비린내를 없애기 위해

나. 국물을 더 맛있게 하기 위해

다. 생선살이 응고될 수 있도록 하기 위해

라. 살을 부드럽게 끓이기 위해

해설 국물이 끓은 후에 생선을 넣어야 살이 단단해서 부스러지지 않는다.

030 소고기의 소금구이를 말하는 것으로 얼른 구워 먹었다는 데서 유래된 구이는?

가. 방자구이

나. 갈비구이

다. 너비아니구이

라. 불고기

031 생선을 프라이팬이나 석쇠에 구울 때 들러붙지 않도록 하는 방법으로 옳지 않은 것은?

가. 낮은 온도에서 서서히 굽는다.

나. 기구의 금속면을 테플론(teflon)으로 처리한 것을 사용한다.

다. 기구의 표면에 기름을 칠하여 막을 만들어준다.

라. 기구를 먼저 달구어서 사용한다.

> **해설** 낮은 온도에서 서서히 구우면 팬이나 석쇠에 흡착된다.

032 다음의 조림에 대한 설명으로 틀린 것은?

가. 조림은 '조리니'라 하고 궁중에서는 조리개라고 하였다.

나. 조림은 고기, 생선, 감자, 두부 등을 조린 식품이다.

다. 재료를 작게 썰어 센 불로 끝까지 가열하여 충분히 양념이 밸 수 있도록 만든다.

라. 장조림은 고기를 삶아 찢은 후 간장양념에서 약불로 조려야 한다.

033 다음 전과 적에 대한 설명으로 틀린 것은?

가. 전은 기름에 지진 음식으로 전유어, 저냐 등으로 불린다.

나. 재료에 양념을 한 후 밀가루만 묻혀 기름에 지져낸 음식이다.

다. 산적은 익히지 않은 재료를 꽂이에 꿰어 익힌 음식이다.

라. 적은 석쇠에 굽는 직화구이와 번철에 굽는 간접구이가 있다.

034 다음 중 채소의 특성에 대한 설명으로 틀린 것을 고르시오.

가. 양파껍질의 색소는 퀘르세틴이다.

나. 오이의 쓴맛은 히스타민이다.

다. 도라지의 쓴맛을 제거하기 위해서는 물에 담가 사용한다.

라. 시금치에는 칼슘의 흡수를 방해하는 수산이 있다.

> **해설** 오이의 쓴맛은 꼭지부분으로 쿠쿠르비타신이다.

035 다음 생채에 대한 설명으로 틀린 것은?

가. 생채는 익히지 않고 날로 무친 것을 의미한다.

나. 생채는 재료가 신선할수록 좋다.

다. 생채의 분류에는 겨자냉채, 잡채, 무생채 등이 있다.

라. 주로 초고추장이나 고춧가루로 양념하여 무친다.

036 무생채를 만드는 설명 중 틀린 것은?

가. 무는 곱게 채썰어 고춧가루 물을 들여 사용한다.

나. 조미료는 식초- 소금- 설탕 순서로 사용한다.

다. 사용하는 무는 희고 무거운 것을 사용한다.

라. 무생채는 먹기 직전에 무쳐 완성한다.

037 숙채에 대한 설명으로 옳지 않은 것은?

　　가. 보통 나물을 말한다.

　　나. 물에 삶거나, 찌거나, 볶아서 갖은양념을
　　　　한 것이다.

　　다. 겉절이를 말한다.

　　라. 채소를 익혀서 조리하는 것은 재료의 쓴맛
　　　　이나 떫은맛을 없애준다.

038 육류, 생선류, 어패류, 채소류를 끓는 물에 삶거나
　　데쳐서 익힌 음식으로 초고추장이나 겨자즙 등을
　　찍어 먹는 것이 특징인 요리는?

　　가. 숙회　　　　　　나. 숙채

　　다. 생채　　　　　　라. 무침

039 채소 선별로 틀린 것은?

　　가. 미나리는 줄기를 부러뜨렸을 때 쉽게 부러
　　　　지는 것을 고른다.

　　나. 가지는 곧은 모양의 무거운 것을 고른다.

　　다. 쑥갓은 줄기가 짧은 것을 고른다.

　　라. 콩나물은 통통하고 줄기의 길이가 짧은 것
　　　　을 고른다.

해설 가지는 곧은 모양의 가벼운 것이 좋으며 흑자색이
선명하고 광택이 있는 것이 싱싱하다.

제 **7** 편

한식조리기능사
출제경향을 반영한
예상문제 총정리

예상문제 총정리

001 우리나라에서 출생 후 가장 먼저 인공능동면역을 실시하는 것은?

가. 홍역

나. 결핵

다. 백일해

라. 폴리오

해설 결핵 예방접종은 생후 4주 이내에 실시한다.

002 세계보건기구(WHO) 보건헌장에 의한 건강의 의미에 포함되지 않은 것은?

가. 정신적 안녕

나. 사회적 안녕

다. 정서적 안녕

라. 육체적 안녕

해설 건강이란 단순한 질병이나 허약의 부재 상태만을 나타내는 것이 아니라 육체적, 정신적, 사회적으로 완전한 상태이다.

003 식품의 변질에 대한 설명 중 잘못된 것은?

가. 산패는 유지 식품이 산화되어 냄새가 발생하고 색깔이 변화된 상태이다.

나. 부패는 탄수화물, 지방에 미생물이 번식하여 먹을 수 없는 상태이다.

다. 변패는 탄수화물, 지방에 미생물이 번식하여 먹을 수 없는 상태이다.

라. 성분 변화를 가져와 영양소 파괴, 냄새, 맛 등이 저하되어 먹을 수 없는 상태이다.

해설 부패는 단백질 식품이 미생물에 의해 변질되어 먹을 수 없는 상태를 말한다.

004 독소형 식중독으로 분류되는 것은?

가. 살모넬라균

나. 장염비브리오균

다. 황색포도상구균

라. 병원성대장균

해설 독소형 식중독의 대표적인 균으로는 보툴리누스균, 황색포도상구균이 있다.

005 중간숙주가 필요없이 인체에 감염을 일으키는 기생충은?

가. 무구조충

나. 간흡충

다. 선모충

라. 십이지장충

해설 **십이지장충**
토양에 서식하는 십이지장충의 유충에 노출되면 피부를 뚫고 유충이 침입한다.

006 향신료가 아닌 것은?

가. 생강

나. 월계수잎

다. 너트맥

라. 간장

해설 너트맥(nutmeg)은 육두구라고 불리는 향신료이며, 간장은 조미료에 속한다.

007 화학물질을 조금씩 장기간에 걸쳐 실험동물에게 투여했을 때 장기나 기관에 어떠한 장애나 중독이 일어나는가를 알아보는 시험으로, 최대무작용량을 구할 수 있는 것은?

가. 급성독성시험 　　　나. 만성독성시험
다. 안전독성시험 　　　라. 아급성독성시험

해설
급성독성시험: 실험동물에 비교적 다량의 화학물질을 1회 투여하여 영향을 관찰하는 시험
아급성독성시험: 실험동물 수명의 1/10 정도 기간 동안 유독물질을 계속 주어 독성을 평가하는 시험

008 다음과 같은 성질의 색소는?

보기	• 고등식품 중 잎·줄기의 초록색이다. • 산에 의한 갈색화, 페오피틴이 생성된다. • 알칼리에 의해 선명한 녹색이 된다.

가. 안토시아닌 　　　나. 카로티노이드
다. 클로로필 　　　　라. 타닌(탄닌)

해설 클로로필(엽록소)
• 녹색채소의 색이다.
• 광합성 작용에 중요한 역할을 하며 마그네슘을 함유하고 있다.
• 산을 가하면 갈색으로 변색(페오피틴 생성)된다.
• 알칼리에서는 초록색으로 유지된다.

009 다음 식품의 색소에 관한 설명 중 옳은 것은?

가. 클로로필은 마그네슘을 중원자로 하고 산에 의해 클로로피린이라는 갈색물질이 된다.
나. 카로티노이드 색소는 카로틴과 크산토필로 대별할 수 있다.
다. 플라보노이드 색소는 산성 → 중성 → 알칼리성으로 변함에 따라 적색 → 자색 → 청색으로 된다.

라. 동물성 색소 중 근육색소는 헤모글로빈이고, 혈색소는 미오글로빈이다.

해설
㉮ 산을 가하면 페오피틴이 생성돼 갈색으로 변색, 알칼리 처리하면 클로로피린이 되어 선명한 녹색이 된다.
㉱ 안토시안 색소에 대한 설명이다.
㉭ 근육색소는 미오글로빈, 혈색소는 헤모글로빈이다.

010 호화전분의 노화를 억제하는 방법은?

가. 수분율 10% 이하로
나. 냉장고에 보관
다. 소량의 소금 첨가
라. 보존료 사용

해설 α-전분을 상온에 방치하면 β-전분으로 되돌아가는 현상을 노화라고 한다. 노화를 방지하려면 호화된 전분을 80℃ 이상에서 급속히 건조하거나, 0℃ 이하에서 급속히 냉동 탈수시켜 수분을 15% 이하로 하면 된다.

011 장조림에 가장 적합한 부위는?

가. 양지 　　　나. 목심
다. 소머리 　　라. 우둔

해설 우둔은 소의 엉덩이 윗부분으로 홍두깨살을 포함한다. 뒷다리 안쪽에 위치해 있는 홍두깨살은 방망이 모양의 살로 장조림에 가장 적합한 부위이며 산적과 육포용으로도 많이 사용되는 부위이다.

012 달걀은 오래 삶으면 난황표면이 짙은 암녹색으로 변화하는데 어떤 성분에 의한 것인가?

가. 난백의 유화수소, 난황의 콜레스테롤
나. 난백의 단백질, 난황의 콜레스테롤
다. 난백의 철, 난황의 유황
라. 난백의 유황, 난황의 철

해설 달걀을 오래 삶거나 가열 후 삶은 물속에 그대로 방치하면 난황의 표면이 암녹색으로 되는데 이것은 난백의 유황과 난황 중의 철이 화합하여 황화제1철(FeS)이 생성되기 때문이다.

013 채소를 삶는 방법으로 잘못된 것은?

　가. 죽순을 쌀뜨물에 삶으면 색이 희어진다.
　나. 연근의 껍질을 벗겨 5~10% 중조수에 담근 후 삶는다.
　다. 고구마를 삶을 때 명반을 넣는다.
　라. 무는 쌀뜨물이나 밀가루를 조금 넣어 삶으면 맛이 좋다.

해설 연근은 껍질을 벗겨 끓는 물에 소금과 식초를 넣고 2~3분간 삶는다.

014 훈연법에 대한 설명으로 맞는 것은?

　가. 냉훈은 풍미는 좋으나 장기간 보존할 수 없다.
　나. 연기에 함유되어 있는 비휘발성 성분이 식품에 스며들게 하는 방법이다.
　다. 냉훈은 25℃의 먼 불에서 1~3주간 충분히 훈연하는 것이다.
　라. 온훈은 100℃에서 3시간 정도 훈연하는 방법이다.

해설
· 냉훈은 옅은 연기로 훈연하는 가장 오래된 방법으로 장기간 보존할 수 있다.
· 연기에 함유되어 있는 휘발성 성분이 식품에 스며들게 하는 방법이다.
· 온훈은 상대습도 80%, 23~40℃에서 4~48시간 정도 훈연하는 방법이다.

015 구매계약 방법 중 수의계약이란?

　가. 신문, 관보, 게시 등을 이용하여 계약하는 것
　나. 자격 있는 특정인과 단독계약을 체결하는 것
　다. 자격 있는 자들을 선정하여 경쟁입찰시켜 계약을 체결하는 방법
　라. 몇몇 업자를 지명하여 계약문건을 제시한 후 맞으면 입찰시키는 방법

해설 수의계약이란 계약 주체가 계약의 상대방을 입찰(경쟁의 방법)에 의하지 않고 선택하여 체결하는 계약을 말한다.

016 숯불구이와 훈제육 등의 열분해물에서 생성되며 발암성 물질로 알려진 다환방향족 탄화수소는?

　가. 벤조피렌
　나. 나이트로소아민
　다. 포름알데히드
　라. 헤테로고리아민류

해설 벤조피렌(다환방향족 탄화수소)은 화석연료 등을 열처리하는 과정에서 만들어지는 유해물질이다.

017 생선의 비린내를 제거하는 방법 중 바른 것끼리 묶은 것은?

보기	A. 조리 시 초기에 술과 백포도주를 넣는다. B. 조리 시 초기에 무, 홍당무를 넣는다. C. 조리 시 초기에 생강, 파, 마늘을 넣는다. D. 생선을 우유에 담갔다가 꺼내어 조리한다.

　가. A, B, C　　　　나. B, C, D
　다. A, C, D　　　　라. A, B, D

해설 생선을 조리할 경우, 생선의 단백질이 응고된 이후에 파, 마늘, 생강 등을 조리 마지막 단계에 넣는 것이 좋다.

018 조리하는 곳에서 냄새와 증기를 직접 배출시키는 국소환기 시설은?

가. 팬(Fan) 나. 트랩(Trap)
다. 후드(Hood) 라. 창문(Window)

해설 주방 등의 일부분에서만 후드(사방개방형이 가장 효율적)를 부착하여 연기나 악취를 직접 배출시키는 시설을 국소환기라 한다.

019 육류 가공 시 햄류에 사용하는 훈연법의 장점이 아닌 것은?

가. 특유한 향미를 부여한다.
나. 저장성을 향상시킨다.
다. 색이 선명해지고 고정된다.
라. 양이 증가한다.

020 조미료의 침투속도와 채소의 색을 고려할 때 조미료 사용 순서가 가장 합리적인 것은?

가. 소금 → 설탕 → 식초
나. 설탕 → 소금 → 식초
다. 소금 → 식초 → 설탕
라. 식초 → 소금 → 설탕

해설 **조미료의 사용 순서:** 설탕 → 소금 → 식초

021 쌀과 같이 당질을 많이 먹는 식습관을 가진 한국인에게 대사상 꼭 필요한 비타민은?

가. 비타민 B_1 나. 비타민 B_6
다. 비타민 A 라. 비타민 D

해설 당질의 에너지 대사에 비타민 B_1이 반드시 필요하다.

022 쌀 전분을 빨리 α-화하려고 할 때 조치사항은?

가. 아밀로펙틴 함량이 많은 전분을 사용한다.
나. 수침시간을 짧게 한다.
다. 가열온도를 높인다.
라. 산성의 물을 사용한다.

해설 **전분의 α화가 잘 일어나는 조건**
• 정백도가 높을수록
• 가열온도가 높을수록
• 가열할 때 물의 양이 많을수록
• pH가 약알칼리성일 때
• 수침시간이 길수록

023 감염형 식중독에 대한 설명으로 옳은 것은?

가. 수인성 발생이 많다.
나. 다량의 원인 세균 섭취로 발병한다.
다. 면역성이 있는 경우가 많다.
라. 2차 감염이 많고 파상적으로 전파된다.

해설 감염형 식중독은 식품에 증식한 다량의 원인 세균 섭취에 의해 주로 발병. 면역성 없음. 잠복기 짧음. 살모넬라, 장염비브리오 외에는 2차 감염 안 됨

024 부패에 대한 설명으로 옳은 것은?

가. 단백질 식품의 분해
나. 탄수화물 식품의 분해
다. 지방질 식품의 분해
라. 식품의 산화, 갈색화 현상

해설 부패는 단백질 식품이 미생물에 의해 분해 및 변질되는 현상이다.

025 식품위생법에서 우수업소의 지정조건이 아닌 것은?

    가. 건물은 작업에 필요한 공간을 확보하여야 하며, 환기가 잘되어야 한다.

    나. 화장실은 정화조를 갖춘 수세식 화장실로서 내수처리되어야 한다.

    다. 1회용 물컵, 위생종이 등이 비치되어 있어야 한다.

    라. 작업장의 출입구와 창은 완전히 꼭 닫힐 수 있어야 하며, 방충시설과 쥐막이 시설이 설치되어야 한다.

해설 **우수업소, 모범업소의 지정기준(식품위생법 시행규칙)**
- 우수업소 : 건물은 작업에 필요한 공간을 확보하여야 하며, 환기가 잘 되어야 한다. 작업장의 출입구와 창은 완전히 꼭 닫힐 수 있어야 하며, 방충시설과 쥐막이 시설이 설치되어야 한다. 화장실은 정화조를 갖춘 수세식 화장실로서 내수처리되어야 한다.
- 모범업소 : 화장실은 1회용 위생종이 또는 에어타월이 비치되어 있어야 한다.
- 그 밖의 사항 : 1회용 물컵, 1회용 숟가락, 1회용 젓가락 등을 사용하지 아니하여야 한다.

026 Aspergillus속 곰팡이가 생성하는 곰팡이 독은?

    가. 시트리닌(Citrinin)

    나. 아플라톡신(Aflatoxin)

    다. 에르고톡신(Ergotoxin)

    라. 베네루핀(Venerupin)

해설 아스페르길루스속의 곰팡이가 생산하는 독소는 아플라톡신이다. 아플라톡신은 사람이나 가축, 어류 등에 생리기능적 장애를 발생시키는 물질이며, 발암독성의 함량이 높다.

027 산성식품 통조림과 도자기에서 문제될 수 있는 중금속과 중독증상으로 옳은 것은?

    가. 비소 - 시야협착, 난청, 사지신경마비

    나. 납 - 빈혈, 두통, 식욕부진

    다. 카드뮴 - 흑피증, 비중격천공, 단백뇨

    라. 수은 - 소화기장애, 언어장애, 골연화증

해설 통조림의 땜납, 도자기나 법랑용기의 안료를 통해 납중독이 일어남. 납중독증상으로 조혈장애, 신경계열의 마비(장애), 권태감, 빈혈, 두통, 폐기종, 급성폐렴 등이 나타난다.

028 식품위생법의 일부를 발췌한 다음 내용의 ( ) 안에 알맞은 것은?

> **보기** 식품의약품안전처장은 국민보건을 위하여 필요하면 판매를 목적으로 하는 식품 또는 식품첨가물의 제조, 가공, 사용, 조리, 보존 방법에 관한 (가)과(와) 성분에 관한 (나)을(를) 고시…

    가. 가 - 공전, 나 - 규격

    나. 가 - 규격, 나 - 기준

    다. 가 - 기준, 나 - 규격

    라. 가 - 기준, 나 - 공전

해설 **식품 또는 식품첨가물에 관한 기준 및 규격(식품위생법 제7조제1항)**
식품위약품안전처장은 국민보건을 위하여 필요하면 판매를 목적으로 하는 식품 또는 식품첨가물에 관한 다음의 사항을 정하여 고시한다.
- 제조, 가공, 사용, 조리, 보존 방법에 관한 기준
- 성분에 관한 규격

029 유제품에 관한 설명으로 틀린 것은?

    가. 치즈는 우유 단백질인 카세인을 레닌 등의 효소로 응고시켜 숙성시킨 것이다.

    나. 요구르트에는 유당이 들어 있으며 유당불내증이 있는 성인에게 좋지 않다.

    다. 버터에는 비타민 A가 풍부하다.

    라. 휘핑크림은 우유를 원심분리하여 얻는데 지방함량이 30~40% 정도이다.

해설 요구르트는 유산균에 의한 유당 분해로 생성된 젖산발효식품으로, 유당불내증이 있는 성인에게 좋다.

030 단백질의 분류와 식품단백질의 연결이 바르게 된 것은?

　가. 글로불린계 – 쌀의 오리제닌

　나. 알부민계 – 대두의 글리시닌

　다. 당단백질 – 보리의 호르데인

　라. 인단백질 – 우유의 카세인

해설 단순단백질
글루텔린계 : 쌀의 오리제닌
글로불린계 : 대두의 글리시닌
프롤라민계 : 보리의 호르데인

031 안토시아닌 색소의 성질이 아닌 것은?

　가. 폴리페놀 산화효소에 의해 변색된다.

　나. pH에 따라 색이 변하며 산성에서는 적색을 나타낸다.

　다. 물에 잘 녹으며, 식품 중에는 당이 결합된 형태로 존재한다.

　라. 담황색의 색소이며, 경수로 가열하면 황색을 나타낸다.

해설 안토시아닌 색소
• 과실, 꽃, 뿌리에 있는 빨간색, 보라색, 청색의 색소이다.
• 세포액 속에 용액상태로 존재하며, 용액의 pH에 따라 구조와 색이 변한다.
• 산성에서는 적색, 중성에서는 보라색, 알칼리에서는 청색을 띤다.

032 두류의 조리에 대한 설명으로 옳지 않은 것은?

　가. 검은콩이나 대두 등은 물에 담가 충분히

불린 다음 조리해야 쉽게 물러진다.

　나. 팥을 삶을 때에는 한 번 끓인 물을 따라 버린 다음 다시 물을 붓고 삶아야 떫은맛을 없앨 수 있다.

　다. 빈대떡을 부칠 때 녹두를 씻어 갈아놓은 후 하루 뒤에 지져야 더 바삭해진다.

　라. 콩자반을 만들 때 마른 콩을 1%의 식염수에 담가 불린 후 가열하면 부드럽게 익는다.

해설 빈대떡을 부칠 때 하루 전에 녹두를 씻어 물에 불린 후, 지지기 전에 갈아서 부쳐야 더 바삭하다.

033 갈조류를 사용하여 만든 음식이 아닌 것은?

　가. 김밥　　　　　　나. 미역국

　다. 톳 무침　　　　라. 다시마부각

해설 김은 홍조류에 해당한다.
• 녹조류 : 파래, 청각
• 갈조류 : 다시마, 미역, 톳, 모자반
• 홍조류 : 김, 우뭇가사리

034 겉보리를 이용한 음식은?

　가. 식혜　　　　　　나. 송편

　다. 오트밀　　　　라. 부꾸미

해설 식혜는 겉보리의 싹을 틔워 말린 엿기름(맥아)을 우린 물에 밥을 삭혀서 만든 발효음식이다.

035 조리규모가 커지면서 오물이 많을 때 주방 바닥청소를 효과적으로 하기 위하여 설치하는 것은?

　가. 급탕기

　나. 곡선형 트랩

　다. 트렌치

　라. 디스포저(Disposer)

정답　030 라　031 라　032 다　033 가　034 가　035 다

해설 조리장 중앙부와 물을 많이 사용하는 지역에 바닥 배수 트렌치를 설치하여 배수효과를 높인다.

036 약과를 만들 때 밀가루와 참기름을 손바닥으로 비벼주는 과정은 유지의 어떤 특성을 이용한 것인가?

가. 쇼트닝성
나. 크리밍성
다. 유화성
라. 가소성

해설 쇼트닝성은 유지가 반죽의 표면을 둘러싸서 글루텐 망상구조를 형성하지 못하게 층을 형성함으로써 연화시키는 성질이다.

037 하천의 수질기준 항목에 해당되지 않는 것은?

가. 부유물질량
나. 수소이온농도
다. 생물화학적 산소요구량
라. 총질소

해설 하천의 수질기준 항목에는 수소이온농도, 생물화학적 산소요구량, 부유물질량, 용존산소량, 대장균군 수 등이 해당한다.

038 산업장의 분진으로 인해 발생되는 장애는?

가. 고산병   나. 잠함병
다. 레노병   라. 규폐증

해설 규폐증은 산업장의 분진(먼지)으로 인해 발생되는 병이다.

039 조리기구(칼, 도마 등)의 소독에 많이 사용되는 소독제는?

가. 과산화수소
나. 석탄산
다. 차아염소산나트륨
라. 크레졸

해설 차아염소산나트륨은 채소, 식기, 과일, 음료수 소독 (50~100ppm) 등에 사용한다.

040 전분의 호화에 관여하는 요소가 아닌 것은?

가. 전분의 크기와 구조
나. pH
다. 금속이온
라. 온도

해설 전분의 호화에 영향을 주는 요인으로 전분의 크기, 구조, 온도, pH 등이 있다.

041 과일 잼을 만드는 데 설탕의 양으로 가장 적당한 것은?

가. 30~35%   나. 40~45%
다. 50~55%   라. 60~65%

해설 잼 원리의 3요소 : 펙틴산 0.1~1.5%, pH 3.46, 당분(설탕) 60~65%이며, 사과, 딸기, 포도 등이 잼의 중요한 재료이다.

042 기생충과 중간숙주가 바르게 연결된 것은?

가. 유구조충 - 소
나. 간흡충 - 고등어
다. 폐흡충 - 참붕어
라. 광절열두조충 - 송어

해설
- 유구조충(돼지), 무구조충(소)
- 간흡충(간디스토마) : 1중간숙주(쇠우렁이), 2중간숙주(민물고기, 잉어)
- 폐흡충(폐디스토마) : 1중간숙주(다슬기), 2중간숙주(가재, 게)
- 광절열두조충 : 1중간숙주(물벼룩), 2중간숙주(연어, 송어, 농어 등)

해설 영아사망률(대표적 보건수준 평가지표)은 병에 걸리기 쉬운 영아가 환경적으로 얼마만큼이나 발전되어 있는지의 통계가 가능하다.

046 밀가루의 용도별 연결이 잘못된 것은?

가. 강력분 - 식빵　　나. 강력분 - 스파게티
다. 박력분 - 쿠키　　라. 박력분 - 국수

해설 강력분은 글루텐 함량이 13% 이상으로 식빵, 스파게티 등이 해당되고, 중력분은 글루텐 함량이 10~13% 정도로 국수류 등이 해당되고, 박력분은 글루텐 함량이 10% 이하로 쿠키, 튀김, 케이크 등이 해당된다.

043 두부에 대한 설명으로 틀린 것은?

가. 소화율이 95%로 간편한 콩 가공품이다.
나. 단백질이 풍부하고 저렴하며 우리 생활에 많이 쓰이는 식품이다.
다. 콩을 갈아 응고제를 첨가하여 두부를 만든다.
라. 대두 단백질의 대부분은 카세인(Casein)이다.

해설 대두의 단백질은 글리시닌(40%)이다.

044 고기의 연화방법으로 적합하지 않은 것은?

가. 고기의 양념에 키위를 갈아 넣는다.
나. 고기를 결 반대방향으로 썰어 조리한다.
다. 고기에 설탕 대신 꿀을 첨가하여 조미한다.
라. 고기에 식소다를 첨가하여 조리한다.

해설 육류는 고기를 결의 반대방향으로 썰어주거나, 육류에 산성의 과즙을 가해주면 연육에 효과적이다.

047 식품위생법상 소분하여 판매할 수 있는 식품은?

가. 어육제품　　나. 레토르트식품
다. 통조림 식품　　라. 벌꿀

해설 **식품소분업의 신고대상(식품위생법 시행규칙 제38조 제1항)**
식품제조·가공업 및 식품첨가물제조업에 따른 영업의 대상이 되는 식품 또는 식품첨가물(수입되는 식품 또는 식품첨가물을 포함한다.)과 벌꿀(영업자가 자가채취하여 직접 소분포장하는 경우를 제외한다.)을 말한다. 다만, 어육제품, 특수용도식품(체중조절용 조제식품은 제외한다.), 통조림, 레토르트식품, 전분, 장류 및 식초는 소분판매하여서는 아니된다.

045 건강수준을 측정하는 공중위생 활동의 가장 대표적인 보건수준 평가지표로 사용되는 것은?

가. 보통사망률　　나. 평균수명
다. 영아사망률　　라. 비례사망지수

048 생선구이에 대한 설명 중 틀린 것은?

가. 구이는 생선 자체의 맛을 살리는 조리법이다.
나. 지방함량이 적은 생선에 좋은 조리법이다.
다. 생선을 구우면 단백질은 응고하고 수분은 증발한다.
라. 일반적으로 강한 불로 멀리서 구워야 노릇노릇 잘 구워진다.

해설 생선구이는 보통 지방의 함량이 높은 생선에 효율적이다.

---

049 식품위생법에서 사용하는 용어의 정의에 대한 설명으로 맞는 것은?

　가. "집단급식소"란 영리를 목적으로 하는 특수다수인에게 계속하여 음식물을 공급하는 급식시설

　나. "화학적 합성품"이란 화학적 수단으로 원소 또는 화합물에 분해 반응 외의 화학 반응을 일으켜서 얻은 물질

　다. "영양표시"란 식품, 식품첨가물, 기구 또는 용기·포장에 기재하는 문자·숫자 또는 도형

　라. "기구"란 식품을 넣거나 싸는 것으로서 식품을 주고받을 때 함께 건네는 물품

해설
• "집단급식소"란 영리를 목적으로 하지 아니하면서 특정 다수인에게 계속하여 음식물을 공급하는 다음 각 목의 어느 하나에 해당하는 곳의 급식시설로서 대통령령으로 정하는 시설을 말한다.
• "기구"란 다음 각 목의 어느 하나에 해당하는 것으로서 식품 또는 식품첨가물에 직접 닿는 기계·기구나 그 밖의 물건(농업과 수산업에서 식품을 채취하는 데에 쓰는 기계·기구나 그 밖의 물건 및 [위생용품 관리법] 제2조제1호에 따른 위생용품은 제외한다.)을 말한다.
• "영양표시"란 식품에 들어 있는 영양소의 양 등 영양에 관한 정보를 표시하는 것을 말한다.

---

050 역성비누를 보통비누와 함께 사용할 때 가장 올바른 방법은?

　가. 보통비누로 먼저 때를 씻어낸 후 역성비누를 사용

　나. 보통비누와 역성비누를 섞어서 거품을 내며 사용

　다. 역성비누를 먼저 사용 후 보통비누를 사용

　라. 역성비누와 보통비누의 사용순서는 무관하게 사용

해설 역성비누는 보통비누와 동시에 사용하면 살균효과가 떨어진다. 보통비누로 유기물을 제거한 후 역성비누를 사용해야 살균효과가 있다.

---

051 화학물질에 의한 식중독으로 일반 중독증상과 시신경의 염증으로 실명의 원인이 되는 물질은?

　가. 납

　나. 수은

　다. 메틸알코올

　라. 청산

해설 메틸알코올에 중독되면 두통, 구토, 설사, 실명 등의 증상이 나타나며, 심할 경우 사망하기도 한다.

---

052 다음의 정의에 해당하는 것은?

보기	식품의 원료관리, 제조, 가공, 조리, 유통의 모든 과정에서 위해한 물질이 식품에 섞이거나 식품이 오염되는 것을 방지하기 위하여 각 과정을 중점적으로 관리하는 기준

　가. 식품안전관리인증기준(HACCP)

　나. 식품 Recall제도

　다. 식품 CODEX기준

　라. ISO 인증제도

해설 HACCP 관리의 수행단계
위해요소 분석 → 중요관리점 결정 → 한계기준 설정 → 모니터링체계 확립 → 개선조치방법 수립 → 검증 절차 및 방법 수립 → 문서화 및 기록유지

---

053 손에 상처가 있는 사람이 만든 크림빵을 먹은 후 식중독 증상이 나타났을 경우 가장 의심되는 식중독균은?

　가. 포도상구균
　나. 클로스트리디움 보툴리눔
　다. 병원성 대장균
　라. 살모넬라균

해설 포도상구균에 의한 독소형 식중독으로 식품 취급자의 화농성 염증이 주된 원인이다.

054 식품위생법령상에 명시된 식품위생감시원의 직무가 아닌 것은?

　가. 과대광고 금지의 위반 여부에 관한 단속
　나. 조리사, 영양사의 법령준수사항 이행여부 확인 · 지도
　다. 생산 및 품질관리 일지의 작성 및 비치
　라. 시설기준의 적합 여부의 확인 · 지도

055 조리사가 타인에게 면허를 대여하여 사용하게 한 때 1차 위반 시 행정처분기준은?

　가. 업무정지 1월　　나. 업무정지 2월
　다. 업무정지 3월　　라. 면허취소

해설 조리사가 타인에게 면허를 대여하면 1차 위반 시 업무정지 2월, 2차 위반 시 업무정지 3월, 3차 위반 시 면허가 취소된다.

056 다수인이 밀집한 장소에서 발생하며 화학적 조성이나 물리적 조성의 큰 변화를 일으켜 불쾌감, 두통, 권태, 현기증, 구토 등의 생리적 이상을 일으키는 군집독의 원인이 아닌 것은?

　가. 산소 부족

　나. 유해가스 및 취기
　다. 일산화탄소 증가
　라. 환기

해설 군집독의 예방법이 환기이다.

057 다음 중 결합수의 특성이 아닌 것은?

　가. 수증기압이 유리수보다 낮다.
　나. 압력을 가해도 제거하기 어렵다.
　다. 0℃에서 매우 잘 언다.
　라. 용질에 대해서 용매로서 작용하지 않는다.

해설 결합수는 0℃에서 얼지 않는다.

058 영양결핍 증상과 원인이 되는 영양소의 연결이 잘못된 것은?

　가. 빈혈 - 엽산
　나. 구순구각염 - 비타민 B_{12}
　다. 야맹증 - 비타민 A
　라. 괴혈병 - 비타민 C

해설 비타민 B_2의 결핍증은 구순구각염이며, 비타민 B_{12}의 결핍증은 악성빈혈이다.

059 클로로필에 대한 설명으로 틀린 것은?

　가. 산을 가해주면 Pheophytin이 생성된다.
　나. Chlorophyllase가 작용하면 Chlorophyllide가 된다.
　다. 수용성 색소이다.
　라. 엽록체 안에 들어 있다.

해설 클로로필은 지용성 색소이다.

060 구이에 의한 식품의 변화 중 틀린 것은?

가. 살이 단단해진다.

나. 기름이 녹아 나온다.

다. 수용성 성분의 유출이 매우 크다.

라. 식욕을 돋우는 맛있는 냄새가 난다.

해설 수용성 성분의 유출은 끓이기의 단점이다.

061 두류의 조리 시 두류를 연화시키는 방법으로 틀린 것은?

가. 1% 정도의 식염용액에 담갔다가 그 용액으로 가열한다.

나. 초산용액에 담근 후 칼슘, 마그네슘 이온을 첨가한다.

다. 약알칼리성의 중조수에 담갔다가 그 용액으로 가열한다.

라. 습열 조리 시 연수를 사용한다.

해설 칼슘과 마그네슘 이온은 두류의 응고제로 사용된다.

062 전분의 노화를 억제하는 방법으로 틀린 것은?

가. 설탕을 첨가한다.

나. 식품을 냉장 보관한다.

다. 식품의 수분함량을 15% 이하로 한다.

라. 유화제를 사용한다.

해설 온도 2~5℃, 수분함량 30~60%, 수소이온 다량 첨가, 전분입자가 아밀로펙틴보다 아밀로오스가 많으면 노화 촉진이 일어난다.

063 궁중에서 주로 이용한 죽으로 우유죽이라고 불리던 죽은?

가. 타락죽　　　　나. 장국죽

다. 오자죽　　　　라. 전복죽

해설 타락죽은 쌀가루에 우유를 넣어 쑨 죽이다. 오자죽은 다섯 가지 견과류를 넣고 끓인 죽이다.

064 다음 중 토장국에 해당되지 않는 것은?

가. 시금치된장국

나. 두부젓국찌개

다. 우럭매운탕

라. 게국지

해설 두부젓국찌개는 새우젓 등으로 간을 한 맑은 탕이다. 게국지는 꽃게탕의 변형된 요리이다.

065 다음 중 생치구이의 재료가 되는 것은?

가. 닭　　　　　　나. 오리

다. 꿩　　　　　　라. 소고기

해설 생치구이는 꿩고기에 갖은양념을 하여 구운 조리이다.

066 춘향전에 방자가 고기를 양념할 겨를도 없이 얼른 구워 먹었다는 데서 유래된 소고기에 소금을 뿌려 구운 것은?

가. 너비아니구이　　나. 방자구이

다. 김구이　　　　　라. 생치구이

해설 방자구이는 얇게 썬 쇠고기를 양념하지 않고 즉석에서 소금, 후추 등으로 간하여 구운 소금구이이다.

정답　060 다　061 나　062 나　063 가　064 나　065 다　066 나

067 너비아니구이를 할 때 유의할 점으로 틀린 것은?

　가. 너비아니구이는 반대로 썰면 질기므로 결 방향으로 썬다.

　나. 배즙을 이용하면 너비아니의 연육작용을 돕는다.

　다. 화력이 약하면 육즙이 흘러나오므로 중불 이상에서 굽는다.

　라. 숯불을 이용하면 풍미가 증진된다.

해설 너비아니구이는 결 방향으로 썰면 질기므로 결 반대로 썬다.

068 다음 중 화양적의 재료에 속하지 않는 것은?

　가. 쇠고기

　나. 도라지

　다. 실파

　라. 당근

해설 화양적은 표고버섯, 계란(황지단), 당근, 쇠고기, 오이를 각각 익혀 꼬치에 꿰어내는 적이다.

069 구매한 식품의 재고 관리 시 적용되는 방법 중 최근에 구입한 식품부터 사용하는 것으로 가장 오래된 물품이 재고로 남게 되는 것은?

　가. 선입선출법

　나. 후입선출법

　다. 총 평균법

　라. 최소 - 최대관리법

해설 후입선출법은 가장 나중에 구입한 재료를 먼저 사용한다는 전제하에 재료의 소비가격을 계산하는 방법으로, 가장 오래된 재료가 재고로 남게 된다.

070 도마의 사용방법에 관한 설명 중 잘못된 것은?

　가. 합성세제를 사용하여 43~45℃의 물로 씻는다.

　나. 염소소독, 열탕소독, 자외선 살균 등을 실시한다.

　다. 식재료 종류별로 전용 도마를 사용한다.

　라. 세척, 소독 후에는 건조시킬 필요가 없다.

해설 칼, 도마, 행주는 중성세제로 세척하고, 바람이 잘 통하고 햇볕이 잘 드는 곳에서 1회 이상 건조, 소독한다.

071 다음 중 조리사 면허취소에 해당하지 않는 경우는?

　가. 식품위생 수준 및 자질의 향상을 위한 교육규정에 따른 교육을 받지 아니한 경우

　나. 식중독이나 그 밖에 위생과 관련한 중대한 사고 발생에 직무상의 책임이 있는 경우

　다. 면허를 타인에게 대여하여 사용하게 한 경우

　라. 업무정지기간이 지나 조리사의 업무를 한 경우

해설 조리사 면허취소는 업무정지기간 중에 조리사의 업무를 한 경우이다.

072 다음 중 식품위생법에 명시된 목적이 아닌 것은?

　가. 위생상의 위해를 방지

　나. 건전한 유통 판매를 도모

　다. 식품영양의 질적 향상을 도모

　라. 식품에 관한 올바른 정보를 제공

해설 식품위생법은 식품으로 인하여 생기는 위생상의 위해를 방지하고 식품영양의 질적 향상을 도모하여 식품에 관한 올바른 정보를 제공하여 국민보건의 증진에 이바지함을 목적으로 한다.

073 식품위생법으로 정의한 식품이란?

　가. 모든 음식물

　나. 의약품을 제외한 모든 음식물

　다. 담배 등의 기호품과 모든 음식물

　라. 포장, 용기와 모든 음식물

해설 '식품'이란 의약품을 제외한 모든 음식물을 말한다.

074 공중보건학의 목표에 관한 설명으로 틀린 것은?

　가. 건강 유지

　나. 질병 예방

　다. 질병 치료

　라. 지역사회 보건수준 향상

해설 질병의 치료는 공중보건이 아니라 임상의학이다.

075 질병을 매개하는 위생해충과 그 질병의 연결이 틀린 것은?

　가. 모기 - 사상충증, 말라리아

　나. 파리 - 장티푸스, 발진티푸스

　다. 진드기 - 유행성 출혈열, 쯔쯔가무시증

　라. 벼룩 - 페스트, 발진열

해설 파리 : 장티푸스, 파라티푸스

076 리케차(rickettsia)에 의해서 발생되는 감염병은?

　가. 세균성 이질

　나. 파라티푸스

　다. 발진티푸스

　라. 디프테리아

해설 세균 : 세균성 이질, 파라티푸스, 디프테리아

077 우리 몸안에서 수분의 작용을 바르게 설명한 것은?

　가. 영양소를 운반하는 작용을 한다.

　나. 5대 영양소에 속하는 영양소이다.

　다. 높은 열량을 공급하여 추위를 막을 수 있다.

　라. 호르몬의 주요 구성성분이다.

해설 5대 영양소는 탄수화물, 지방, 단백질, 무기질, 비타민이다.
열량영양소는 탄수화물, 지방, 단백질이다.
호르몬의 주요 구성성분은 단백질이다.

078 탄수화물의 구성요소가 아닌 것은?

　가. 탄소　　　　　나. 질소

　다. 산소　　　　　라. 수소

해설 탄수화물은 탄소(C), 수소(H), 산소(O)로 구성된 유기화합물로 당질이라고도 한다.

079 필수아미노산만으로 짝지어진 것은?

　가. 트립토판, 메티오닌

　나. 트립토판, 글리신

　다. 리신, 글루타민산

　라. 루신, 알라닌

해설 필수아미노산은 리신, 루신, 이소루신, 트레오닌, 트립토판, 발린, 메티오닌, 페닐알라닌이다.

080 알칼리성 식품에 대한 설명 중 옳은 것은?

　가. Na, K, Ca, Mg이 많이 함유되어 있는 식품

　나. S, P, Cl이 많이 함유되어 있는 식품

　다. 당질, 지질, 단백질 등이 많이 함유되어 있는 식품

　라. 곡류, 육류, 치즈 등의 식품

해설 알칼리성 식품은 칼슘, 마그네슘, 칼륨, 나트륨, 철 등을 함유하고 있는 식품으로 채소, 과일, 우유 등에 들어 있다.

라. 세균 등의 위해요소로부터 안전성 확보

해설 조리하면 영양효과를 증진시킬 수 있으나 식품 자체의 부족한 영양성분을 보충하는 것과는 관련이 없다.

081 생식기능 유지와 노화방지의 효과가 있고 화학명이 토코페놀(tocopherol)인 비타민은?

가. 비타민 A
나. 비타민 C
다. 비타민 D
라. 비타민 E

082 식초의 기능에 대한 설명으로 틀린 것은?

가. 생선에 사용하면 생선살이 단단해진다.
나. 붉은 비트(beets)에 사용하면 선명한 적색이 된다.
다. 양파에 사용하면 황색이 된다.
라. 마요네즈 만들 때 사용하면 유화액을 안정시켜 준다.

해설 무나 양파를 오래 익힐 때나 우엉이나 연근을 삶을 때, 식초를 첨가하면 백색으로 변한다.

083 흰색 야채의 경우 흰색을 그대로 유지할 수 있는 방법으로 옳은 것은?

가. 야채를 데친 후 곧바로 찬물에 담가둔다.
나. 약간의 식초를 넣어 삶는다.
다. 야채를 물에 담가두었다가 삶는다.
라. 약간의 중조를 넣어 삶는다.

084 다음 중 조리하는 목적으로 적합하지 않은 것은?

가. 소화흡수율을 높여 영양효과를 증진
나. 식품 자체의 부족한 영양성분을 보충
다. 풍미, 외관을 향상시켜 기호성을 증진

085 다음 중 계량방법이 잘못된 것은?

가. 저울은 수평으로 놓고 눈금은 정면에서 읽으며 바늘은 0에 고정시킨다.
나. 가루 상태의 식품은 계량기에 꼭꼭 눌러 담은 다음 윗면이 수평이 되도록 스패출러로 깎아서 잰다.
다. 액체식품은 투명한 계량용기를 사용하여 계량컵으로 눈금과 눈높이를 맞추어서 계량한다.
라. 된장이나 다진 고기 등의 식품 재료는 계량기구에 눌러 담아 빈 공간이 없도록 채워서 깎아준다.

해설 가루 상태의 식품은 체로 쳐서 스푼으로 계량컵에 가만히 수북하게 담아 주걱으로 깎아서 측정한다.

086 호화와 노화에 대한 설명으로 옳은 것은?

가. 쌀과 보리는 물이 없어도 호화가 잘 된다.
나. 떡의 노화는 냉장고보다 냉동고에서 더 잘 일어난다.
다. 호화된 전분을 80℃ 이상에서 급속히 건조하면 노화가 촉진된다.
라. 설탕의 첨가는 노화를 지연시킨다.

해설
• 쌀과 보리는 물이 있어야 호화가 잘 된다.
• 떡의 노화는 냉장고에서 더 잘 일어난다.
• 호화된 전분을 80℃ 이상에서 급속히 건조하면 노화가 억제된다.

087 치즈 제조에 사용되는 우유단백질을 응고시키는
효소는?

　가. 프로테아제　　　나. 레닌
　다. 아밀라아제　　　라. 말타아제

해설 치즈는 우유단백질인 카세인을 효소인 레닌에 의하
여 응고시켜 만든 발효식품이다.

088 흔히 불고기라고 하며 궁중음식으로 소고기를
저며서 양념장에 재어두었다가 구운 음식은 무
엇인가?

　가. 갈비구이　　　　나. 너비아니
　다. 장포육　　　　　라. 생치구이

089 찌개를 담는 그릇은?

　가. 바리　　　　　　나. 보시기
　다. 조치보　　　　　라. 대접

해설 바리는 밥을, 보시기는 김치를, 조치보는 찌개를,
대접은 국 등을 담는 그릇이다.

제 **8** 편

실전모의고사와
정답 및 해설

실전모의고사 1회

001 다음 미생물의 종류와 질병이 바르게 연결된 것은?

가. 리케차 - 발진티푸스

나. 곰팡이 - 매독균

다. 스피로헤타 - 양충병

라. 바이러스 - 발진열

002 다음 중 생육에 필요한 수분량이 높은 순으로 바르게 나열된 것은?

가. 곰팡이 〉 효모 〉 세균

나. 효모 〉 세균 〉 곰팡이

다. 세균 〉 곰팡이 〉 효모

라. 세균 〉 효모 〉 곰팡이

003 다음 중 중간숙주가 틀리게 연결된 것은?

가. 간흡충 : 왜우렁이, 붕어, 잉어

나. 횡천흡충 : 다슬기, 은어

다. 폐흡충 : 소고기, 돼지고기

라. 광절열두조충 : 물벼룩, 연어

004 식품 제조가공된 식품 중 소분하여 판매가 불가능한 것은?

가. 된장   나. 식빵

다. 어육연제품   라. 우동

005 다음 중 천연항산화제 역할을 하는 비타민은?

가. 토코페롤   나. 아스코르브산

다. 리보플라빈   라. 카로틴

006 식품 제조 공정 중에 생기는 거품을 소멸시키거나 억제하기 위해 사용되는 첨가물은?

가. 헥산   나. 규소수지

다. 명반   라. 유동파라핀

007 조리 및 가공에서 생기는 유해물질로 두통, 구토, 설사 심하면 실명을 가져오는 불량첨가물은?

가. 멜라민   나. 메틸알코올

다. 벤조피렌   라. 카드뮴

008 도마의 사용방법에 관한 설명 중 잘못된 것은?

가. 합성세제를 사용하여 43~45℃의 물로 씻는다.

나. 염소소독, 열탕소독, 자외선살균 등을 실시한다.

다. 식재료 종류별로 전용 도마를 사용한다.

라. 세척, 소독 후에는 건조시킬 필요가 없다.

009 다음 중 열에 가열하여도 예방이 되지 않는 식중독은?

가. 포도상구균   나. 살모넬라균

다. 장염비브리오균   라. 병원성대장균

010 곡류나 땅콩이 원인이 되어 발생하는 식중독의 원인이 되는 독성은?

가. 뉴로톡신   나. 히스타민

다. 아플라톡신   라. 시트리닌

011 식품위생법의 용어 정의 중 틀린 것을 고르시오.

가. 식품 : 모든 음식(의약품으로 섭취되는 것 제외)

나. 식품첨가물 : 식품을 제조·가공·조리 또는 보존하는 과정에서 감미, 착색, 표백 또는 산화방지 등을 목적으로 식품에 사용되는 물질

다. 집단급식소 : 영리를 목적으로 계속적으로 특정 다수인에게 식사를 제공하는 곳

라. 용기·포장 : 식품을 넣거나 싸는 것으로서 식품을 주고받을 때 함께 건네는 물건

012 다음 중 단백질의 부패 시 발생하는 부패취가 아닌 것은?

가. 암모니아   나. 황화수소

다. 인돌   라. 벤조피렌

013 다음 중 인공능동면역으로 면역력이 가장 강하게 유지되는 것은?

가. 인플루엔자   나. 홍역

다. 폴리오   라. 백일해

014 소독력의 크기 순으로 나열한 것이다. 옳은 것은?

가. 멸균 〉 살균 〉 소독 〉 방부

나. 살균 〉 소독 〉 방부 〉 멸균

다. 소독 〉 방부 〉 멸균 〉 살균

라. 살균 〉 멸균 〉 방부 〉 소독

015 다음 설명 중 보존료에 대한 설명으로 바른 것을 고르시오.

가. 미생물 증식을 억제하여 식품의 영양가와 신선도를 보존한다.

나. 식품 내 부패 원인균을 단시간에 사멸시킨다.

다. 식품 속의 지방 성분이 산화하고 변패하는 것을 방지한다.

라. 식품 제조 중 식품의 갈변, 착색의 변화를 억제한다.

016 살균이 불충분한 통조림, 병조림 식품의 식중독과 관계가 있는 식중독은?

가. 포도상구균 식중독

나. 클로스트리디움 보툴리눔 식중독

다. 살모넬라 식중독

라. 장염 비브리오 식중독

017 다음 식물성 자연독 성분이 아닌 것은?

가. 삭시톡신   나. 무스카린

다. 리신   라. 고시폴

018 일광 중에서 살균력이 가장 강한 광선은?

가. 적외선   나. 가시광선

다. 자외선   라. 열선

019 대기오염에 가장 큰 피해를 주는 현상은?

　가. 기온역전현상　　　나. 중성대
　다. 계절풍　　　　　　라. 고온

020 많은 사람이 밀집된 실내에서 발생하며 구취, 체취 등의 불쾌감이 발생하는 현상을 무엇이라고 하는가?

　가. 고산병　　　　　　나. 열중증
　다. 군집독　　　　　　라. 안정피로

021 다음 중 다당류의 종류가 아닌 것은?

　가. 글루텐　　　　　　나. 전분
　다. 글리코겐　　　　　라. 펙틴

022 다음 중 단순 지질에 대한 설명으로 옳은 것은?

　가. 콜레스테롤, 에르고스테롤 등이 있다.
　나. 3분자의 지방산과 1분자의 글리세롤의 에스테르 결합물이다.
　다. 레시틴, 세팔린 등은 인지질과 결합되어 있는 단순지질이다.
　라. 완전지방으로 필수지방이다.

023 다음 중 수소화된 유지는 어느 것인가?

　가. 마가린　　　　　　나. 버터
　다. 생크림　　　　　　라. 마요네즈

024 다음 중 필수아미노산이 골고루 들어 있는 단백질을 고르시오.

　가. 소고기　　　　　　나. 콩
　다. 달걀　　　　　　　라. 옥수수

025 비타민의 결핍증 증상이 잘 연결된 것은?

　가. 레티놀 - 야맹증
　나. 토코페롤 - 구루병
　다. 티아민 - 구순구각염
　라. 아스코르브산 - 빈혈

026 다음 중 효소에 의한 갈변반응이 아닌 것은?

　가. 폴리페놀 옥시다아제
　나. 감자 갈변
　다. 아스코르브산의 산화반응
　라. 홍차 갈변

027 다음 소화효소에 대한 연결이 바르게 된 것은?

　가. 감자 - 리파아제
　나. 닭고기 - 펩신, 트립신
　다. 땅콩 - 말타아제
　라. 달걀 - 아밀라아제

028 우유 가열 시 피막이 안 생기게 하는 방법으로 틀린 것은?

　가. 처음 생긴 피막을 제거한다.
　나. 중탕으로 가열한다.
　다. 저어주면서 가열한다.
　라. 이중냄비를 사용한다.

029 육류 조리 시 연화를 위해 사용되는 과일이 아닌 것은?

　가. 파파야　　　　　　나. 배
　다. 파인애플　　　　　라. 사과

030 다음 중 멥쌀밥이 빨리 노화되는 조건에 대한 설명으로 옳은 것은?

가. 설탕을 뿌려둔다.
나. 지방이나 유화제를 섞어준다.
다. 냉장고에 넣어둔다.
라. 보온 통에 넣어둔다.

031 다음 중 글루텐 함량이 13%인 밀가루로 요리하기에 좋은 것은?

가. 식빵　　　　　　　나. 튀김
다. 우동　　　　　　　라. 케이크

032 일반적으로 사용되는 소독약의 희석농도로 가장 부적합한 것은?

가. 알코올 : 75% 에탄올
나. 승홍수 : 0.01%의 수용액
다. 크레졸 : 3~5%의 비누액
라. 석탄산 : 3~5%의 수용액

033 다음 중 신선하지 않은 식품은?

가. 생선 : 윤기가 있고 눈알이 약간 튀어나온 것
나. 고기 : 육색이 선명하고 윤기 있는 것
다. 계란 : 껍질이 반들반들하고 매끄러운 것
라. 오이 : 가시가 있고 곧은 것

034 밥짓기 과정의 설명으로 옳은 것은?

가. 쌀을 씻어서 2~3시간 푹 불리면 맛이 좋다.
나. 햅쌀은 묵은쌀보다 물을 약간 적게 붓는다.

다. 쌀은 80~90℃에서 호화가 시작된다.
라. 묵은쌀인 경우 쌀 중량의 약 2.5배 정도의 물을 붓는다.

035 전분의 호정화에 대한 설명으로 옳지 않은 것은?

가. 호정화란 화학적 변화가 일어난 것이다.
나. 호화된 전분보다 물에 녹기 쉽다.
다. 전분을 150~190℃에서 물을 붓고 가열할 때 나타나는 변화이다.
라. 호정화되면 덱스트린이 생성된다.

036 굵은소금이라고도 하며, 오이지를 담글 때나 김장 배추를 절이는 용도로 사용하는 소금은?

가. 천일염　　　　　　나. 맛소금
다. 정제염　　　　　　라. 꽃소금

037 다음의 식단 구성 중 편중되어 있는 영양가의 식품군은?

보기	완두콩밥 / 된장국 / 장조림 / 명란알찜 / 두부조림 / 생선구이

가. 탄수화물군　　　　나. 단백질군
다. 비타민 / 무기질군　라. 지방군

038 냉동어의 해동법으로 가장 좋은 방법은?

가. 저온에서 서서히 해동시킨다.
나. 얼린 상태로 조리한다.
다. 실온에서 해동시킨다.
라. 뜨거운 물속에 담가 빨리 해동시킨다.

039 다음 중 유지의 산패에 영향을 미치는 인자에 대한
설명으로 맞는 것은?

가. 저장 온도가 0℃ 이하가 되면 산패가 방지
된다.

나. 광선은 산패를 촉진하나 그중 자외선은 산
패에 영향을 미치지 않는다.

다. 구리, 철은 산패를 촉진하나, 납, 알루미늄
은 산패에 영향을 미치지 않는다.

라. 유지의 불포화도가 높을수록 산패가 활발
하게 일어난다.

040 1일 2500kcal를 섭취하는 성인 남자 100명이 있
다. 총열량의 60%를 쌀로 섭취한다면 하루에 쌀
약 몇 kg 정도가 필요한가?(단, 쌀 100g은 340
kcal이다.)

가. 12.70kg 　　　나. 44.12kg
다. 127.02kg 　　라. 441.18kg

041 다음 원가요소에 따라 산출한 총원가로 옳은
것은?

보기	직접재료비 : 250,000원
	제조간접비 : 120,000원
	직접노무비 : 100,000원
	판매관리비 : 60,000원
	직접경비 : 40,000원
	이익 : 100,000원

가. 390,000원 　　나. 510,000원
다. 570,000원 　　라. 610,000원

042 달걀의 열응고성에 대한 설명 중 옳은 것은?

가. 식초는 응고를 지연시킨다.

나. 소금은 응고온도를 낮추어준다.

다. 설탕은 응고온도를 내려주어 응고물을 연
하게 한다.

라. 온도가 높을수록 가열시간이 단축되어 응
고물은 연해진다.

043 지방이 많은 식재료를 구이 조리할 때 유지가
불 위에 떨어져서 발생하는 연기의 좋지 않은
성분은?

가. 암모니아

나. 트리메틸아민

다. 아크롤레인

라. 토코페롤

044 채소에 따른 볶음 조리법이 잘못된 것은?

가. 색깔이 있는 당근, 오이는 소금에 절이지
말고 볶으면서 소금을 넣는다.

나. 기름을 넉넉히 두르고 볶는다.

다. 마른 표고버섯은 볶을 때 약간의 물을 넣
어준다.

라. 기본적인 간을 한 다음 볶는다.

045 장조림의 재료로 알맞지 않은 것은?

가. 아롱사태 　　나. 홍두깨살
다. 닭안심 　　　라. 삼겹살

046 찌개를 담는 그릇은?

가. 바리 　　　나. 보시기
다. 조치보 　　라. 대접

047 전처리의 장점으로 바르지 않은 것은?

가. 음식물 쓰레기가 감소한다.

나. 업무의 효율성이 증가한다.

다. 당일조리가 가능해진다.

라. 위해요소의 완벽한 제거로 위생적이다.

048 한가위에 먹는 음식이 아닌 것은?

가. 토란탕　　　　나. 햇과일

다. 떡국　　　　　라. 송편

049 고명의 색에 따른 식품의 연결이 바르지 않은 것은?

가. 붉은색 - 건고추, 대추, 밤

나. 초록색 - 미나리, 실파, 쑥

다. 노란색 - 달걀노른자, 황화채

라. 검은색 - 석이버섯, 소고기, 표고버섯

050 육수를 조리할 때 주의사항으로 바르지 않은 것은?

가. 육수통은 알루미늄통을 사용하는 것이 좋다.

나. 찬물에서 처음부터 재료를 넣고 끓여야 맛있는 성분이 용출된다.

다. 거품에 맛 성분이 있어 끓이면서 거품을 걷어낼 필요는 없다.

라. 끓기 시작하면 약한 불로 줄여 오랜 시간 은근히 끓인다.

051 정상 작동 범위에 있는 소화기의 눈금이 가리키는 색깔로 적당한 것은?

가. 노란색　　　　나. 녹색

다. 빨간색　　　　라. 보라색

052 식품위생법령상에 명시된 식품위생감시원의 직무가 아닌 것은?

가. 과대광고 금지의 위반 여부에 관한 단속

나. 조리사, 영양사의 법령준수사항 이행여부 확인지도

다. 생산 및 품질관리일지의 작성 및 비치

라. 시설기준 적합 여부의 확인검사

053 주요 용도와 식품첨가물의 연결이 옳은 것은?

가. 아질산염 - 발색제

나. 안식향산염 - 표백제

다. 명반 - 피막제

라. 규소수지 - 산도조절제

054 식품공전에 규정되어 있는 표준온도는?

가. 10℃　　　　나. 20℃

다. 30℃　　　　라. 40℃

055 세계보건기구(WHO)의 건강에 대한 설명으로 맞지 않는 것은?

가. 사회적 안녕　　　나. 정신적 건강

다. 정서적 안녕　　　라. 육체적 건강

056 사시, 동공확대, 언어장애 등 특유의 신경마비증상을 나타내며 비교적 높은 치사율을 보이는 식중독 원인균은?

가. 클로스트리디움 보툴리늄균

나. 포도상구균

다. 병원성대장균

라. 셀레우스균

057 황색포도상구균 식중독의 일반적인 특성으로 옳은 것은?

가. 설사변이 혈변의 형태이다.
나. 급성위장염 증세가 나타난다.
다. 잠복기가 길다.
라. 치사율이 높은 편이다.

058 경구감염과 비교하여 세균성 식중독이 가지는 일반적인 특성은?

가. 소량의 균으로도 발병한다.
나. 잠복기가 짧다.
다. 2차 발병률이 매우 높다.
라. 수인성 발생이 크다.

059 한국 음식의 특징으로 바르지 않은 것은?

가. 주식과 부식의 구분이 뚜렷하지 않다.
나. 농경민족으로 곡물음식이 발달하였다.
다. 음식에 있어서 약식동원의 사상을 중시한다.
라. 일상식과 의례음식의 구분이 있다.

060 의례음식의 연결이 바른 것은?

가. 돌상 - 육포
나. 백일상 - 백설기
다. 폐백상 - 미역국
라. 제사상 - 수수경단

실전모의고사 2회

001 다음 중 조리를 하는 목적으로 적합하지 않은 것은?

가. 소화흡수율을 높여 영양효과를 증진

나. 식품 자체의 부족한 영양성분을 보충

다. 풍미, 외관을 향상시켜 기호성을 증진

라. 세균 등의 위해요소로부터 안전성 확보

002 튀김을 할 때 두꺼운 용기를 사용하는 가장 큰 이유는?

가. 기름의 비중이 작아 물 위에 쉽게 뜨므로

나. 기름의 비중이 커서 물 위에 쉽게 뜨므로

다. 기름의 비열이 작아 온도가 쉽게 변화되므로

라. 기름의 비열이 커서 온도가 쉽게 변화되므로

003 세균성 식중독 중에서 독소형은?

가. 포도상구균 식중독

나. 장염비브리오균 식중독

다. 살모넬라 식중독

라. 리스테리아 식중독

004 화학물질에 의한 식중독으로 일반 중독증상과 시신경의 염증으로 실명의 원인이 되는 물질은?

가. 납

나. 수은

다. 카드뮴

라. 메틸알코올

005 다음 중 돼지고기에 의해 감염될 수 있는 기생충은?

가. 선모충

나. 간흡충

다. 편충

라. 아니사키스충

006 폐흡충증의 제1, 2중간숙주가 순서대로 옳게 나열된 것은?

가. 왜우렁이, 붕어

나. 다슬기, 참게

다. 물벼룩, 가물치

라. 왜우렁이, 연어

007 작업 시 근골격계 질환을 예방하는 방법으로 알맞은 것은?

가. 작업대 정리정돈

나. 조리기구의 올바른 사용 방법 숙지

다. 작업 전 간단한 제조로 신체 긴장 완화

라. 작업보호구 사용

008 다음 중 식품의 손질방법이 잘못된 것은?

가. 해파리를 끓는 물에 오래 삶으면 부드럽게 되고 짠맛이 잘 제거된다.

나. 청포묵의 겉면이 굳었을 때는 끓는 물에 담갔다 건져 부드럽게 한다.

다. 양장피는 끓는 물에 삶은 후 찬물에 헹구어 조리한다.

라. 도토리묵에서 떫은맛이 심하게 나면 따뜻한 물에 담가두었다가 사용한다.

009 식품의 품질, 무게, 원산지가 주문 내용과 일치하는지 확인하고, 유통기한, 포장상태 및 운반차의 위생상태 등을 확인하는 것은?

가. 구매관리   나. 재고관리

다. 검수관리   라. 배식관리

010 다음 냄새 성분 중 어류와 관계가 먼 것은?

가. 트리메틸아민   나. 암모니아

다. 디아세틸   라. 피페리딘

011 식품의 계량방법으로 옳은 것은?

가. 흑설탕은 계량컵에 살살 퍼 담은 후 수평으로 깎아서 계량한다.

나. 밀가루는 체에 친 후 눌러 담아 수평으로 깎아서 계량한다.

다. 조청, 기름, 꿀과 같이 점성이 높은 식품은 분할된 컵으로 계량한다.

라. 고체지방은 냉장고에서 꺼내어 액체화한 후 계량컵에 담아 계량한다.

012 육수를 내는 방법으로 잘못된 것은?

가. 쌀뜨물을 만들 때 처음 씻은 물이 농도가 제일 진하므로 첫 물만 사용한다.

나. 멸치는 머리와 내장을 제거한 후 볶아서 사용한다.

다. 소고기는 물에 담가 핏물을 제거한 후에 사용한다.

라. 모시조개를 사용할 때는 3~4% 소금 농도에서 해감하여 사용한다.

013 식품을 삶는 방법에 대한 설명으로 틀린 것은?

가. 연근을 엷은 식촛물에 삶으면 하얗게 삶아진다.

나. 가지를 백반이나 철분이 녹아 있는 물에 삶으면 색이 안정된다.

다. 완두콩은 황산구리를 적당량 넣은 물에 삶으면 푸른빛이 고정된다.

라. 시금치를 저온에서 오래 삶으면 비타민 C의 손실이 적다.

014 다음 감염병 중 생후 가장 먼저 예방접종을 실시하는 것은?

가. 백일해   나. 파상풍

다. 결핵   라. 홍역

015 식품위생법으로 정의한 식품이란?

가. 모든 음식물

나. 의약품을 제외한 모든 음식물

다. 담배 등의 기호품과 모든 음식물

라. 포장, 용기와 모든 음식물

016 밥의 냄새와 향미가 가장 좋아지는 뜸들이기 시간은?

가. 5분   나. 10분

다. 15분   라. 20분

017 생채의 특징으로 거리가 먼 것은?

가. 자연의 색과 향 그대로 있다.

나. 씹을 때 아삭아삭한 식감이 있다.

다. 식감이 부드럽고 양념이 잘 배어든다.

라. 영양소 손실이 적고 비타민 등이 풍부하다.

018 다음 접객업 중 시설기준상 객실을 설치할 수 없는 영업은?

가. 유흥주점　　　나. 단란주점
다. 휴게음식점　　라. 일반음식점

019 다음 중 식품과 자연독의 연결이 잘못된 것은?

가. 독버섯 - 무스카린　나. 감자 - 솔라닌
다. 살구씨 - 삭시톡신　라. 목화씨 - 고시폴

020 식품첨가물에 대한 설명으로 틀린 것은?

가. 과황산암모늄은 소맥분 이외의 식품에 사용하여서는 안 된다.
나. 규소수지는 주로 이형제로 사용된다.
다. 보존료는 식품의 미생물에 의한 부패를 방지할 목적으로 사용된다.
라. 아질산나트륨은 발색제로 사용된다.

021 숙채에 대한 설명으로 틀린 것은?

가. 호박, 오이 등은 소금에 절였다가 기름에 볶는다.
나. 콩나물은 끓는 물에 데쳐서 무친다.
다. 시금치, 쑥갓은 끓는 물에 소금을 약간 넣고 데쳐 찬물에 헹궈서 사용한다.
라. 콩나물, 도라지생채, 무생채 등이 속한다.

022 두부를 만드는 과정은 콩 단백질의 어떤 성질을 이용한 것인가?

가. 무기염류에 의한 변성
나. 건조에 의한 변성
다. 동결에 의한 변성
라. 효소에 의한 변성

023 각 식품의 보관요령으로 틀린 것은?

가. 냉동육은 해동·동결을 반복하지 않도록 한다.
나. 건어물은 건조하고 서늘한 곳에 보관한다.
다. 달걀은 깨끗이 씻어 냉장 보관한다.
라. 두부는 찬물에 담갔다가 냉장시키거나 찬물에 담가 보관한다.

024 하수처리의 본처리 과정 중 호기성 분해처리에 해당하지 않는 것은?

가. 부패조법　　　나. 활성오니법
다. 접촉여상법　　라. 살수여상법

025 구이에 의한 식품의 변화 중 틀린 것은?

가. 살이 단단해진다.
나. 기름이 녹아 나온다.
다. 수용성 성분의 유출이 매우 크다.
라. 식욕을 돋우는 맛있는 냄새가 난다.

026 조리대 배치형태 중 환풍기와 후드의 수를 최소화할 수 있는 것은?

가. 일렬형　　　나. 병렬형
다. ㄷ자형　　　라. 아일랜드형

027 식품첨가물의 사용목적이 아닌 것은?

가. 식품의 변질, 부패방지
나. 관능개선
다. 질병예방
라. 품질개량, 유지

028 회복기 보균자에 대한 설명으로 옳은 것은?

가. 병원체에 감염되어 있지만 임상증상이 아
   직 나타나지 않은 상태의 사람
나. 병원체를 몸에 지니고 있으나 겉으로는 증
   상이 나타나지 않는 건강한 사람
다. 질병이 임상증상이 회복되는 시기에도 여
   전히 병원체를 지닌 사람
라. 몸에 세균 등 병원체를 오랫동안 보유하고
   있으면서 자신은 병의 증상을 나타내지
   아니하고 다른 사람에게 옮기는 사람

029 달걀저장 중에 일어나는 변화로 옳은 것은?

가. pH 저하   나. 중량감소
다. 난황계수 증가   라. 수양난백 감소

030 식품에서 자연적으로 발생하는 유독물질을 통해
식중독을 일으킬 수 있는 식품과 가장 거리가 먼
것은?

가. 표고버섯   나. 피마자
다. 미숙한 매실   라. 모시조개

031 전분의 호화에 영향을 미치는 인자와 관계가 없는
것은?

가. 전분의 종류   나. 가열온도
다. 수분   라. 회분

032 밀가루 반죽에 달걀을 넣었을 때 달걀의 작용으로
틀린 것은?

가. 반죽에 공기를 주입하는 역할을 한다.
나. 팽창제의 역할을 해서 용적을 증가시킨다.
다. 단백질 연화작용으로 제품을 연하게 한다.

라. 영양, 조직 등에 도움을 준다.

033 다음 중 감미도가 가장 높은 것은?

가. 설탕   나. 과당
다. 포도당   라. 맥아당

034 매운맛을 내는 성분의 연결이 옳은 것은?

가. 겨자 - 캡사이신(Capsaicin)
나. 생강 - 호박산(Succinic Acid)
다. 마늘 - 알리신(Allicin)
라. 고추 - 진저롤(Gingerol)

035 미숫가루를 만들 때 건열로 가열하면 전분이 열분
해되어 덱스트린이 만들어진다. 이 열분해과정을
무엇이라고 하는가?

가. 호화   나. 노화
다. 호정화   라. 전화

036 전분을 주재료로 이용하여 만든 음식이 아닌
것은?

가. 도토리묵   나. 크림수프
다. 두부   라. 죽

037 멥쌀과 찹쌀에 있는 노화 속도 차이의 원인성분
은?

가. 아밀라아제
나. 글리코겐
다. 아밀로펙틴
라. 글루텐

038 일반적으로 꽃 부분을 주요 식용부위로 하는 화채류는?

가. 죽순　　　　　　나. 파슬리
다. 콜리플라워　　　라. 아스파라거스

039 에너지 공급원으로 감자 160g을 보리쌀로 대체할 때 필요한 보리쌀의 양은?(단, 감자의 당질함량은 14.4%, 보리쌀의 당질함량은 68.4%)

가. 20.9%　　　　　나. 27.6%
다. 31.5%　　　　　라. 33.7%

040 오래된 과일이나 산성 채소 통조림에서 유래되는 화학성 식중독의 원인물질은?

가. 칼슘　　　　　　나. 주석
다. 철분　　　　　　라. 아연

041 생선을 조릴 때 어취를 제거하기 위하여 생강을 넣는다. 이때 생선을 미리 가열하여 열변성시킨 후에 생강을 넣는 주된 이유는?

가. 생강을 미리 넣으면 다른 조미료가 침투되는 것을 방해하기 때문에
나. 열변성되지 않은 어육단백질이 생강의 탈취작용을 방해하기 때문에
다. 생선의 비린내 성분이 지용성이기 때문에
라. 생강이 어육단백질의 응고를 방해하기 때문에

042 식품위생법상 식품접객업 영업을 하려는 자는 몇 시간의 식품위생교육을 미리 받아야 하는가?

가. 2시간　　　　　나. 4시간
다. 6시간　　　　　라. 8시간

043 냉장고 사용방법으로 틀린 것은?

가. 뜨거운 음식은 식혀서 냉장고에 보관한다.
나. 문을 여닫는 횟수를 가능한 줄인다.
다. 온도가 낮으므로 식품을 장기간 보관해도 안전하다.
라. 식품의 수분이 건조되므로 밀봉하여 보관한다.

044 생선의 조리방법에 관한 설명으로 옳은 것은?

가. 선도가 낮은 생선은 양념을 담백하게 하고 뚜껑을 닫고 잠깐 끓인다.
나. 지방함량이 높은 생선보다는 낮은 생선으로 구이를 하는 것이 풍미가 좋다.
다. 생선조림은 오래 가열해야 단백질이 단단하게 응고되어 맛이 좋아진다.
라. 양념간장이 끓을 때 생선을 넣어야 맛 성분의 유출을 막을 수 있다.

045 기온역전현상의 발생 조건은?

가. 상부기온이 하부기온보다 낮을 때
나. 상부기온이 하부기온보다 높을 때
다. 상부기온과 하부기온이 같을 때
라. 안개와 매연이 심할 때

046 히스타민 함량이 많아 가장 알레르기성 식중독을 일으키기 쉬운 어육은?

가. 가다랑어　　　　나. 대구
다. 도미　　　　　　라. 넙치

047 분리된 마요네즈를 재생기키는 방법으로 가장 적합한 것은?

가. 새로운 난황에 분리된 것을 조금씩 넣으며, 한 방향으로 저어준다.

나. 기름을 더 넣어 한 방향으로 빠르게 저어준다.

다. 레몬즙을 넣은 후 기름과 식초를 넣어 저어준다.

라. 분리된 마요네즈를 양쪽 방향으로 빠르게 저어준다.

048 재고회전율이 표준치보다 낮은 경우에 대한 설명으로 틀린 것은?

가. 긴급 구매로 비용 발생이 우려된다.

나. 종업원들이 심리적으로 부주의하게 식품을 사용하여 낭비가 심해진다.

다. 부정유출이 우려된다.

라. 저장기간이 길어지고, 식품손실이 커지는 등 많은 자본이 들어가 이익이 줄어든다.

049 복어독에 관한 설명으로 잘못된 것은?

가. 복어독은 햇볕에 약하다.

나. 난소, 간, 내장 등에 독이 많다.

다. 복어독은 테트로도톡신이다.

라. 복어독에 중독되었을 때에는 신속하게 위장 내의 독소를 제거하여야 한다.

050 튀김옷에 대한 설명으로 잘못된 것은?

가. 글루텐의 함량이 많은 강력분을 사용하면 튀김 내부에서 수분이 증발되지 못하므로 바삭하게 튀겨지지 않는다.

나. 달걀을 넣으면 달걀 단백질이 열응고됨으로써 수분을 방출하므로 바삭하게 튀겨진다.

다. 식소다를 소량 넣으면 가열 중 이산화탄소를 발생함과 동시에 수분도 방출되어 튀김이 바삭해진다.

라. 튀김옷에 사용하는 물의 온도는 30℃ 전후로 해야 튀김옷의 점도를 높여 내용물을 잘 감싸고 바삭해진다.

051 필수지방산에 속하는 것은?

가. 리놀렌산 　　　나. 올레산

다. 스테아르산 　　라. 팔미트산

052 사과의 갈변 촉진현상에 영향을 주는 효소는?

가. 폴리페놀 옥시다아제

나. 아밀라아제

다. 리파아제

라. 아스코르비나아제

053 기름성분이 하수구로 들어가는 것을 방지하기 위해 가장 바람직한 하수관의 형태는?

가. S트랩

나. P트랩

다. 드럼

라. 그리스트랩

054 흰색 채소의 경우 흰색을 그대로 유지할 수 있는 방법으로 옳은 것은?

가. 채소를 데친 후 곧바로 찬물에 담가둔다.

나. 약간의 식초를 넣어 삶는다.

다. 채소를 물에 담가두었다가 삶는다.

라. 약간의 중조를 넣어 삶는다.

055 고기를 연하게 하기 위해 사용하는 과일에 들어 있는 단백질 분해효소로 옳지 않은 것은?

가. 피신
나. 브로멜린
다. 파파인
라. 아밀라아제

056 질긴 부위의 고기를 물에 끓일 때 고기가 연하게 되는 현상으로 적당한 것은?

가. 헤모글로빈
나. 엘라스틴
다. 미오글로빈
라. 젤라틴

057 쌀의 호화를 돕기 위해 밥을 짓기 전에 침수시키는데, 최대수분흡수량으로 적당한 것은?

가. 20~30%
나. 5~10%
다. 55~65%
라. 70~80%

058 썰기의 목적으로 틀린 것은?

가. 열의 전달이 어렵고, 조미류(양념)의 침투가 좋다.
나. 씹기 편하게 하여 소화력을 높인다.
다. 먹지 못하는 부분을 제거한다.
라. 모양과 크기를 정리하여 조리하기 쉽다.

059 건조된 갈조류 표면의 흰 가루 성분으로 단맛을 내는 것은?

가. 만니톨
나. 알긴산
다. 클로로필
라. 피코시안

060 삼치구이를 하려고 한다. 정미중량 60g을 조리하고자 할 때 1인당 발주량은 약 얼마인가?(단, 삼치의 폐기율은 34%이다.)

가. 43g
나. 67g
다. 91g
라. 110g

실전모의고사 3회

001 식품의 부패 과정에서 생성되는 불쾌한 냄새 물질과 거리가 먼 것은?

가. 암모니아
나. 트리메틸아민
다. 글리코겐
라. 아민

002 식품의 부패 정도를 측정하는 지표로 가장 거리가 먼 것은?

가. 휘발성염기질소(VBN)
나. 트리메틸아민(TMA)
다. 수소이온농도(pH)
라. 총질소(TN)

003 중간숙주가 제1중간숙주와 제2중간숙주로 두 가지인 기생충은?

가. 요충
나. 간디스토마
다. 회충
라. 아메바성 이질

004 유지나 지질을 많이 함유한 식품이 빛, 열, 산소 등과 접촉하여 산패를 일으키는 것을 막기 위하여 사용하는 첨가물은?

가. 피막제
나. 착색제
다. 산미료
라. 산화방지제

005 우리나라 식품위생법의 목적과 거리가 먼 것은?

가. 식품으로 인한 위생상의 위해 방지
나. 식품영양의 질적 향상 도모
다. 국민보건의 증진에 이바지
라. 부정식품 제조에 대한 가중처벌

006 살모넬라 식중독 원인균의 주요 감염원은?

가. 채소
나. 바다생선
다. 식육
라. 과일

007 내열성이 강한 아포를 형성하며 식품의 부패와 식중독을 일으키는 혐기성균은?

가. 리스테리아속
나. 비브리오속
다. 살모넬라속
라. 클로스트리디움속

008 다음 중 효소가 관여하여 갈변되는 것은?

가. 식빵
나. 간장
다. 사과
라. 캐러멜

009 식품을 구입하였는데 포장에 아래와 같은 표시가 있었다. 어떤 종류의 식품 표시인가?

가. 방사선조사식품
나. 녹색신고식품
다. 자진회수식품
라. 유기농법제조식품

010 식품 감별 시 품질이 좋지 않은 것은?

가. 석이버섯은 봉우리가 작고 줄기가 단단한 것
나. 무는 가벼우며 어두운 빛깔을 띠는 것
다. 토란은 껍질을 벗겼을 때 흰색으로 단단하고 끈적끈적한 감이 강한 것
라. 파는 굵기가 고르고 뿌리에 가까운 부분의 흰색이 긴 것

011 수입소고기 두 근을 30,000원에 구입하여 50명에게 식사를 공급하였다. 식단 가격을 2,500원으로 정한다면 식품의 원가율은 몇 %인가?

가. 83%　　　　나. 42%
다. 24%　　　　라. 12%

012 환자의 식단 작성 시 가장 먼저 고려해야 할 점은?

가. 유동식부터 주는 원칙을 고려
나. 비타민이 풍부한 식단 작성
다. 균형식, 특별식, 연식, 유동식 등의 식사 형태 결정
라. 양질의 단백질 공급을 위한 식단의 작성

013 향신료와 그 성분이 바르게 된 것은?

가. 생강 - 캬비신
나. 겨자 - 알리신
다. 후추 - 시니그린
라. 고추 - 캡사이신

014 다음 중 식품위생법에서 다루는 내용은?

가. 영양사의 면허 결격사유
나. 디프테리아 예방
다. 공중이용시설의 위생관리
라. 가축감염병의 검역 절차

015 식품위생의 대상에 해당되지 않는 것은?

가. 영양제　　　　나. 비빔밥
다. 과자봉지　　　　라. 합성 착색료

016 전분에 대한 설명으로 틀린 것은?

가. 찬물에 쉽게 녹지 않는다.
나. 달지는 않으나 온화한 맛을 준다.
다. 동물 체내에 저장되는 탄수화물로 열량을 공급한다.
라. 가열하면 팽윤되어 점성을 갖는다.

017 개나 고양이 등과 같은 애완동물의 침을 통해서 사람에게 감염될 수 있는 인수공통감염병은?

가. 결핵　　　　나. 탄저
다. 야토병　　　　라. 톡소플라스마증

018 영양소와 그 기능의 연결이 틀린 것은?

가. 유당(젖당) - 정장 작용
나. 셀룰로오스 - 변비예방
다. 비타민 K - 혈액응고
라. 칼슘 - 헤모글로빈 구성성분

019 어취의 성분인 트리메틸아민에 대한 설명 중 맞는 것은?

가. 어취는 트리메틸아민의 함량과 반비례 한다.

나. 지용성이므로 물에 씻어도 없어지지 않 는다.

다. 주로 해수어의 비린내 성분이다.

라. 트리메틸아민 옥사이드가 산화되어 생성 된다.

020 열원의 사용방법에 따라 직접구이와 간접구이로 분류할 때 직접구이에 속하는 것은?

가. 오븐을 사용하는 방법

나. 프라이팬에 기름을 두르고 굽는 방법

다. 숯불 위에서 굽는 방법

라. 철판을 이용하여 굽는 방법

021 감염병과 발생원인의 연결이 틀린 것은?

가. 임질 - 직접감염

나. 장티푸스 - 파리

다. 일본뇌염 - 큐렉스속 모기

라. 유행성 출혈열 - 중국얼룩날개모기

022 만성 중독의 경우 반상치, 골경화증, 체중감소, 빈 혈 등을 나타내는 물질은?

가. 붕산   나. 불소

다. 승홍   라. 포르말린

023 다음 중 사용이 허가된 발색제는?

가. 폴리아크릴산나트륨

나. 알긴산 프로필렌 글리콜

다. 카르복시메틸스타치나트륨

라. 아질산나트륨

024 먹다 남은 찹쌀떡을 보관하려고 할 때 노화가 가장 빨리 일어나는 보관방법은?

가. 상온 보관

나. 온장고 보관

다. 냉동고 보관

라. 냉장고 보관

025 카로티노이드색소와 소재식품의 연결이 틀린 것은?

가. 베타카로틴(β-carotene) - 당근, 녹황색채소

나. 라이코펜(Lycopene) - 토마토, 수박

다. 아스타산틴(Astaxanthin) - 감, 옥수수, 난황

라. 푸코크산틴(Fucoxanthin) - 다시마, 미역

026 밀가루에 중조를 넣으면 황색으로 변하는 원리는?

가. 효소적 갈변

나. 비효소적 갈변

다. 알칼리에 의한 변색

라. 산에 의한 변색

027 조미료의 침투속도와 채소의 색을 고려할 때 조미 료 사용 순서가 가장 합리적인 것은?

가. 소금 → 설탕 → 식초

나. 설탕 → 소금 → 식초

다. 소금 → 식초 → 설탕

라. 식초 → 소금 → 설탕

028 비타민에 대한 설명 중 틀린 것은?

가. 카로틴은 프로비타민 A이다.

나. 비타민 E는 토코페롤이라고도 한다.

다. 비타민 B_{12}는 망간(Mn)을 함유한다.

라. 비타민 C가 결핍되면 괴혈병이 발생한다.

029 쌀에서 섭취한 전분이 체내에서 에너지를 발생하기 위해서 반드시 필요한 것은?

가. 비타민 A

나. 비타민 B_1

다. 비타민 C

라. 비타민 D

030 조리작업장의 위치선정 조건으로 적합하지 않은 것은?

가. 보온을 위해 지하인 곳

나. 통풍이 잘 되며 밝고 청결한 곳

다. 음식의 운반과 배선이 편리한 곳

라. 재료의 반입과 오물의 반출이 쉬운 곳

031 생선조림에 대해서 잘못 설명한 것은?

가. 생선을 빨리 익히기 위해서 냄비뚜껑을 처음부터 닫아야 한다.

나. 생강이나 마늘은 비린내를 없애는 데 좋다.

다. 가열시간이 너무 길면 어육에서 탈수작용이 일어나 맛이 없다.

라. 가시가 많은 생선을 조릴 때 식초를 약간 넣어 약한 불에서 졸이면 뼈째 먹을 수 있다.

032 쌀 전분을 빨리 α-화하려고 할 때 조치사항은?

가. 아밀로펙틴 함량이 많은 전분을 사용한다.

나. 수침시간을 짧게 한다.

다. 가열온도를 높인다.

라. 산성의 물을 사용한다.

033 다음의 육류요리 중 영양분의 손실이 가장 적은 것은?

가. 탕

나. 편육

다. 장조림

라. 산적

034 생선을 조리하는 방법에 대한 설명으로 틀린 것은?

가. 생강과 술은 비린내를 없애는 용도로 사용한다.

나. 처음 가열할 때 수분간은 뚜껑을 약간 열어 비린내를 휘발시킨다.

다. 모양을 유지하고 맛 성분이 밖으로 유출되지 않도록 양념간장이 끓을 때 생선을 넣기도 한다.

라. 선도가 약간 저하된 생선은 조미료를 비교적 약하게 하여 뚜껑을 덮고 짧은 시간 내에 끓인다.

035 국수를 삶는 방법으로 부적합한 것은?

가. 끓는 물에 넣는 국수의 양이 지나치게 많아서는 안 된다.

나. 국수 무게의 6~7배 정도의 물에서 삶는다.

다. 국수를 넣은 후 물이 다시 끓기 시작하면 찬물을 넣는다.

라. 국수가 다 익으면 많은 양의 냉수에서 천천히 식힌다.

036 채소를 데치는 요령으로 적합하지 않은 것은?

가. 1~2% 식염을 첨가하면 채소가 부드러워지고, 푸른색을 유지할 수 있다.

나. 연근을 데칠 때 식초를 3~5% 첨가하면 조직이 단단해져서 씹을 때의 질감이 좋아진다.

다. 죽순을 쌀뜨물에 삶으면 불미 성분이 제거된다.

라. 고구마를 삶을 때 설탕을 넣으면 잘 부스러지지 않는다.

037 수라상의 찬품 가짓수는?

가. 5첩

나. 7첩

다. 9첩

라. 12첩

038 필수아미노산이 아닌 것은?

가. 메티오닌(methionine)

나. 트레오닌(threonine)

다. 글루타민산(glutamic acid)

라. 리신(lysine)

039 섭조개 속에 들어 있으며 특히 신경계통의 마비증상을 일으키는 독성분은?

가. 무스카린

나. 시큐톡신

다. 베네루핀

라. 삭시톡신

040 작업 시 근골격계 질환을 예방하는 방법으로 알맞은 것은?

가. 조리기구의 올바른 사용 방법 숙지

나. 작업 전 간단한 체조로 신체 긴장 완화

다. 작업대 정리정돈

라. 작업보호구 사용

041 곰팡이독과 관계 깊은 것은?

가. 엔테로톡신

나. 리신

다. 아플라톡신

라. 테트로도톡신

042 식단 작성의 목적에 적합하지 않은 것은?

가. 영양과 기호의 충족

나. 식품비의 조절, 절약

다. 시간과 노력의 절약

라. 식량의 증산, 배분, 소비에 대한 이해를 지도

043 냉동실 사용 시 유의사항으로 맞는 것은?

가. 해동시킨 후 사용하고 남은 것은 다시 냉동보관하면 다음에 사용할 때에는 위생상 문제가 없다.

나. 액체류의 식품을 냉동시킬 때는 용기를 꽉 채우지 않도록 한다.

다. 육류의 냉장보관 시에는 냉기가 들어갈 수 있게 밀폐시키지 않도록 한다.

라. 냉동실의 서리와 얼음 등은 더운물을 사용하여 단시간에 제거하도록 한다.

044 튀김옷에 대한 설명으로 잘못된 것은?

가. 글루텐의 함량이 많은 강력분을 사용하면 튀김 내부에서 수분이 증발되지 못하므로 바삭하게 튀겨지지 않는다.

나. 달걀을 넣으면 달걀단백질이 열응고됨으로써 수분을 방출하므로 튀김이 바삭하게 튀겨진다.

다. 식소다를 소량 넣으면 가열 중 이산화탄소를 발생함과 동시에 수분도 방출되어 튀김이 바삭해진다.

라. 튀김옷에 사용하는 물의 온도는 30℃ 전후로 해야 튀김옷의 점도를 높여 내용물을 잘 감싸고 바삭해진다.

045 식품을 잘 삶는 방법에 대한 설명으로 틀린 것은?

가. 연근을 엷은 식초물에 삶으면 하얗게 삶아진다.

나. 가지를 백반이나 철분이 녹아 있는 물에 삶으면 색이 안정된다.

다. 완두콩은 황산구리를 적당량 넣은 물에 삶으면 푸른빛이 고정된다.

라. 시금치를 저온에서 오래 삶으면 비타민 C의 손실이 적다.

046 육류의 근원섬유에 들어 있으며, 근육의 수축 이완에 관여하는 단백질은?

가. 미오겐   나. 미오신
다. 미오글로빈   라. 콜라겐

047 국이나 탕을 담는 그릇으로 잘못된 것은?

가. 탕기   나. 대접
다. 뚝배기   라. 합

048 두류 조리 시 두류를 연화시키는 방법으로 틀린 것은?

가. 1% 정도의 식염용액에 담갔다가 그 용액으로 가열한다.

나. 초산용액에 담근 후 칼슘, 마그네슘이온을 첨가한다.

다. 약알칼리성의 중조수에 담갔다가 그 용액으로 가열한다.

라. 습열조리 시 연수를 사용한다.

049 전류 조리의 특징으로 바르지 않은 것은?

가. 재료의 제약을 받지 않고 다양하게 만들수 있다.

나. 영양소 상호보완 작용을 한다.

다. 전류는 기름에 부쳐서만 사용하여 다른 요리와의 접목이 어렵다.

라. 생선 조리 시 어취 해소에 좋은 조리법이다.

050 구이를 할 때 재료를 부드럽게 하는 방법으로 잘못된 것은?

가. 설탕을 첨가하여 단백질의 열 응고를 지연시킨다.

나. 고기의 경우 만육기로 두드리거나 고깃결의 직각 방향으로 썬다.

다. 양념은 만들어 묻히고 바로 굽는다.

라. 단백질 분해 효소가 있는 파인애플이나 배등을 첨가한다.

051 쇠머리나 쇠족 등을 장시간 고아서 응고시켜 썬 음식은?

가. 편육   나. 족편
다. 회   라. 전유어

052 참기름과 들기름은 이 물질의 함유 여부에 따라 보관 방법이 달라진다. 참기름의 산패를 막는 기능을 하는 이 물질은 무엇인가?

　가. 토코페롤　　　　　나. 리그난
　다. 비타민 C　　　　　라. 칼슘

053 식품을 계량하는 방법으로 틀린 것은?

　가. 밀가루 계량은 부피보다 무게가 더 정확하다.
　나. 흑설탕은 계량 전 체로 친 다음 계량한다.
　다. 고체 지방은 계량 후 고무주걱으로 잘 긁어 옮긴다.
　라. 꿀같이 점성이 있는 것은 계량컵을 이용한다.

054 단체급식의 식품 구입에 대한 설명으로 잘못된 것은?

　가. 폐기율을 고려한다.
　나. 값이 싼 대체식품을 구입한다.
　다. 곡류나 공산품은 1년 단위로 구입한다.
　라. 제철식품을 구입하도록 한다.

055 음식류를 조리·판매하는 영업으로서 식사와 함께 부수적으로 음주행위가 허용되는 영업은?

　가. 휴게음식점영업　　나. 단란주점영업
　다. 유흥주점영업　　　라. 일반음식점영업

056 소독의 지표가 되는 소독제는?

　가. 석탄산　　　　　　나. 크레졸
　다. 과산화수소　　　　라. 포르말린

057 하루 필요 열량이 2,500kcal일 경우 이 중의 18%에 해당하는 열량을 단백질에서 얻으려 한다면, 필요한 단백질의 양은 얼마인가?

　가. 50.0g　　　　　　나. 112.5g
　다. 121.5g　　　　　라. 171.3g

058 밀가루의 용도별 분류는 어느 성분을 기준으로 하는가?

　가. 글리아딘　　　　　나. 글로불린
　다. 글루타민　　　　　라. 글루텐

059 달걀을 이용한 조리식품과 관계가 없는 것은?

　가. 오믈렛　　　　　　나. 수란
　다. 치즈　　　　　　　라. 커스터드

060 젤라틴의 응고에 관한 설명으로 틀린 것은?

　가. 젤라틴의 농도가 높을수록 빨리 응고된다.
　나. 설탕의 농도가 높을수록 응고가 방해된다.
　다. 염류는 젤라틴의 응고를 방해한다.
　라. 단백질의 분해효소를 사용하면 응고력이 약해진다.

실전모의고사 1회 정답 및 해설

01	가	02	라	03	다	04	다	05	가
06	나	07	나	08	라	09	가	10	다
11	다	12	라	13	나	14	가	15	가
16	나	17	가	18	다	19	가	20	다
21	가	22	나	23	가	24	다	25	가
26	다	27	나	28	가	29	라	30	다
31	가	32	나	33	다	34	나	35	다
36	가	37	나	38	가	39	라	40	나
41	다	42	나	43	다	44	나	45	라
46	다	47	라	48	다	49	가	50	다
51	나	52	다	53	가	54	나	55	다
56	가	57	나	58	나	59	가	60	나

001

리케차 : 양충병, 발진열, 발진티푸스
바이러스 : 인플루엔자, 소아마비, 유행성간염

002

수분활성도 : 미생물이 이용가능한 수분의 비율
세균(0.90~0.95) 〉 효모(0.88) 〉 곰팡이(0.65~0.80)

003

폐흡충(폐디스토마)
제1중간숙주 – 다슬기
제2중간숙주 – 가재, 게

004

식품소분업의 신고대상(시행규칙 제38조)
어육연제품, 특수용도식품(체중조절용 조제식품은 제외), 통·병조림 제품, 레토르트식품, 전분, 장류 및 식초는 소분·판매하여서는 안 된다.

005

토코페롤은 비타민 E로 유지의 산화를 방지하는 천연첨가물이다.

006

헥산 : 용출제
규소수지 : 소포제
명반 : 팽창제
유동파라핀 : 이형제

007

메틸알코올(메탄올) : 에탄올을 발효할 때 펙틴이 존재할 경우에 생성되는 물질. 두통, 구토, 설사를 유발하고 심하면 실명하기도 한다.

008

도마 사용법 : 뜨거운 물로 씻고 세제를 묻힌 스펀지로 이물질 제거하고 흐르는 물로 세제를 씻어낸다. 80℃의 뜨거운 물에 5분간 담근 후 세척하거나 200ppm의 차아염소산나트륨 용액에 5분간 담근 후 세척한다. 완전히 건조시킨 후 사용한다.

009

포도상구균이 생성하는 독소인 엔테로톡신은 열에 강하여 일반조리법으로는 예방할 수 없다.

010

뉴로톡신 : 클로스트리디움 보툴리눔 식중독의 독소
히스타민 : 알레르기성 식중독의 원인물질
시트리닌 : 황변미 중독의 간장독

011

집단급식소 : 비영리를 목적으로 계속적으로 특정 다수인에게 식사를 제공하는 곳

012

단백질의 부패 시 생성되는 물질 : 암모니아, 황화수소, 아민류, 인돌 등

013

면역이 잘 되는 질병 : 홍역〉수두〉풍진〉유행성이하선염 〉폴리오 〉황열 〉천연두

014

소독 : 병원성미생물의 병원성을 약화시켜 감염력을 없애는 것
살균 : 미생물의 생활력을 파괴하여 미생물을 사멸시키는 것
멸균 : 병원균, 아포 등 모든 미생물을 완전히 사멸시키는 것
방부 : 미생물의 증식을 억제하여 부패를 방지하는 것

015

보존료(방부제) : 미생물의 증식 억제
산화방지제(항산화제) : 식품의 산화에 의한 변질을 방지
살균제 : 병원미생물을 사멸하거나 그 증식력을 억제

016

식중독	원인식
포도상구균	김밥, 도시락, 크림빵
살모넬라	육류, 난류
장염비브리오	어패류

017

삭시톡신 : 섭조개, 홍합, 대합(동물성)
무스카린 : 독버섯(식물성)
리신 : 피마자(식물성)
고시폴 : 면실유(식물성)

018

자외선 : 파장이 가장 짧다. 살균작용(소독에 이용), 구루병 예방(비타민 D 형성)
가시광선 : 명암과 색깔 구분
적외선 : 열선, 온열감, 두통, 현기증 일사병, 백내장

019

기온역전현상이란 상부의 기온이 하부의 기온보다 높은 현상으로 이때에는 대기오염현상이 심해진다.

020

군집독 : 다수인이 장시간 밀집한 상태일 때 발생
• 증상 : 두통, 현기증, 불쾌감, 구토
• 원인 : 산소부족, 이산화탄소 증가로 인한 실내공기의 이화학적 조성변화. 고온, 고습, 취기, 유해가스 등

021

다당류 : 전분, 글리코겐, 펙틴, 섬유소, 이눌린, 한천

022

단순지질 : 글리세롤과 지방산의 에스테르 결합 산물, 중성지방, 왁스

023

가수소화(경화) : 액체유지에 수소를 첨가하여 고체유지로 가공한 것으로 마가린과 쇼트닝이 있다.

024

완전단백질 식품은 필수아미노산을 충분히 함유한 단백질이다. 우유(카세인, 락트알부민), 달걀(오보알부민)

025

비타민의 결핍증상
• 레티놀(비타민 A) : 야맹증
• 토코페롤(비타민 E) : 불임증, 노화촉진
• 티아민(비타민 B_1) : 각기병
• 아스코르브산(비타민 C) : 괴혈병

026

아미노 카보닐(amino-carbonyl) 반응 : 비효소적 갈변의 주된 반응. 식품의 가공저장 또는 조리과정에서 함유되어 있는 여러 가지 성분이 반응하여 착색
캐러멜(caramel) 반응 : 당이 열에 의해 변화됨
페놀(phenol) 산화반응 : 효소적 갈변. 식품(사과, 홍차) 중에 존재하는 폴리페놀화합물이 산소의 존재하에서 산화효소의 작용으로 산화 중합하여 갈색의 melanin 색소를 생성시키는 반응

027

리파아제 : 지방 분해효소
펩신 : 단백질 분해효소
말타아제 : 맥아당 분해효소

028

우유의 가열 : 우유를 가열하면 하얀 피막(지방과 단백질이 엉긴 것)이 생기고, 바닥에는 단백질과 유당이 눌어 타기 시작하는데, 이것을 방지하려면 약한 불로 이중냄비를 사용하여 저어가면서 끓이면 된다.(중탕)

029

단백질 분해효소 : 파인애플(브로멜린), 키위(액티니딘), 파파야(파파인), 무화과(피신), 배(프로테아제) 등

030

노화를 촉진시키는 조건
• 수분의 함량이 30~60%일 때
• 온도가 0~4℃일 때(냉장조건)
• 아밀로오스의 함량이 많을수록
• pH가 산성일 때

031

강력분은 글루텐 함량이 13%로 식빵, 마카로니, 스파게티의 제조에 사용된다.

032

승홍수(0.1%)는 비금속기구의 소독에 이용

033

계란의 신선도 판정법
• 외관법 : 껍질이 까칠까칠하며, 광택이 없는 것. 흔들었을 때 소리가 나지 않는 것
• 비중법 : 6% 소금물에 담갔을 때 가라앉는 것
• 투광법 : 난황이 중심에 위치하고 윤곽이 뚜렷하며 기실의 크기가 작은 것. 난황계수가 0.375 이상, 난백계수가 0.14 이상인 것

034

• 멥쌀은 30분, 찹쌀은 50분 정도 푹 불린다.
• 쌀은 70~75℃에서 호화가 시작된다.
• 묵은쌀인 경우 중량의 약 1.1배 정도의 물을 붓는다.

035

전분의 호정화 : 전분에 물을 붓지 않고 160℃ 이상의 고온에서 익힌 것으로서 물에 녹일 수도 있고 오랫동안 저장가능하다. 예) 미숫가루, 뻥튀기 등

036

• **천일염** : 장, 절임용 굵은소금
• **맛소금** : 정제염 + 조미료
• **정제염** : 순도 99% 이상, 음식의 맛
• **꽃소금** : 절임, 간맞춤

037

탄수화물 : 완두콩밥
단백질 : 된장국, 장조림, 명란알찜, 두부조림, 생선구이

038

높은 온도에서 해동하면 조직이 상해서 육즙이 많이 나와 맛과 영양소의 손실이 크다.

039

유지의 산패에 영향을 끼치는 인자
온도가 높을수록 반응속도 증가
광선 및 자외선은 산패 촉진
수분이 많으면 촉매작용 촉진
금속류는 유지의 산화 촉진
불포화도가 심하면 유지의 산패 촉진

040

2,500kcal × 60% = 1,500kcal
1,500kcal × 100명 = 150,000kcal
(150,000kcal × 100g) ÷ 340kcal = 44,117.65g≒44.12kg
(단, 쌀 100g은 340kcal이다.)

041

총원가 = 제조원가 + 판매관리비
제조원가 = 직접원가 + 제조간접비
직접원가 = 직접재료비 + 직접노무비 + 직접경비
제조간접비 = 간접재료비 + 간접노무비 + 간접경비

042

달걀의 열응고성 : 설탕을 넣으면 달걀의 응고온도가 높아지고 소금, 우유, 산을 넣으면 응고를 촉진시킨다.

043

아크롤레인 : 유지의 고온가열에 의해서 발생하며 튀김할 때 기름에서 나오는 자극적인 냄새 성분의 하나이다.

044

채소류에 존재하는 수분은 열매체로도 활용되어 많은 기름이 필요하지 않다.

045

장조림의 재료는 지방이 적은 부위가 적당하다.
아롱사태, 홍두깨살, 닭안심

046

바리 : 여성용 밥그릇
보시기 : 김치류를 담는 그릇
대접 : 국류를 담는 그릇

047

전처리의 장점
• 음식물 쓰레기가 감소한다.
• 업무의 효율성이 증가한다.
• 당일조리가 가능해진다.
• 교차오염 발생이 가능하므로 완전히 위생적으로 안전하지는 않다.

048

떡국 : 정월대보름날의 절식

049

붉은색 : 건고추, 대추, 실고추, 다홍고추

050

육수 조리 시 거품은 불순물이므로 걷어내야 맑은 육수를 조리할 수 있다.

051

정상 작동범위에 있는 소화기의 눈금은 녹색을 가리킨다.

052

식품위생감시원의 직무 : 식품 등의 위생적 취급에 관한 기준의 이행지도

수입·판매 또는 사용 등이 금지된 식품 취급 여부에 관한 단속
규정에 따른 표시 또는 광고기준의 위반 여부에 관한 단속
출입·검사에 필요한 식품 등의 수거
시설기준의 적합 여부의 확인·검사
영업자 및 종업원의 건강진단 및 위생교육 이행 여부의 확인·지도
조리사·영양사의 법령 준수사항 이행 여부의 확인·지도
행정처분 이행 여부의 확인
식품 등의 압류·폐기 등
영업소의 폐쇄를 위한 간판 제거 등의 조치
그 밖에 영업자의 법령 이행 여부에 관한 확인·지도

053

아질산염 : 발색제
안식향산염 : 보존제
명반 : 팽창제
규소수지 : 소포제

054

식품공전
미온 : 30~40℃
찬 곳 : 0~15℃
상온 : 15~25℃
실온 : 1~35℃

055

건강은 단순한 질병의 허약의 부재 상태뿐만 아니라 육체적·정신적·사회적 안녕의 완전한 상태이다.

056

클로스트리디움 보툴리눔균의 증상은 사시, 동공확대, 언어장애 등 특유의 신경마비증상을 나타내며 비교적 높은 치사율을 보이는 식중독이다.

057

황색포도상구균 식중독은 엔테로톡신이 원인 독소이고 급성위장염 증상을 나타내며 잠복기는 식후 3시간이며 우유, 유제품, 떡, 도시락, 김밥 등이 원인식품이다.

058

경구감염병	세균성 식중독
• 감염병균에 오염된 식품과 물 • 적은 양의 균량 • 2차 감염됨 • 긴 잠복기 • 면역됨	• 식중독균에 오염된 식품 • 많은 양 또는 독소 • 살모넬라 이외 2차 감염 없음 • 짧은 잠복기 • 면역이 안 됨

059

한국 음식의 특징
• 주식과 부식의 구분이 뚜렷하다.
• 농경민족으로 곡물음식이 발달하였다.
• 음식에 있어서 약식동원의 사상을 중시한다.
• 일상식과 의례음식의 구분이 있다.

060

돌상: 백설기, 수수경단, 송편, 인절미
백일상: 백설기, 수수경단, 미역국, 흰밥
폐백상: 편포, 육포, 폐백대추, 술, 산적 등
제례상: 전, 혜, 나물, 건과, 생실과, 제주

실전모의고사 2회 정답 및 해설

01	나	02	다	03	가	04	라	05	가
06	나	07	다	08	가	09	다	10	다
11	다	12	가	13	라	14	다	15	나
16	다	17	다	18	다	19	다	20	나
21	라	22	가	23	다	24	가	25	다
26	라	27	다	28	다	29	나	30	가
31	라	32	다	33	나	34	다	35	다
36	다	37	다	38	다	39	라	40	나
41	나	42	다	43	다	44	라	45	나
46	가	47	가	48	가	49	가	50	라
51	가	52	가	53	라	54	나	55	라
56	라	57	가	58	가	59	가	60	다

001
조리의 목적은 영양성, 위생성, 안전성을 위하여 행하며, 영양효율증대를 목적으로 한다.

002
튀김솥의 조건으로는 재질이 두껍고, 깊은 것으로 공기와의 노출이 적고 폭이 좁은 것을 사용한다.

003
세균성 식중독 중 독소형은 포도상구균 식중독과 클로스트리디움 보툴리누스 식중독이다.

004
메틸알코올은 주류의 허용량이 0.5mg/ml 이하(단, 포도주, 과실주 1.0mg/ml 이하) 중독증상은 동통, 구토, 설사, 실명, 심할 경우 호흡곤란으로 사망

005
돼지고기에 의한 기생충 감염에는 유구조충, 선모충, 갈고리촌충 등이 있다.

006
폐흡충(페디스토마)의 제1중간숙주는 다슬기, 제2중간숙주는 게, 가재이다.

007
작업 시 근골격계 질환을 예방하기 위해서는 안전한 자세로 조리하고, 작업 전 간단한 체조로 신체의 긴장을 완화하는 것이다.

008
어패류인 해파리는 오래 삶으면 질겨지고 단단해지므로 오래 삶지 않도록 한다.

009
검수관리는 식품의 품질, 무게, 원산지가 주문 내용과 일치하는지 확인하고, 유통기한, 포장상태 및 운반차의 위생상태를 확인하는 것이다.

010
디아세틸: 치즈, 버터, 크림, 요구르트 등 유제품의 향기성분이다.

011
밀가루는 체에 친 후 계량컵에 가득 담아 스패츌러로 깎아 사용한다. 흑설탕 등 점성이 있는 고체재료는 계량컵에 눌러 담아 계량하며, 버터, 마가린 등의 고체지방은 실온에 부드럽게 한 후 계량컵에 눌러 담는다.

012

쌀뜨물은 처음 씻은 물은 불순물이 있으므로 버린다.

013

조리 시 가장 많이 손실되는 비타민 C는 단시간 조리하는 것이 좋다.

014

결핵 BCG 예방접종은 생후 1개월 안에 접종한다.

015

식품위생법의 식품은 의약품을 제외한 모든 음식물이다.

016

밥의 냄새와 향미가 가장 좋은 뜸들이기 시간은 15분이다.

017

식감이 부드럽고 양념이 잘 배어드는 것은 숙채조리이다.

018

휴게음식점은 객실을 설치할 수 없다.

019

살구씨의 독성분은 아미그달린이다.

020

규소수지는 소포제이며 식품 제조공정 중에 생기는 거품을 소멸시키거나 억제하는 식품첨가물이다.

021

숙채에는 탕평채, 잡채, 구절판 등이 있다. 도라지생채, 무생채는 생채에 속한다.

022

두부는 콩단백질이 무기염류에 의해 응고되는 성질을 이용한 식품이다.

023

달걀은 씻어서 보관하면 달걀을 보호하는 난각층이 손실되어 상하기 쉬운 상태가 된다.

024

호기성 분해처리 : 활성오니법(가장 진보된 방법), 살수여과법, 접촉여상법, 산화지법
혐기성 분해처리 : 임호프탱크법, 사상건조법, 부패조처리법

025

구이는 건열조리법으로 수용성 성분의 용출이 적다.

026

아일랜드형은 동선이 많이 단축되며, 공간 활용이 자유로워서 환풍기와 후드의 수를 최소화할 수 있다.

027

식품첨가물 : 식품을 만들거나 가공할 때 영양소를 더하거나 부패를 방지하고 색과 모양을 좋게 하기 위해 식품에 넣는 여러 가지 화학물질이다.

028

회복기 보균자 : 병의 임상증상이 전부 사라져도 계속 병원체를 보유하고 있는 사람

029

달걀은 시간이 지남에 따라 달걀흰자의 점성이 약해져 수양난백이 많아진다.

030

식품과 독성분
• 피마자 : 리신
• 미숙한 매실 : 아미그달린
• 모시조개 : 베네루핀

031

전분의 호화에 영향을 미치는 인자 : 전분의 종류, 전분입자의 크기, 펙틴의 함량, 수분함량, pH, 온도, 염류 등

032

밀가루 반죽에 지나치게 달걀을 넣으면 반죽이 질겨진다.

033

단맛의 순서: 과당 〉전화당 〉설탕 〉포도당 〉맥아당 〉갈락토오스 〉유당

034

- **겨자**: 시니그린
- **생강**: 진저론
- **고추**: 캡사이신

035

호화: 전분에 물을 넣고 가열한 것
호정화: 전분에 물을 넣지 않고 가열한 것

036

두부는 글리시닌의 무기염류(금속염)에 의한 응고성을 이용하여 만든 식품이다.

037

멥쌀은 아밀로오스(20%), 아밀로펙틴(80%)으로 구성되어 있지만 찹쌀은 아밀로펙틴 100%로 구성되어 있다.

038

죽순: 대나무의 새순
파슬리, 아스파라거스: 잎과 줄기 이용

039

대체식품량 = 원래 식품의 양 × 원래 식품의 해당성분수치 / 대체하고자 하는 식품의 해당성분수치
= 160 × 14.4 / 68.4 = 약 33.7

040

주석: 통조림의 관 내면에 도포시켜 철의 용출을 지연시킬 목적으로 사용된다. 과일, 과즙통조림의 경우 미숙한 과일 표면에 함유된 아질산이온이나 제조용수 속의 질산이온이 개관 후 방치되었을 때 산소에 의해 주석이 용출된다.

041

열변성되지 않은 어육단백질에는 생강이 탈취작용을 하지 못한다.

042

8시간: 식품제조 · 가공업, 즉석판매 제조 · 가공업, 식품첨가물 제조업
4시간: 식품운반업, 식품소분 · 판매업, 식품보존업, 용기 · 포장류 제조업에 해당하는 영업을 하려는 자
6시간: 식품접객 영업을 하려는 자, 집단급식소를 설치 · 운영하려는 자

043

5℃ 정도 되는 냉장실에 식품을 보관하면 금방 상할 수 있기 때문에 장기간 보관 시 냉동실에 넣어두는 것이 좋다.

044

파, 마늘, 생강 등으로 만든 양념간장은 생선이 익은 후에 넣어야 어취 제거에 효과적이다.

045

기온역전현상: 낮과 밤의 일교차가 큰 봄이나 가을이나 춥고 긴 겨울철 밤에 분지지역에서 발상하는 현상으로, 상부기온이 하부기온보다 높을 때 발생한다.

046

모르가니균(알레르기성 식중독): 히스티딘으로부터 히스티민 및 유독 아민을 생성하는 원인균으로 특히 붉은 살생선, 가다랑어, 청어, 꽁치, 건어물 등의 섭취로 알레르기와 발진, 구토 등의 증상을 일으킨다.

047

마요네즈를 재생시키는 방법으로 난황을 추가하여 넣어주거나 완성된 마요네즈를 넣고 저어준다.

048

재고회전율이 표준치보다 낮은 경우
- 종업원들이 재고가 과잉 수준임을 알고 심리적으로 낭비가 심해진다.
- 저장기간이 길어지고, 식품 손실이 커진다.
- 식품의 부정유출이 우려된다.
- 재고상품은 현금의 일종이며, 투자의 결과가 되어 이익이 줄어들게 된다.

049

복어독 : 테트로도톡신으로 매우 강한 독소이며, 햇볕이나 가열에 의해 파괴되지 않는다.

050

튀김옷은 차가운 물을 사용해야 튀김이 바삭해진다.

051

필수지방산 : 리놀렌산, 리놀레산, 아라키돈산

052

갈변현상 : 과일의 표면이 공기의 산소와 만나 산화효소의 작용으로 식품이 점차 갈색으로 되는 현상이다. 과일에 있는 폴리페놀 옥시다아제 같은 산화효소가 공기 중의 산소와 반응하기 때문이다.

053

그리스트랩 : 배수 안에 녹아 있는 지방류가 배수관 내벽에 부착되어 막히는 것을 방지하기 위해서 설치한 것으로 엉킨 지방을 바로 제거한다.

054

흰색 채소의 경우 플라보노이드 색소성분을 갖고 있고 이는 산성에서 안정한 흰색을 유지한다.

055

과일에 들어 있는 단백질 분해효소는 배의 프로테아제, 파인애플의 브로멜린, 무화과의 피신, 파파야의 파파인 등이 있다.

056

고기 속 콜라겐은 가열하면 젤라틴으로 변한다.

057

쌀에 흡수되는 최대수분흡수량은 20~30%이고 밥의 수분 함량은 65%이다.

058

열의 전달이 쉽고, 조미료의 침투가 좋다.

059

다시마의 흰 가루는 만니톨로 단맛을 내는 성분이다.

060

발주량 = [100 / (100 − 폐기율)] × 정미중량 × 인원수
     = [100 /(100 − 34)] × 60 × 1 = 91

실전모의고사 3회 정답 및 해설

01	다	02	라	03	나	04	라	05	라
06	다	07	라	08	다	09	가	10	나
11	다	12	다	13	라	14	가	15	가
16	다	17	라	18	라	19	다	20	다
21	라	22	나	23	라	24	라	25	다
26	다	27	나	28	다	29	나	30	가
31	가	32	나	33	라	34	라	35	라
36	라	37	라	38	다	39	라	40	나
41	다	42	라	43	나	44	라	45	라
46	나	47	라	48	나	49	다	50	다
51	나	52	나	53	나	54	다	55	라
56	가	57	나	58	라	59	다	60	다

001

식품의 부패 시 발생하는 냄새물질은 암모니아, 피페리딘, 트리메틸아민, 황화수소, 인돌, 메르캅탄 등. 글리코겐은 동물체에 저장되는 탄수화물의 종류이다.

002

식품의 부패판정 측정지표는 관능검사, 생균수검사, 수소이온농도, 트리메틸아민, 휘발성염기질소량, 히스타민 등이 있다. 총질소는 수질오염의 측정지표로 사용한다.

003

간디스토마는 제1중간숙주 쇠우렁이, 왜우렁이, 제2중간숙주 민물고기(붕어, 잉어)이다.

004

피막제 : 식품의 신선도를 유지하기 위하여 표면에 피막을 만들어 호흡작용과 수분의 증발을 방지하는 첨가물로 초산비닐수지와 몰포린지방산염이 있다.

산화방지제 : 유지의 산화에 의한 현상을 방지하는 첨가제로 토코페롤, BHA, BHT, 에르소르빈산나트륨 등이 있다.

005

우리나라 식품위생법의 목적은 식품으로 인한 위생상의 위해방지, 식품에 관한 올바른 정보제공, 식품영양의 질적 향상을 통한 국민보건의 증진에 이바지함에 있다.

006

살모넬라 식중독

감염원	쥐, 파리, 바퀴벌레, 닭 등
원인식품	육류 및 그 가공품, 어패류, 알류, 우유 등
잠복기	12~24시간(평균 18시간)
증상	급성위장증상 및 급격한 발열
예방	방충, 방서, 60℃에서 30분 이상 가열

007

그람양성의 간균, 편성혐기성균으로 내열성이 강한 아포를 형성하여 식품의 부패와 식중독을 일으키는 균은 클로스트리디움속이다.

008

효소적 갈변 : 과일이나 채소의 폴리페놀 성분이 산화되어 갈변되는 현상이다.

009

제시된 표시는 방사선 조사식품을 뜻한다.

010

무는 무겁고 밝은 빛깔을 띠는 것이 좋다.

011

30,000원 ÷ 50명 = 600원
600원 ÷ 2,500원 × 100 = 24%

012

환자의 특성에 따라 식사의 형태를 결정한다.

013

생강(진저론), 겨자(시니그린), 후추(캬비신, 피페린)

014

디프테리아 예방, 공중이용시설의 위생관리, 가축감염병의 검역절차는 공중보건법이다.

015

식품위생은 식품, 식품첨가물, 기구 또는 용기, 포장을 대상으로 하는 음식에 관한 위생을 말한다.

016

글리코겐은 동물의 체내에 저장되는 다당류이다.

017

결핵(소), 탄저(양, 말, 소), 야토병(산토끼)

018

헤모글로빈의 구성성분은 철분이다.

019

트리메틸아민은 해수어의 비린내 성분으로 트리메틸아민옥사이드가 세균에 의해 트리메틸아민이 되면서 생성된다.

020

직접구이는 불 위에서 직접 굽는 방법이다.

021

유행성 출혈열은 쥐를 통해 감염되는 질병에 해당된다.

022

불소를 과다 섭취하면 반상치가 나타난다.

023

아질산나트륨은 육류의 발색제로 사용된다.

024

노화가 빨리 일어나는 조건은 온도가 0~4℃일 때, 수분함량이 30~70%일 때, pH가 산성일 때이다.

025

새우나 게를 가열할 때 색이 변하는 것은 아스타산틴 때문이다.

026

플라보노이드 색소는 산에서는 흰색을, 알칼리에서는 누런색을 나타내게 된다.

027

조미료의 사용 순서는 설탕, 소금, 간장, 식초 순이다.

028

비타민 B_{12}는 코발트(Co)를 함유한다.

029

쌀겨에서 발견된 수용성 비타민으로 '티아민'이라고도 불리며, 당질이 완전히 영양으로 되는 데 중요한 역할을 한다.

030

조리작업장은 통풍, 채광, 배수가 잘 되고, 악취, 먼지가 없는 곳이어야 한다.

031

생선을 익힐 때 처음에는 뚜껑을 열어 비린 휘발성 물질을 휘발시킨다.

032

전분의 α-화에 영향을 끼치는 인자
• 가열온도가 높을수록 호화 증가
• 물이 많을수록 호화 증가
• pH가 높을수록 호화 증가
• 전분입자의 크기가 작을수록 호화 증가
• 쌀의 도정률이 높을수록 호화 증가

033

산적 : 고기를 기름에 지져내는 방식의 조리법으로, 다른 조리법들에 비해 영양분 손실이 적다.

034

생선은 선도가 저하될수록 조리를 강하게 하고, 뚜껑을 열고 가열하여야 한다.

035

국수가 다 익으면 빨리 찬물에 헹궈 얼음물에 담갔다가 꺼낸다.

036

고구마를 삶을 때 명반수를 넣으면 잘 부스러지지 않는다.

037

수라상은 임금님의 진지상으로 12첩 반상 차림으로 밥, 국, 탕, 조치, 전골 등의 기본찬품과 12가지 찬품들로 구성된다.

038

필수아미노산은 발린, 루신, 이소루신, 트레오닌, 페닐알라닌, 트립토판, 메티오닌, 리신, (어린이 – 아르기닌, 히스티딘)으로 총 10개이다.

039

독버섯(무스카린), 독미나리(시큐톡신), 모시조개, 굴, 바지락(베네루핀)

040

작업 시 근골격계 질환을 예방하기 위해서는 안전한 자세로 조리하고 작업 전 간단한 체조로 신체의 긴장을 완화하는 것이 좋다.

041

엔테로톡신(황색포도상구균 장독소), 리신(필수아미노산), 아플라톡신(곰팡이독), 테트로도톡신(복어독)

042

식단작성의 목적
• 알맞은 영양의 공급
• 시간과 노력의 절약
• 식품비의 조절과 절약
• 바람직한 식습관의 형성
• 기호의 충족

043

액체류의 식품을 냉동시키면 체적이 팽창하므로 내용물을 가득 채우지 않도록 한다.

044

튀김옷은 차가운 물을 사용해야 튀김이 바삭하다.

045

시금치는 끓는 물에 소금을 넣어 빠르게 데치고 찬물에 헹구어야 비타민 C의 손실을 최소화할 수 있다.

046

육류의 근원섬유에 들어 있으며, 근육의 수축이완에 관여하는 단백질은 미오신이다.

047

합은 약밥, 떡 등을 담아내는 그릇이다.

048

칼슘이온을 첨가하여 콩단백질과의 결합을 촉진시키면 두부가 단단해진다.

053

흑설탕을 계량할 때는 계량컵에 꾹꾹 눌러 담아 컵의 위를 수평으로 깎아 측정한다.

054

곡류나 공산품은 저장기간이 길어서 1개월 단위로 구입한다.

055

일반음식점영업은 음식류를 조리 판매하는 영업으로서 식사와 함께 부수적으로 음주행위가 허용되는 영업이다.

056

석탄산(Phenol 3%) : 소독력 측정 시 표준
환자의 오염의류, 오물, 배설물, 하수도, 진개 등의 소독에 이용

057

2,500 × 0.18% = 450kcal

450 ÷ 4 = 112.5g

058

밀가루에 물을 부어 반죽하면 점성과 탄력성이 있는 글루텐이 형성된다.

종류	글루텐 함량	용도
강력분	13% 이상	식빵, 마카로니, 스파게티, 우동
중력분	10~13%	국수류(면류), 만두피
박력분	10% 이하	과자류, 튀김옷

059

- **달걀 이용식품** : 오믈렛, 수란, 커스터드, 머랭, 마요네즈 등
- **치즈** : 우유 속에 있는 카세인을 뽑아 응고·발효시킨 음식

060

젤라틴

동물의 뼈나 가죽에 존재하는 단백질인 콜라겐의 가수분해로 생긴 물질을 추출하여 얻는다.

응고온도는 13℃ 이하로 매우 낮아서 냉장고나 얼음을 이용하여 굳혀서 사용한다.

젤리, 족편, 마시멜로우, 아이스크림 등을 만든다.

설탕의 농도가 높을수록 응고가 방해되고, 염류는 응고를 촉진한다.

젤라틴은 단백질이므로 단백질 분해효소가 있는 생파인애플을 사용하면 분해되어 응고력이 약해지기 때문에 통조림 파인애플이나 가열한 파인애플을 사용해야 한다.

(사)한국식음료외식조리교육협회 교재편찬위원회 명단

지역	훈련기관명	기관장	전화	홈페이지
서울	동아요리기술학원	김희순	02-2678-5547	http://dongacook.kr
인천	국제요리학원	양명순	032-428-8447	http://www.kukjecook.co.kr
인천	상록호텔조리전문학교	윤금순	032-544-9600	www.sncook.or.kr
강원도	김희진요리제과제빵커피전문학원	김희진	033-252-8607	http://www.김희진요리제과제빵커피전문학원.kr
강원도	삼척요리제과제빵직업전문학교	조순옥	033-574-8864	
경기도	경기외식직업전문학교	박은경	031-278-0146	http://www.gcb.or.kr
경기도	김미연요리제과제빵학원	김미연	031-595-0560	http://www.kimcook.kr
경기도	김포중앙요리제과학원	정연주	031-988-4752	http://gfbc.co.kr
경기도	동두천요리학원	최숙자	031-861-2587	
경기도	마음쿠킹클래스학원	김미혜	031-773-4979	https://ypcookingclass.modoo.at
경기도	부천조리제과제빵직업전문학교	김명숙	032-611-1100	http://www.bucheoncook.com
경기도	안산중앙요리제과제빵학원	육광심	031-410-0888	http://www.jacook.net
경기도	용인요리제과제빵학원	김복순	031-338-5266	http://www.YonginCook.com
경기도	월드호텔요리제과커피학원	이영호	031-216-7247	http://www.wocook.co.kr
경기도	은진요리학원	이민진	031-292-9340	http://www.ejcook.co.kr
경기도	이봉춘 셰프 실용전문학교	이봉춘	031-916-5665	http://www.leecook.co.kr
경기도	이천직업전문학교	김미섭	031-635-7225	http://www.icheoncook.co.kr
경기도	전통외식조리직업전문학교	홍명희	031-258-2141	http://jtcook.kr
경기도	한선생직업전문학교	나순흠	031-255-8586	http://www.han5200.or.kr
경기도	한양요리학원	박혜영	031-242-2550	http://blog.naver.com/hcook2002
경기도	한주요리제과커피직업전문학교	정 임	032-322-5250	http://hanjoocook.co.kr

지역	훈련기관명	기관장	전화	홈페이지
경상도	거창요리제과제빵학원	정현숙	055-945-2882	https://cafe.naver.com/gcyori
	경주중앙직업전문학교	전경애	054-772-6605	https://njobschool.co.kr
	김천요리제과직업전문학교	이희해	054-432-5294	http://www.kimchencook.co.kr
	김해영지요리직업전문학교	김경린	055-321-0447	http://www.ygcook.com
	김해요리제빵학원	이정옥	055-331-7770	http://www.khcook.co.kr
	뉴영남요리제과제빵아카데미	박경숙	055-747-5000	https://blog.naver.com/newyncooki
	상주요리제과제빵학원	안선희	054-536-1142	http://blog.naver.com/ashk0430
	울산요리학원	박성남	052-261-6007	http://ulsanyori.kr
	으뜸요리전문학원	김민주	055-248-4838	http://www.cookery21.co.kr
	일신요리전문학원	이윤주	055-745-1085	http://www.il-sin.co.kr
	진주스페셜티커피학원	한선중	055-745-0880	http://cafe.naver.com/jsca
	춘경요리커피직업전문학교	이선임	051-207-5513	http://www.5252000.co.kr
	통영조리직업전문학교	황영숙	055-646-4379	
충청도	박문수천안요리직업기술전문학원	박문수	041-522-5279	http://www.yoriacademy.com
	서산요리학원	홍윤경	041-665-3631	
	서천요리아카데미학원	이영주	041-952-4880	
	세계쿠킹베이커리학원(청주)	임상희	043-223-2230	http://www.sgcookingschool.com
	아산요리전문학원	조진선	041-545-3552	
	엔쿡당진요리학원	진민경	041-355-3696	https://cafe.naver.com/dangjin3696
	천안요리학원	김선희	041-555-0308	http://www.cookschool.co.kr
	충남제과제빵커피직업전문학교	김영희	041-575-7760	http://www.somacademy.co.kr
	충북요리제과제빵전문학원	윤미자	043-273-6500	http://cbcook.co.kr
	한정은요리학원	한귀례	041-673-3232	
	홍명요리학원	강병호	042-226-5252	http://www.cooku.com
	홍성요리학원	조병숙	041-634-5546	http://www.hongseongyori.com
전라도	궁전요리제빵미용직업전문학교	김정여	063-232-0098	http://www.gj-school.co.kr
	세종요리전문학원	조영숙	063-272-6785	http://www.sejongcooking.com
	예미요리직업전문학교	허이재	062-529-5253	www.yemiyori.co.kr
	이영자요리제과제빵학원	배순오	063-851-9200	http://www.leecooking.co.kr
	전주요리제과제빵학원	김은주	063-284-6262	

저자와의
합의하에
인지첩부
생략

한식조리기능사 필기

2021년 8월 25일 초 판 1쇄 발행
2024년 3월 31일 제2판 2쇄 발행

지은이 (사)한국식음료외식조리교육협회
펴낸이 진욱상
펴낸곳 (주)백산출판사
교 정 성인숙
감 수 배순오
본문디자인 이문희
표지디자인 오정은

등 록 2017년 5월 29일 제406-2017-000058호
주 소 경기도 파주시 회동길 370(백산빌딩 3층)
전 화 02-914-1621(代)
팩 스 031-955-9911
이메일 edit@ibaeksan.kr
홈페이지 www.ibaeksan.kr

ISBN 979-11-6567-671-1 13590
값 20,000원